建筑设计系列 ②

根据不同材料了解模型制作方法！

模型特集

易学易用 建筑模型 制作手册

（第二版）

MANUAL OF ARCHITECTURAL MODELS

2nd Edition

[日] 建筑知识编辑部 编　金静、朱轶伦 译

上海科学技术出版社

目　录

备受瞩目的工作室的建筑模型

PART1 大规模项目模型篇

PART2 个人住宅·集合住宅模型篇

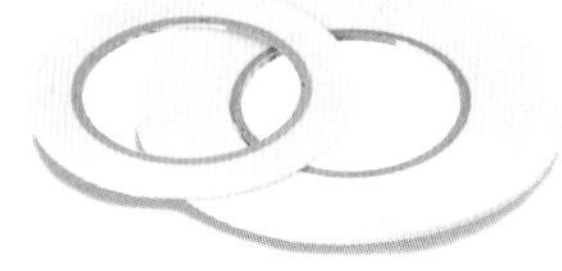

专业人士所使用的模型制作工具·材料

基础知识篇

现在马上就能上手！建筑模型制作术

最终版！材料加工的技术Q&A

模型制作的基本流程全面解说

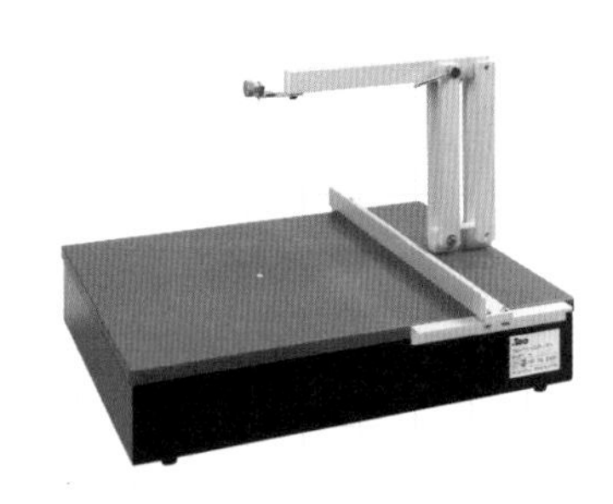

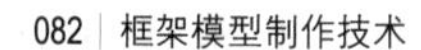

专业摄影师来教你 模型摄影的秘术

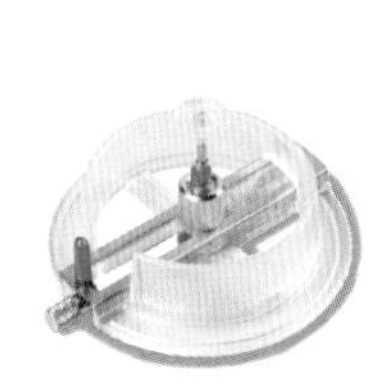

实践篇

建筑模型制作的细节深化术

模型制作的实况转播

更上一个台阶的高超表现术

演示活用&摄影技术的熟练掌握

Visual Column

Topics

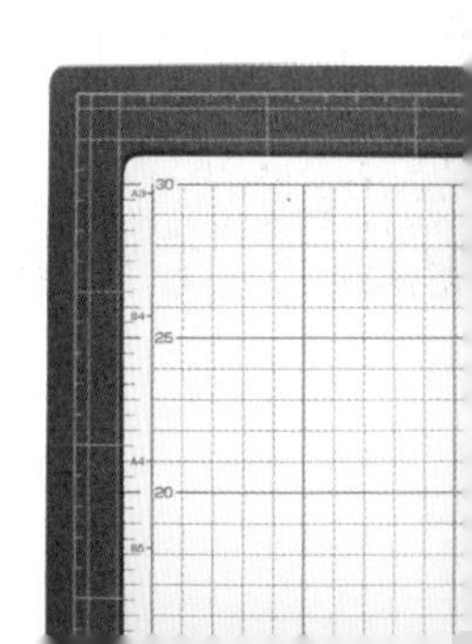

安藤忠雄、伊东丰雄、妹岛和世＋西泽立卫、隈研吾
将当红设计事务所的“建筑模型”分为大规模项目模型篇和住宅模型篇一起介绍！

备受瞩目的工作室的建筑模型

PART1 大规模项目模型篇

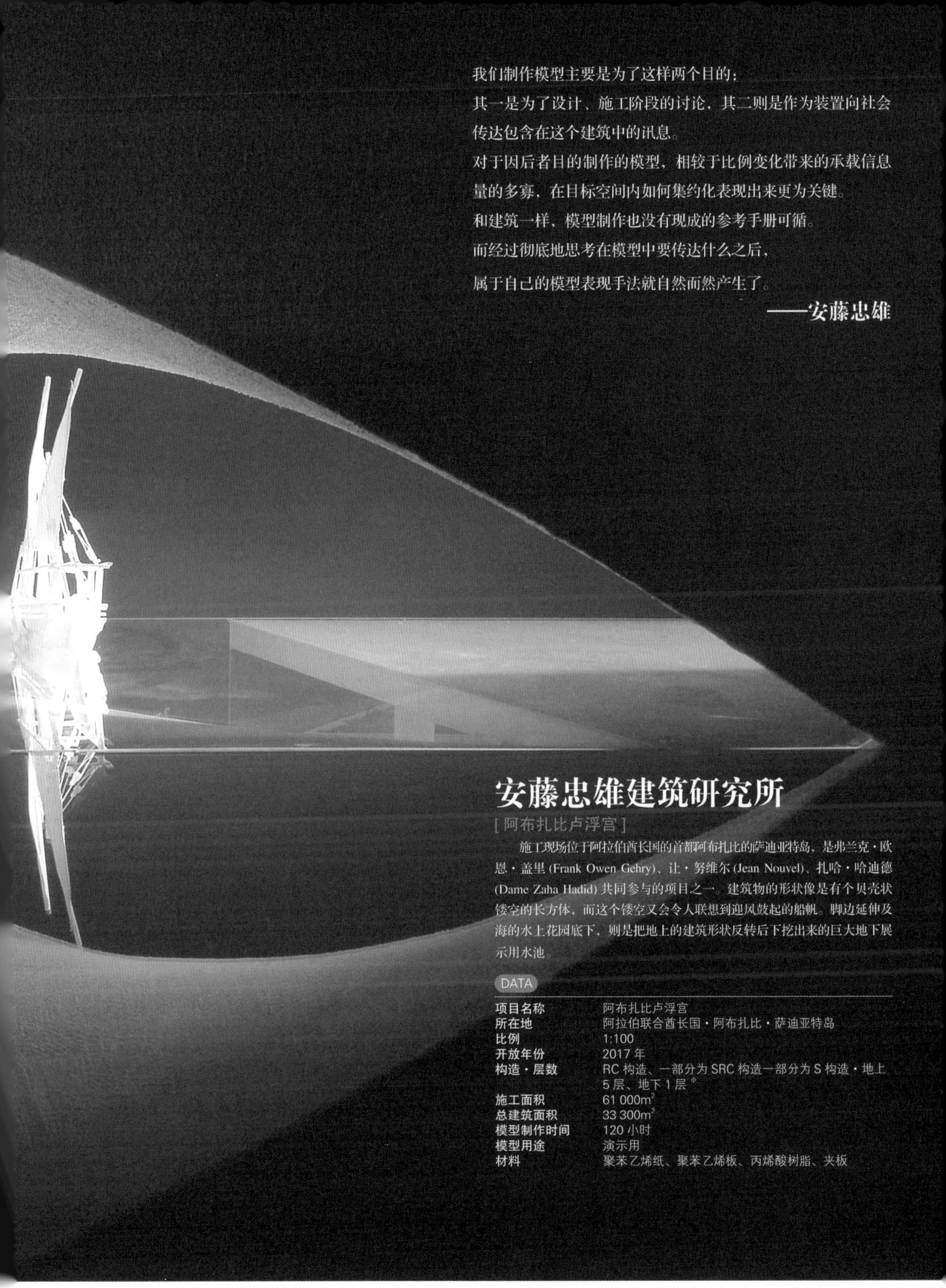

我们制作模型主要是为了这样两个目的：
其一是为了设计、施工阶段的讨论，其二则是作为装置向社会传达包含在这个建筑中的讯息。
对于因后者目的制作的模型，相较于比例变化带来的承载信息量的多寡，在目标空间内如何集约化表现出来更为关键。
和建筑一样，模型制作也没有现成的参考手册可循。
而经过彻底地思考在模型中要传达什么之后，
属于自己的模型表现手法就自然而然产生了。

——安藤忠雄

安藤忠雄建筑研究所

[阿布扎比卢浮宫]

施工现场位于阿拉伯酋长国的首都阿布扎比的萨迪亚特岛，是弗兰克·欧恩·盖里 (Frank Owen Gehry)、让·努维尔 (Jean Nouvel)、扎哈·哈迪德 (Dame Zaha Hadid) 共同参与的项目之一。建筑物的形状像是有个贝壳状镂空的长方体，而这个镂空又会令人联想到迎风鼓起的船帆。脚边延伸及海的水上花园底下，则是把地上的建筑形状反转后下挖出来的巨大地下展示用水池。

DATA

项目名称	阿布扎比卢浮宫
所在地	阿拉伯联合酋长国·阿布扎比·萨迪亚特岛
比例	1:100
开放年份	2017 年
构造·层数	RC 构造、一部分为 SRC 构造一部分为 S 构造·地上 5 层、地下 1 层※
施工面积	61 000m^2
总建筑面积	33 300m^2
模型制作时间	120 小时
模型用途	演示用
材料	聚苯乙烯纸、聚苯乙烯板、丙烯酸树脂、夹板

※RC：钢筋混凝土结构；SRC：钢骨钢筋混凝土；S：钢结构

照片：大桥富夫

伊东丰雄建筑设计事务所

[台中大都会歌剧院]

[巴黎中央市场地区再开发竞赛]

就像是把文章印于纸张上一般，运用严密构筑的 3D 数据所呈现的光影造型模型来展现这个没有墙壁、地面和天花板等构成要素的建筑，省去了从选定使用材料开始的常规建筑模型制作的步骤，按结构和音响等各种参数来逐渐让这个曲面成型的痕迹也一并消去，在这样的抽象度下把模型呈现了出来。

DATA

项目名称	台中大都会歌剧院
所在地	中国・台湾台中市西屯区惠来路二段
比例	1:200
竣工年份	2014 年
构造・层数	RC 构造、一部分 S 构造・地上 6 层、地下 2 层
施工面积	57 040m²
总建筑面积	35 835m²
模型制作时间	约 2 个月
模型用途	演示用
材料	光固化树脂、丙烯酸树脂

这个建筑由双曲面状的弯曲墙面组合而成。最初通过把沿两条不平行的直线切出的泡沫塑料切片进行排列，来进行空间结构的研究。这个过程中再添加3~4枚辅助构造用以体现各自独立特点，形成一种小单位自行生长的建筑概念。不断累积手工作业的成果就像是经过三维数字制作后的粉末造型※，呈现出纤细的双曲面墙壁群的效果。最后构造出宛如线索上迎着风的船帆所集合而成的建筑印象。

DATA

项目名称	巴黎中央市场地区再开发竞赛
所在地	法国・巴黎
比例	1:500
构造・层数	RC 构造・地上 3 层、地下 3 层
施工面积	18 396m²
总建筑面积	19 540m²
模型制作时间	2 周
模型用途	演示用
材料	尼龙（粉末）

※ 粉末造型是指将尼龙素材的粉末用 3D 打印出来的技术。这里用来制作厚度 0.8mm（S=1:500）的纤细的双曲面墙壁群

照片：6、7 页上半部：大桥富夫；7 页下半部：伊东丰雄建筑设计事务所

妹岛和世 + 西泽立卫 /SANAA

[劳力士学习中心]

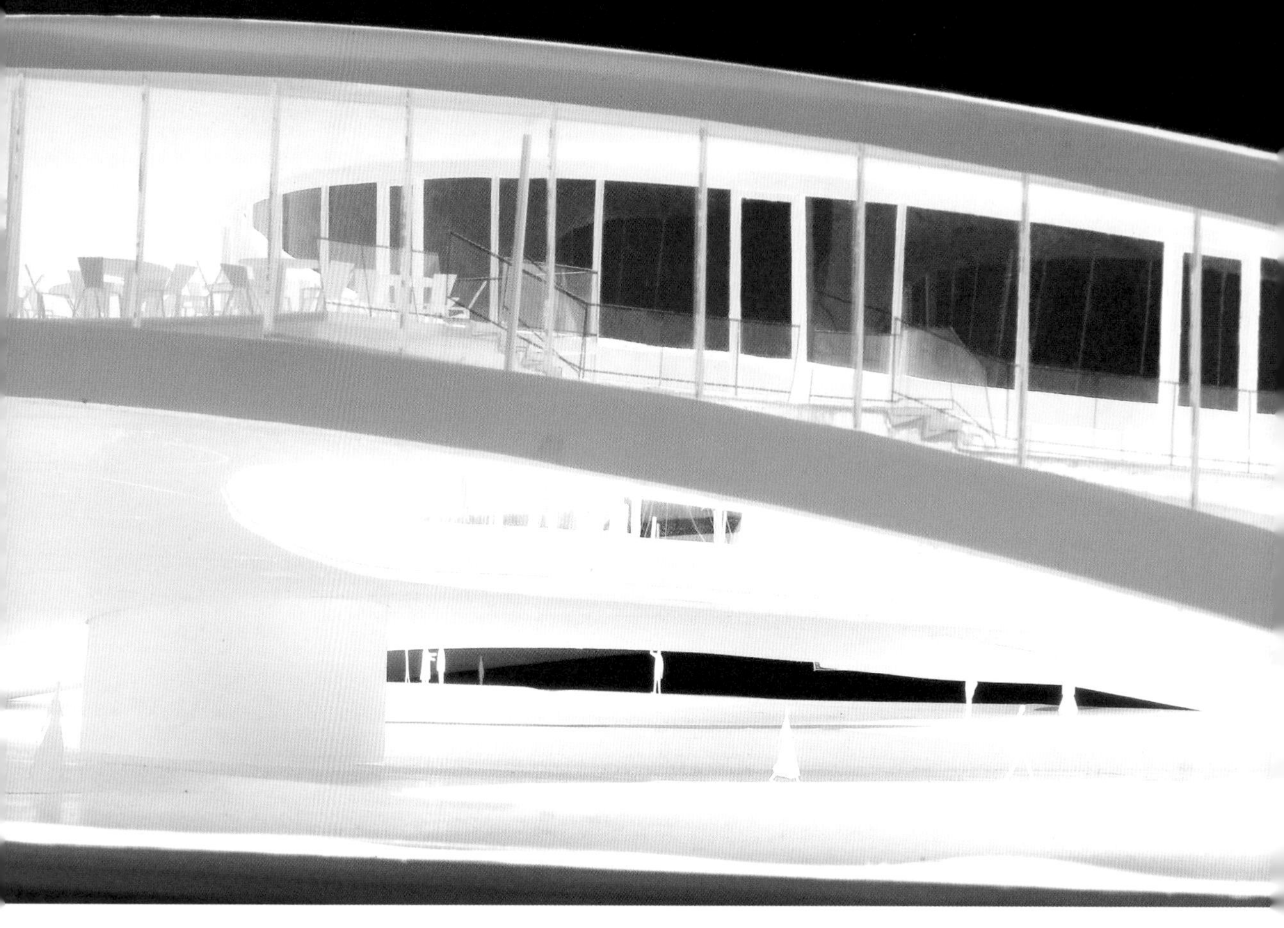

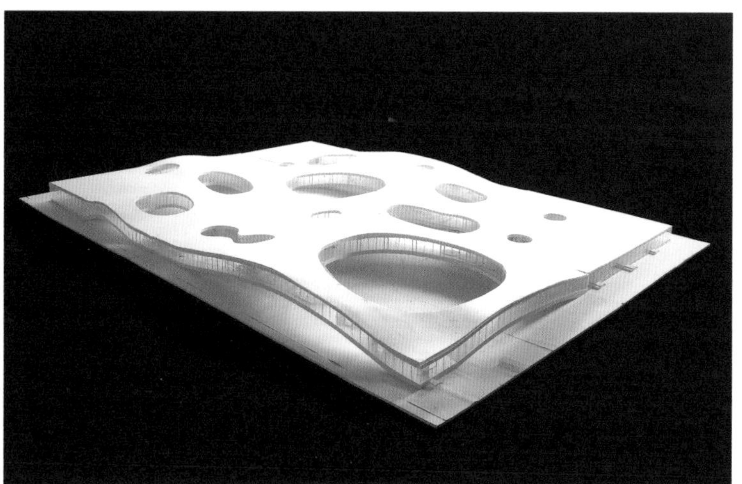

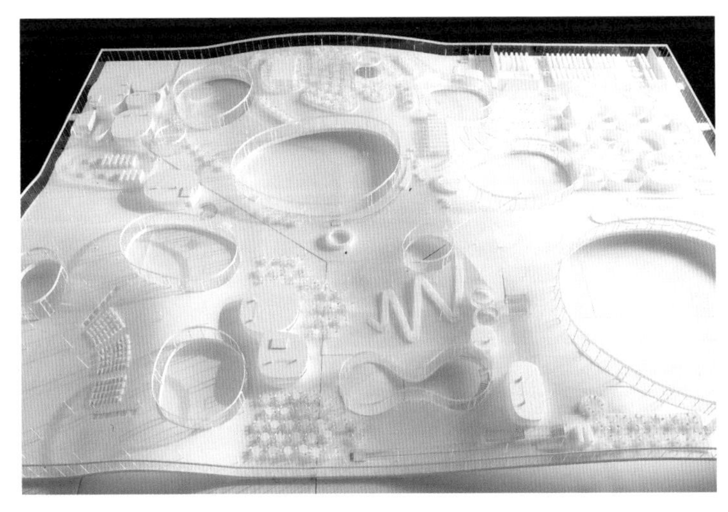

位于瑞士联邦工科大学洛桑校区，由图书馆、办公室、餐厅等构成的学习中心。把一个完整空间的地面和天花板进行平缓地弯曲并设置了多个采光中庭。此项目采用了多元的方案，如在地面较高处设有被采光中庭围绕的图书馆与可以眺望莱芒湖的餐厅，在地面较低的地方则设有安静的办公空间。将空间柔软划分的同时给人相互融合的印象。

DATA

项目名称	劳力士学习中心
所在地	瑞士·洛桑
比例	1:50
竣工年份	2010 年
构造·层数	RC构造、S 构造·地上 1 层、地下 1 层
施工面积	85 300m²
总建筑面积	95 910m²
模型制作时间	2 周
模型用途	研究用
材料	苯乙烯板、苯乙烯纸、挤塑聚苯乙烯泡沫板、聚碳酸酯、塑料棒、肯特纸、厚纸板、金属丝

照片：铃木研一

安藤忠雄建筑研究所

[东急东横线涩谷站]

这是东急东横线涩谷进行地下车站改造的项目。在明治大道下方的这条铁路的土木躯体上，插入一个长约 80m，宽 24m，被我们称之为地宙船的长型椭圆球体作为车站空间。通过在地宙船的中央设置巨大的中庭，使其与位于最下层的站台空间得到动态交错。与此同时，相邻的东急文化会馆也按照预期进行重建，形成一个与车站相连接的立体广场。地宙船有望成为这个新都市空间的核心所在。

照片：安藤忠雄建筑研究所

DATA

项目名称	东急东横线涩谷站	施工面积	15 278.6m²
所在地	日本・东京都涩谷区涩谷	总建筑面积	27 725.1m²
比例	1:100	模型制作时间	20 天
竣工年份	2008 年	模型用途	演示用
构造・层数	RC 构造、一部分 S 构造・地上 1 层、地下 5 层	材料	夹板、纸板

隈研吾建筑都市设计事务所

[贝桑松艺术文化中心]

DATA

项目名称	贝桑松艺术文化中心
所在地	法国・贝桑松
比例	1:50、1:200
竣工年份	2012 年
构造・层数	RC 构造、S 构造・地上 3 层
施工面积	23 300m²
总建筑面积	9 200m²
模型制作时间	各 1 周左右
模型用途	大赛演示用
材料	苯乙烯板、厚纸板、PET 片材、OHP 片材、桧木方棒

位于流经市中心的杜河 (Doubs) 河岸，一个由音乐厅、现代美术馆、音乐学校等组成的复合式文化设施项目。提案展示了一个在细长的钢骨架上载以龙骨状木质结构的大屋顶，在上面进行种植的同时运用当地的木材、石材、玻璃进行了马赛克状的布局装饰。这组模型照片捕获了大屋顶下树荫般空间的质感。

照片：隈研吾建筑都市设计事务所

伊东丰雄建筑设计事务所

[大家的森林 岐阜 Media Cosmos]

这个模型是为深化设计完成后紧随着开展的展会而制作的。运用 3D 打印的方式制作出了代表建筑物特征的"起伏平缓的木造贝壳状屋顶"和"吊挂于屋顶上面料质地的'天幕'"部分，使内部景象得以以基本准确的比例展现出来。模型展示时，为了更好地展现出屋顶与天幕之间的关系把屋顶吊挂得更高了一些，这也使得内部空间更易于观察。

DATA

项目名称	大家的森林 岐阜 Media Cosmos
所在地	日本·岐阜县岐阜市司町
比例	1:150
开放年份	2015 年
构造·层数	1 层和 M2 层：RC 构造（一部分为 S 构造）、 2 层：S 构造、木结构（梁） 地下 1 层、地上 2 层
施工面积	14 725m^2
总建筑面积	15 226m^2
模型制作时间	1 个月左右
模型用途	展示用
材料	粉末材料

照片：中村绘

隈研吾建筑都市设计事务所

[V & A at Dundee]

这个模型是为了与其他竞标者的模型一同进行为期一个月的公开展示，在竞标过程中制作完成的。制作中重视的点是，审查员与参观者可以实际感受到空间，了解到提案者的水平。提案通过有机的形态把建筑自然地融入河流与周围的环境中，与此同时入馆后公共空间的设计也是考虑到了为来访者营造出欢迎的气氛。

DATA

项目名称	V & A at Dundee
所在地	苏格兰·邓迪
比例	1:100、1:200
竣工年份	2018 年
构造·层数	RC 构造·地上 3 层
施工面积	11 600m^2
总建筑面积	8 400m^2
模型制作时间	1 个月
模型用途	竞赛演示、展示会用
材料	丙烯酸树脂、厚纸张

照片：隈研吾建筑都市设计事务所

隈研吾建筑都市设计事务所

[SunnyHills 南青山]

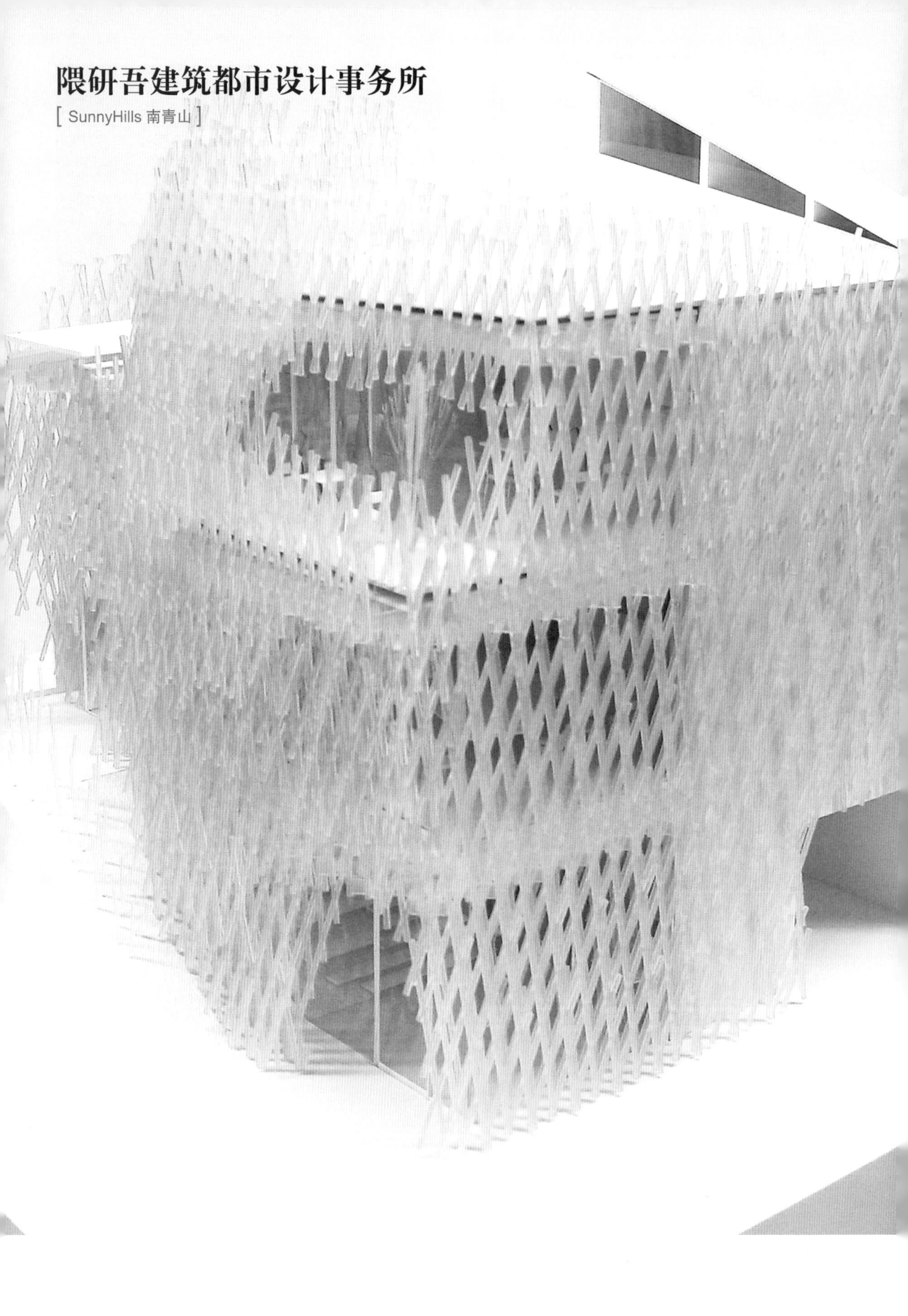

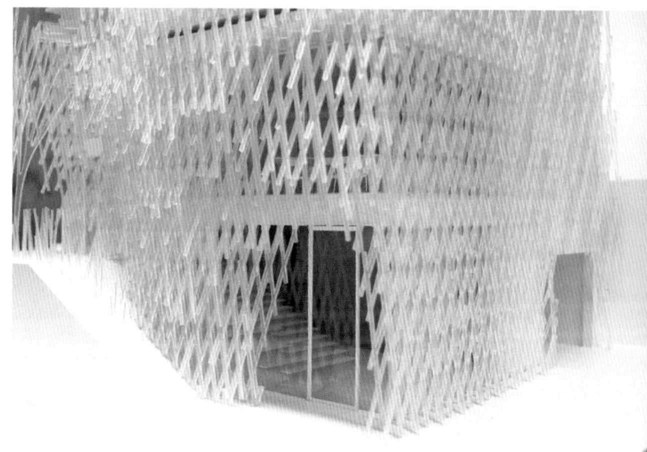

这个模型的制作目的是与业主进行最终确认的同时，提供给在上海新开张的 SunnyHills 店铺做展示用。设计事务所制作较多的是贴上材质后说明性质的模型，而由于这次是用于展示，模型中除了被称为“地狱结构”的木结构以外都用了抽象的表现形式。材料根据光照不同分成几部分分别制作拼装而成。细节部分的实际尺寸也只有 60mm × 60mm，为了在模型中也能感受到其木制结构的质感而采用了 1:35 的比例。

DATA

项目名称	SunnyHills 南青山
所在地	日本·东京都南青山
比例	1:35
竣工年份	2013 年
构造·层数	RC 构造·地上 3 层
施工面积	175.69m²
总建筑面积	293.00m²
模型制作时间	2 个月
模型用途	展示用
材料	造型光、丙烯酸树脂、塑料板

照片：隈研吾建筑都市设计事务所

隈研吾、五十岚淳、藤本壮介、长谷川豪、藤村龙至、菊地宏、大野博史、佐藤淳
当红设计事务所的住宅模型在此集合!
配合最新的模型照片，把各事务所对于模型的想法也做个介绍。

备受瞩目的工作室的建筑模型

PART2 个人住宅·集合住宅模型篇

藤本壮介建筑设计事务所

[Tokyo Apartment]

位于东京的租赁式集合住宅。意在营造出使居住者感受到东京独一无二性的模型提案。有2~3种户型可供居住者选择。与其说居住者是住在自己的住宅中，不如说是住在整个社区里。

DATA

项目名称	Tokyo Apartment
所在地	日本·东京都
比例	1:30
竣工年份	2010年
构造·层数	木结构·地上3层
施工面积	143.48m²
总建筑面积	211.15m²
模型制作时间	20天
模型用途	法国·建筑实验室（Archilab）展览参展用
材料	航空胶合板

照片：谷本夏

隈研吾建筑都市设计事务所

[铁之家]

建筑位于有高低差的旗杆地形上。而本案客户是火车的铁杆粉丝，通过把外壁构造成金属瓦楞板式样，营造出了火车车厢那样无柱梁的管状空间。

DATA

项目名称	铁之家
所在地	日本·东京都文京区
比例	1:30
竣工年份	2007 年
构造·层数	RC 结构、S 结构·地上 2 层、地下 1 层
施工面积	202.71m²
总建筑面积	265.12m²
模型制作时间	10 天左右
模型用途	演示及研究用
材料	聚苯乙烯板、聚苯乙烯纸、轻木板、PVC 板、塑料棒

从开始设计建筑到建成，设计师会制作各种各样的模型。如用泡沫塑料制作讨论布局用的体块模型，贴上纹理确认整体形象的效果模型，还有街区模型、室内模型、基地的实体模型等。

照片中的模型是为了表现金属瓦楞板的外墙效果而制作的。它不仅真实地再现了金属瓦楞板的凹凸起伏，同时也可以用于向客户的演示以及向钢架供应商的商讨过程中。模型是建筑建设过程中不可缺少的工具。它既可以用来与客户和建造者沟通想法，又可以用来确认设计图纸的合理性。

然而从建筑的精确度这方面来考虑的话图纸要比模型更胜一筹。因为模型的精确度有限，即使是不够准确的细节部分，只要用黏合剂粘贴等稍作修整就可以使它看上去是成立的。

模型虽然不能替代建筑，却能用来强化建筑的设计概念。运用模型的抽象化形式是很有必要的，正是这一过程促成了概念的形成。在这一点上模型并不只是缩小版的建筑，而是作为建筑本身的一个侧面。

照片：谷本夏

这是一个 4 人家庭的住宅。位于北海道东部佐吕间町的商业用地。计划是将面向庭院以外的 3 个方向尽可能的进行封闭。对着庭院的一面则是从 LDK（起居室与餐厅的两用式布局）开始每 350mm 做一个台阶向下一直延伸到庭院。

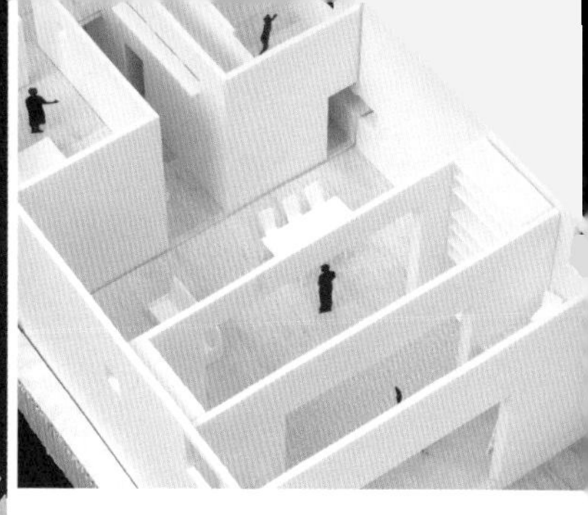

DATA

项目名称	间之门
所在地	日本·北海道常吕郡佐吕间町
比例	1:30
竣工年份	2008 年
构造·层数	木结构·地上 2 层
施工面积	495.9m²
总建筑面积	158m²
模型制作时间	1 周
模型用途	演示用
材料	聚苯乙烯板

五十岚淳建筑设计

[间之门][相间之谷]

为年轻夫妇设计的住宅。基地位于临近带广市鹿追町的住宅地。提案将 LDK 安排在建筑的中央，在其两边设置了细长的卧室。光线通过卧室照射进来，注入 LDK 空间里。

DATA

项目名称	相间之谷
所在地	日本·北海道河东郡鹿追町
比例	1:20
竣工年份	2008 年
构造·层数	木结构·地上 3 层
施工面积	208.07m²
总建筑面积	112.93m²
模型制作时间	1 周
模型用途	演示用
材料	聚苯乙烯板等

项目的进行通常是从基地或周边环境的模型制作开始的。根据土地面积的大小会制作 1:20 或 1:50 的模型。以模型为基础，考量平面和剖面部分来开展设计工作。即使只有大概的方案，有几点能定下来就可以根据基地模型的比例来尝试着把它立体化。通过不同的角度或是在不同的光源下进行观察，再反馈到图纸上来。通过这样的往复来寻求具有可信度的提案。提案确定之后就会制作尽可能大的模型。若提案中尚有疑惑，则会尝试制作多个 1:50 的模型并将模型交给客户。当模型比例在 1:20 左右时就会尽可能把家具、人和设备等细节制作出来，并附上预想的材料质感。最后，把这样的模型拿来与客户一起观察并就各个方面做重新思考。

我们制作模型的主要目的是给客户作说明。与此同时我们也会运用模型来确认自己的工作。为了做出将来不让人后悔的空间，这是我们所需要做的最低限度的工作。此外，把最终方案的模型用数码相机拍摄下来，配上人和光影做成更接近于实际空间形式的计算机模型，在将其意象影像化的过程中也会运用到模型。

照片：泷原圣治

藤本壮介建筑设计事务所

[House NA]

为定居东京的夫妇设计的住宅。提案将小面积的地面像家具一般错落有致地安排在各种高度上，尝试营造出了立体的居住环境。这也是在东京中心设以立体形式的居住设想的原型之一。

DATA

项目名称	House NA	**总建筑面积**	69.9m²
所在地	日本·东京都	**模型制作时间**	20 天
比例	1:20	**模型用途**	用于基础设计及详细设计的研究
竣工年份	2011 年		
构造·层数	S 构造·地上 3 层	**材料**	塑料、聚苯乙烯板、轻木板
施工面积	54.24m²		

模型缩短了想法和实物之间的距离。表现想法用的小模型是将自己脑内尚不明确的部分拼凑成形，从而引导下一个设计阶段。1:20 的模型就是为了考量设计想法与实物之间的关系验证用的。

通过模型可以对建筑的整体构成以及秩序来做重新考量。对我来说，模型的重要之处在于它不仅仅是停留在表现一个具体场景，同时也能体现一种设计的整体性。在观察模型时，除了观察它所呈现的空间和场景外，还可以在瞬间对建筑秩序的形成方式做出理性的把握，我想这就是模型最大的特征了吧。

当然通过对图纸的观察也能够同时把握建筑的场景、物理性和抽象性等特征。模型则可以使这项工作得到进一步推进。制作模型也是建筑设计者的一大乐趣。

照片：谷本夏

DATA

项目名称	狛江的住宅
所在地	日本·东京都狛江市
比例	1:100、1:50、1:20
竣工年份	2009 年
构造·层数	木结构、RC 构造·地上 1 层、地下 1 层
施工面积	110.98m^2
总建筑面积	87.07m^2
模型制作时间	5 天
模型用途	研究用
材料	挤塑聚苯乙烯板泡沫板等

长谷川豪建筑设计事务所

[狛江的住宅]

为三口之家设计的住宅。把施工面积的一半设计为起居室，另一半则设计为比道路高一段的庭院，庭院的下方作成半地下空间。这个庭院可以从不同方向、高度来进行充分体验。

我的事务所会通过对许多模型进行比较讨论的方式来开展设计工作。虽然没有特意规定模型的数量，但从设计开始到竣工，有时候一个项目就会制作超过 1 000 个模型。其中用以讨论建筑物与周边环境关系的 1:100 的体量研究用模型比重相当高，占了模型总数的一半。

对我来说最重要的是在方案决定前的阶段，在进行体量研究时可以制作 1:20 的能体现内部装潢与设计细节的大模型或 1:50 的稍小一些的模型。各种比例的模型是交叉制作的，而不是随着设计的阶段逐渐放大模型的比例。通过这种方式，可以在外型和内装的设计上自由思考。

进入到施工阶段后，还会制作一些等比例的实体模型。比如制作阶梯模型用来确认梯度，用纸板箱制作洗衣机并在事务所内完全地再现洗手间的模样等。其中也不排除会有些意义不大的模型。虽说效率并不高，但大家现在基本都是通过模型制作来一起观察建筑的。

照片：长谷川豪建筑设计事务所

藤村龙至建筑设计事务所

[BUILDING K]

DATA

项目名称	BUILDING K
所在地	日本·东京都杉并区
比例	1:20
竣工年份	2008 年
构造·层数	S 构造·地上 6 层
施工面积	559.38m²
总建筑面积	1 611.37m²
模型制作时间	45 天左右
模型用途	讨论用
材料	纸板、聚苯乙烯板、厚纸板、PVC 板、轻木板等

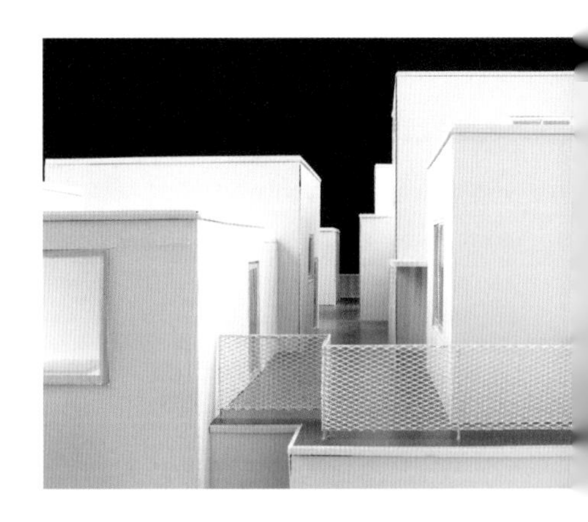

采用悬挂结构，并把 1 楼店铺空间的柱子去除的集合住宅。建筑考虑到周边环境和法规后设置出随机的体块。在结构和设施集约化之下的宏观结构与内部装潢之间的关系也通过模型得以展现。巷子一般的屋顶则作为对居住者开放的公共空间。

我们会配合一周一次的定期例会来制作模型，无论设计进展如何都一定要按照已经定下的节奏去实行。每次开会都会对上周的模型和现阶段的模型进行比较，使得下一阶段的工作能够更容易地确认下来。

其中相比起对建筑形态的确认，更重要的是有关人员之间可以共同交流设计的流程。因此，自始至终我们都会采用一致的比例和手法来制作模型，使其更容易比较。设计方案也是如此，比起在中途进行分支或跳跃，我们更倾向于循序渐进的手法。这使得方案可以切实进行而不反复，并且更有效地成长起来。

这次的模型是在进入现场前用于各部分比例的确认和取舍所作的 1:20 的模型。由于整体方案已经确定下来，这里并不会有太大的改动，比起对实际空间的再现，我们选择了更能体现其施工过程的阶段性的断面模型。

我认为模型就像是用来记录设计过程的一种媒体。只要在制作方法和使用方式上稍下功夫，就能让人联想到设计过程的前后步骤，成为表现“设计动态”的道具。

照片：谷本夏

DATA

项目名称	松原 House	总建筑面积	66.65m²
所在地	日本·东京都世田谷区	模型制作时间	3 周
比例	1:30	模型用途	记录用
竣工年份	2005 年	材料	MDF、PET、油布、木材、涂料
构造·层数	木结构·地上 2 层		
施工面积	60.80m²		

这是位于东京都世田谷区松原的一处40年左右房龄的木结构独栋住宅。重新改造并转租给了两个居住者。因为是老旧建筑，所以施以结构性加固，为了能适应内部空间的采光而整改了窗户的位置和大小。外壁刷成暗红色，同周围的绿色形成补色关系从而增加协调性。

菊地宏建筑设计事务所

[松原 House]

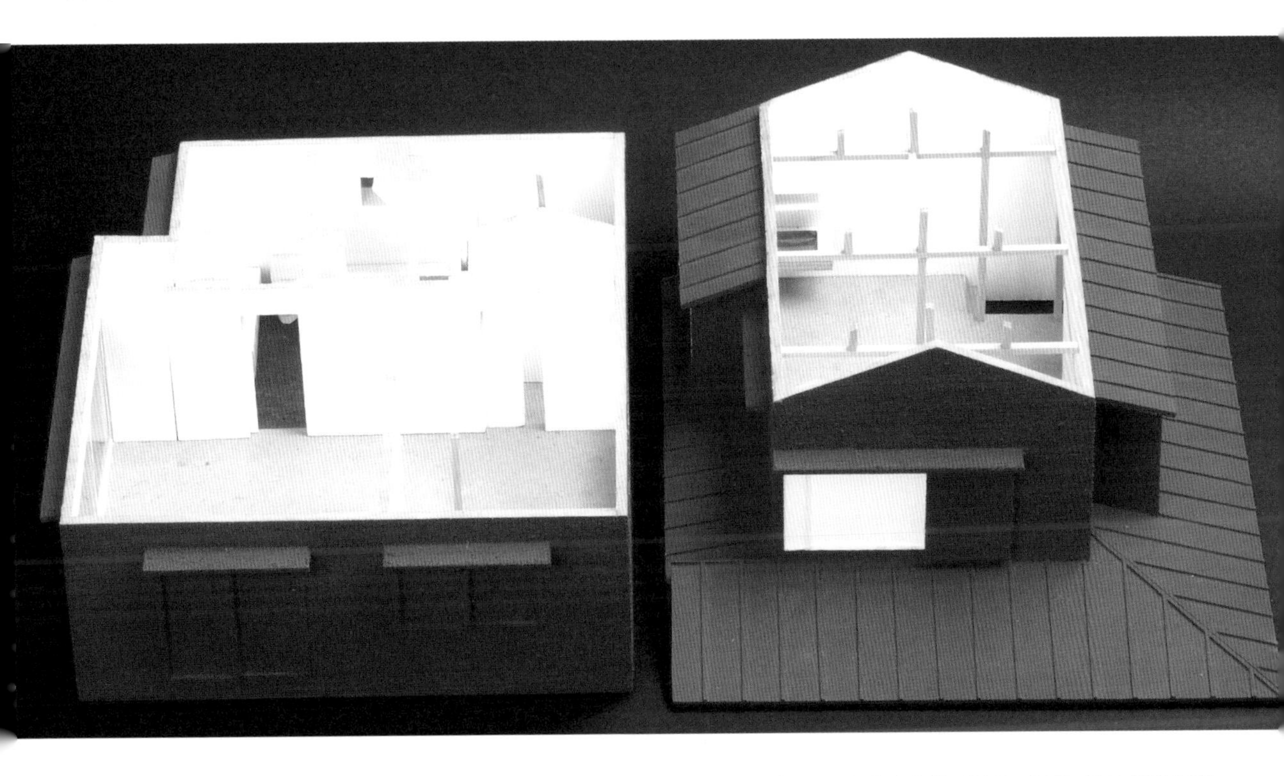

模型和图纸都并非是必不可少的东西。建筑按照设计者的想法天马行空地去建造也是可以的。但是，设计师这个职业并不一定掌握工匠的手法，也不能马上成为涂装工人。我原本想要自己一个人来做所有的事情，想要自己拿起锤子，也想要自己刷油漆。只是一个人没法做好所有这些事情，所以才通过模型这种缩小的方式来体验操作的实感。模型往往会在实际工程开始前几天开始制作。

虽说只要模型具有它的合理性就会按照一定的方式去建造，但是说到底，在模型的制作阶段对建筑物的建造过程中可能发生的疑问和问题做到未雨绸缪才是真正目的。我们的事务所备有以木工为中心的工作环境，以便了解如何获取材料、进行工具的保养以及安全管理等方面的问题。

此外，就像事务所里的图纸一样，模型也是需要被保管的。模型外观材质等都活用了一部分现场所用的涂料。

人们的记忆往往是暧昧的，模型会准确地为我们记录这种记忆的暧昧感。模型虽小，对我来说却是堂堂正正的建筑物。

照片：谷本夏

Ondesign Partners

[warehouse]

制作模型的时候，对于我们来说最重要的是任何人都可以通过模型来切实地想象到建筑的价值以及在其中的生活状况。首先要把简便易懂作为首要追求，在看到模型的时候客户能很清楚了解到使用什么样的材料、怎样配置好客户中意的家具、窗框用什么颜色等。这样客户就会去想象自己的生活，去思考自己究竟想怎样去使用它。即便我们不做什么引导工作，客户也会自然涌现出很多“更想要这样、那样”的意见，一同享受到设计过程中来。也因为这样，随着设计的进展，模型得到了不断更新，并作为一种工具促成着最值得信赖的交流关系。

制作细小的材料和家具的过程，对于设计者来说也是在理解空间关系的基础上催生重要发现的阶段，同时也能赋予设计者挑战各种材料的勇气。设计者在精确地制作模型的同时可以对各种纹理效果进行检验，从如何配置家具的角度去思考并对房间的形状和大小做出判断。

模型可以对我们想要设计怎样的建筑以及怎样使用该建筑做出忠实地表现，使我们能够与客户站在平等的立场上推动计划的进展。

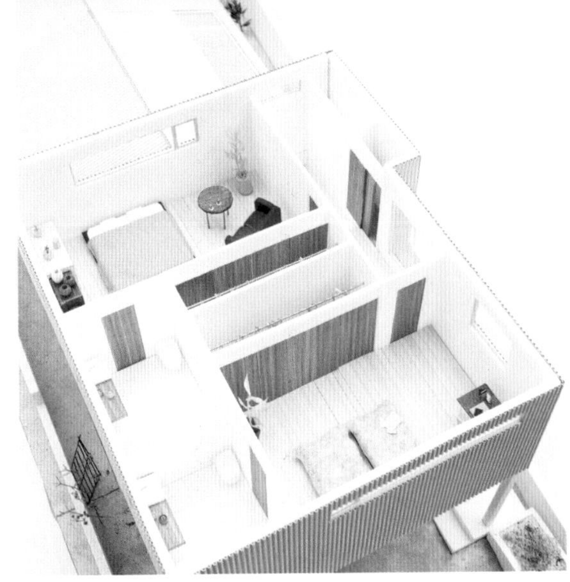

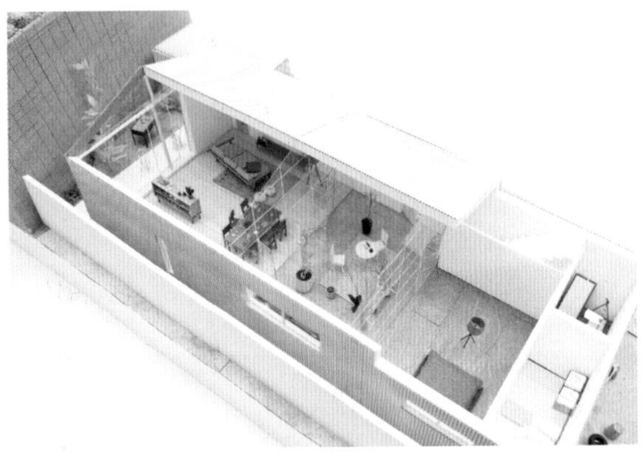

这是一个将仓库改造成住宅的提案。提案尽可能地保留了仓库原有的动态空间，只对作为居住空间所需的最小限度的空间进行改动。室内装潢就任由居住者自主设计、自由布置。为了通过演示用模型还原出在仓库原有的大空间内居住的情景，我们制作了一系列精细的家具。这里的家具模型不仅仅是为了表现氛围，更是一种对居所的设计进行验证的重要工具。

DATA

项目名称	warehouse
所在地	日本・神奈川县横滨市中区
比例	1:30
竣工年份	规划中（2014 年 4 月的状况）
构造・层数	S 构造・地上 2 层（改造）
施工面积	289.8m²
总建筑面积	204.2m²
模型制作时间	1 周
模型用途	演示及讨论用
材料	灰浆、聚苯乙烯板、波纹板、石膏、皮、布、彩色纸等

照片：鸟村钢一

Ondesign Partners

[Co-operative Garden]

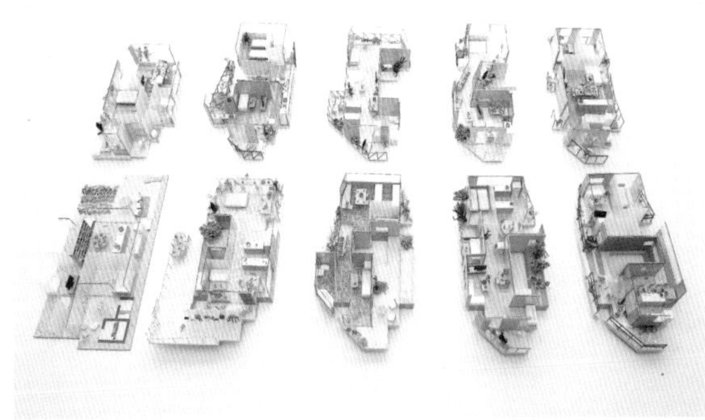

DATA

项目名称	Co-operative Garden
所在地	日本·东京都品川区东五反田
比例	1:50
竣工年份	2015 年
构造·层数	RC 构造·地下 1 层、地上 9 层
施工面积	177.0m²
总建筑面积	623.5m²
模型制作时间	1 周
模型用途	演示及讨论用
材料	方木材、金属丝、冲网孔纸、苔粉、布、PVC 板、轻木板、石膏、灰浆、聚苯乙烯板材、波纹板等

8 组居住者共同构建、集体居住的协作型住宅。提案内容是将每一层楼板都作为一个独立的场地，把每家每户富有个性的庭院与住宅作出垂直叠加的样子。尽可能满足各居住者的喜好和要求，阳台的大小和位置以及门窗的大小等也可通过交流后得以自由地修改。与此相应地每组居住者的模型也被拆分开，逐一对色彩、纹理、墙壁位置等进行修改，每次叠加起来看的时候总会出现有意思的景象。

照片：鸟村钢一

Ondesign Partners

[SEADAYS]

这是一个位于千叶县馆山市，可以同时享受咖啡店和户外健身运动设施的提案。这是一个位于北条海岸森林保护区被留存下来的松树林区域，将周边环境全部作为生活憩息空间去设计的方案。因此这个模型不仅制作了室内的部分，像松树林、冲浪板、攀岩、皮划艇、瑜伽垫等室外空间的细节也被详尽地制作了出来。除了对建筑物本身的表现外，更重要的是通过模型将其周边环境中可实行的活动进行可视化，并与客户共享。

DATA

项目名称	SEADAYS
所在地	日本・千叶县馆山市北条
比例	1:50
竣工年份	2014 年
构造・层数	木结构・地上 2 层
施工面积	705.9m²
总建筑面积	249.5m²
模型制作时间	3 周
模型用途	演示及与设施有关的人员交流用（咖啡店、户外健身、攀岩的负责人）
材料	聚苯乙烯板、彩色纸、桧木、金属丝、干花、石膏、椴木饰面等

照片：鸟村钢一

Ondesign Partners

[Land Watcher]

在超过 3 420m² 的森林中建造的住宅。设计目标是通过建筑的建造方式来可持续地发展森林和人之间多样复杂的关系。因此模型中森林的部分把树木的摆放和高度尽可能地作了还原，同时选用了多种多样的材料来做树枝。该提案重视的是把森林和建筑看得同样重要，把施工地和建筑物作为一个整体来进行规划。从这样的观点出发尝试着制作出了这个演示用模型。

DATA

项目名称	Land Watcher
所在地	日本·静冈县御殿场市
比例	1:80
竣工年份	规划中
构造·层数	S 构造·地上 4 层
施工面积	3 420.9m²
总建筑面积	216.9m²
模型制作时间	4 天
模型用途	演示及讨论用
材料	扫帚草、布、聚苯乙烯纸张、金属丝、轻木、航空胶合板、桧木、PVC 板等

照片：鸟村钢一

Ondesign Partner

[隐岐国学习中心]

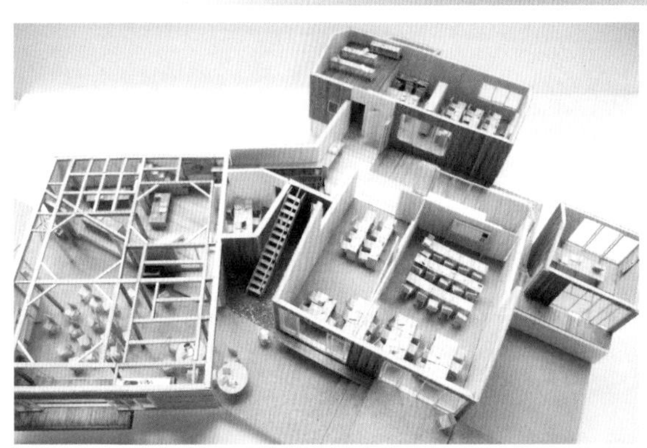

照片：Ondesign Partners

隐岐国学习中心是位于岛根县一个被称作海士町的日本海的岛屿上正在规划中的公营塾（多指公立的学习班、补习班）。该提案把当地已有百年历史的民居进行了改造，并且活用为与当地进行沟通交流的重要场所。以高中生为对象的学习班区域也会在之后进行扩充。当地的居民和学习班的学生们从计划开始阶段就参与在其中，借助模型一同思考建筑使用方法和表现的方式。也正因如此，提案把这片土地的历史与文化从模型的细节上尽可能地做了表现。又一次让人惊叹于模型那易懂又易于传播的特性。

DATA

项目名称	隐岐国学习中心
所在地	日本・岛根县隐岐郡海士町
比例	1:50
竣工年份	2015 年
构造・层数	木结构・地上 2 层（改造及扩建）
施工面积	861.8m²
总建筑面积	437.7m²
模型制作时间	3 天
模型用途	演示及工作室讨论用
材料	纸、COPIC、砂粉、桧木方棒、聚苯乙烯纸、石膏、椴木饰面、珠子等

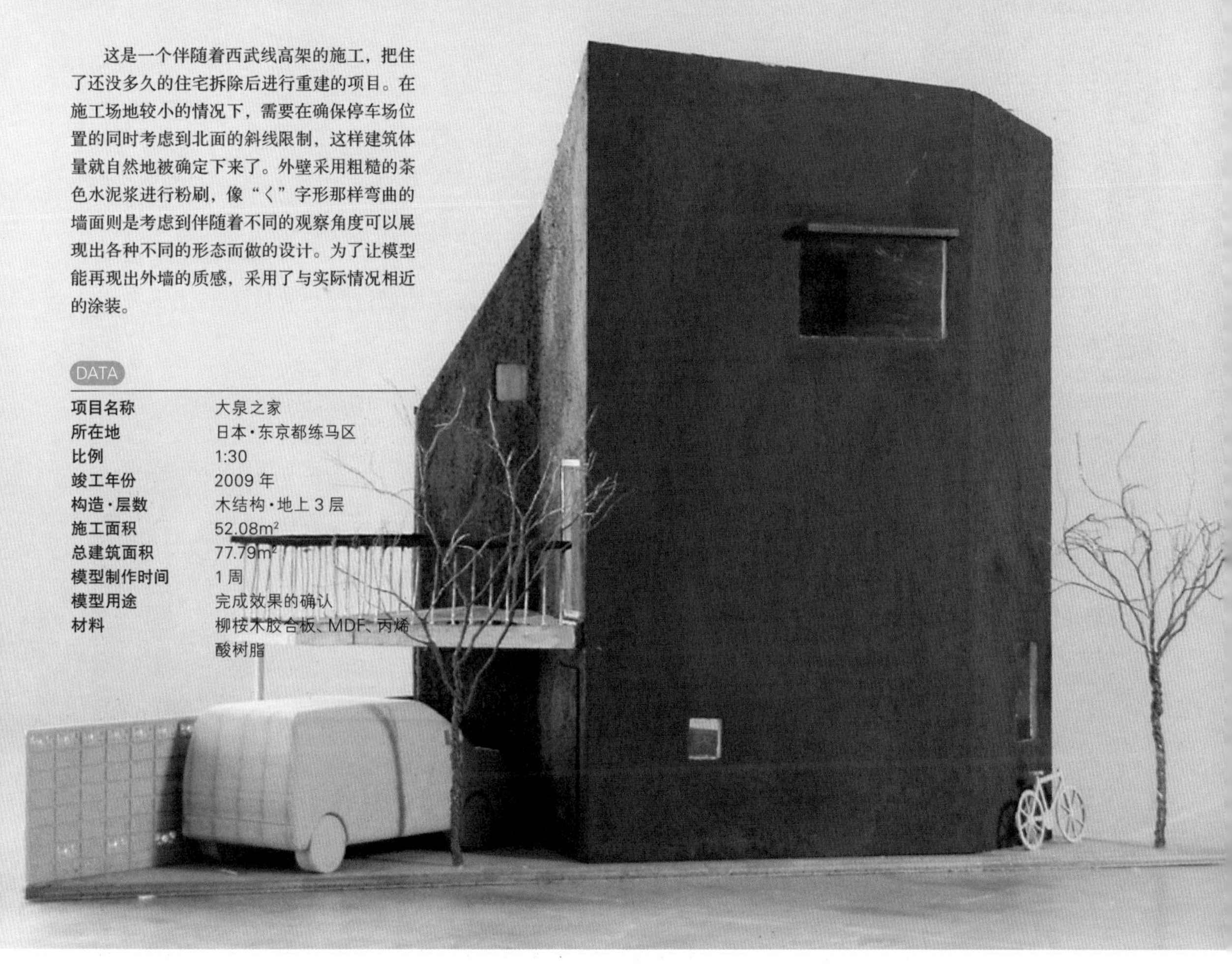

这是一个伴随着西武线高架的施工，把住了还没多久的住宅拆除后进行重建的项目。在施工场地较小的情况下，需要在确保停车场位置的同时考虑到北面的斜线限制，这样建筑体量就自然地被确定下来了。外壁采用粗糙的茶色水泥浆进行粉刷，像“く”字形那样弯曲的墙面则是考虑到伴随着不同的观察角度可以展现出各种不同的形态而做的设计。为了让模型能再现出外墙的质感，采用了与实际情况相近的涂装。

DATA

项目名称	大泉之家
所在地	日本·东京都练马区
比例	1:30
竣工年份	2009 年
构造·层数	木结构·地上 3 层
施工面积	52.08m²
总建筑面积	77.79m²
模型制作时间	1 周
模型用途	完成效果的确认
材料	柳桉木胶合板、MDF、丙烯酸树脂

菊地宏建筑设计事务所

[大泉之家][南洋堂书店 改造]

南洋堂书店作为一家专业建筑书店在东京负有盛名。原本的建筑由土岐新设计建造。建筑的特征主要是外墙的设计，为了使其便于理解，连外壁的细节也通过数控机械（NC Router）的加工在模型上得到了再现。内部装潢方面，书架和书也都用木材精细地制作了出来。由于采用了不透光的材料来制作模型，也能更为准确地对店内的采光情况进行确认。

DATA

项目名称	南洋堂书店 改造
所在地	日本·东京都千代田区
比例	1:30
竣工年份	2007 年
构造·层数	RC 构造·地上 1、2 层（改造部分）
总建筑面积	52.9m²（改造部分）
模型制作时间	2 周
模型用途	完成效果的确认
材料	柳桉木胶合板、MDF、丙烯酸树脂

照片：菊地宏建筑设计事务所

结构设计事务所的模型

方案设计师和结构设计师制作模型的目的是不同的，有怎样的差异呢？这里就来透过结构设计观点看模型的使用方法。

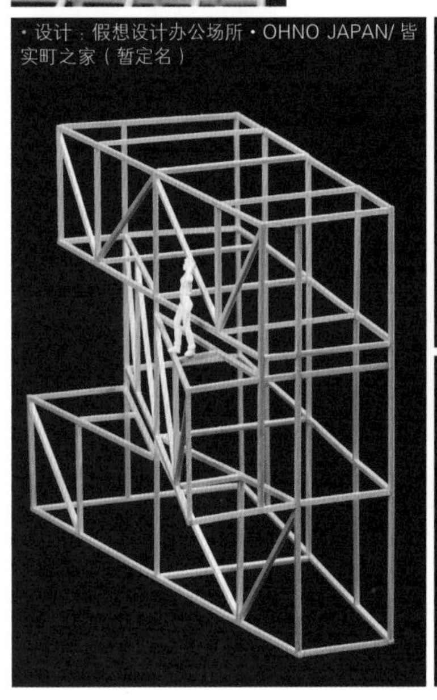
・设计：假想设计办公场所・OHNO JAPAN/ 皆实町之家（暂定名）

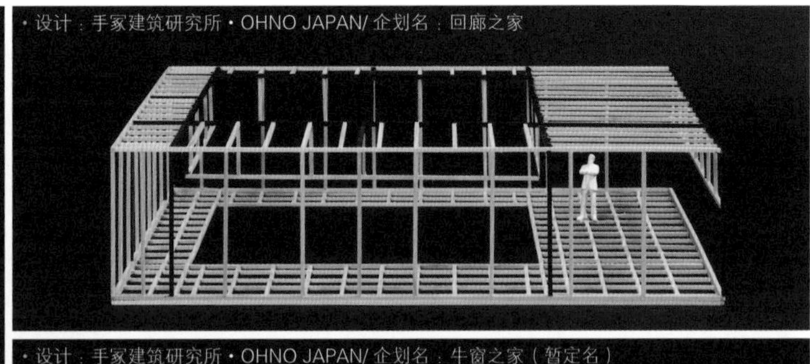
・设计：手冢建筑研究所・OHNO JAPAN/ 企划名：回廊之家

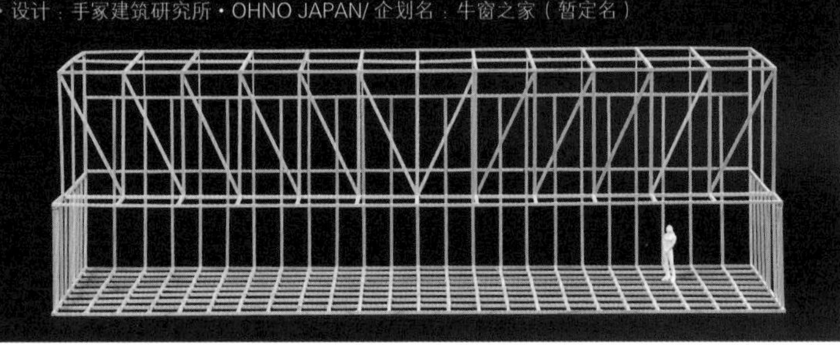
・设计：手冢建筑研究所・OHNO JAPAN/ 企划名：牛窗之家（暂定名）

1

2

OHNO JAPAN

（以视觉呈现的方式来确认建筑骨架的组成 / 在现场指示中的活用）

1：用于确认装配顺序和精度的等比模型。在向现场的工匠指示时可以使用。

2：用于确认建筑物的构件位置、型体本身的动态，以及施工顺序的结构模型。为了能迅速掌握比例而放置了人物模型。

DATA

比例	1:50、1:1
模型制作时间	10 ~ 18 小时
材料	挤塑聚苯乙烯泡沫板桧木方棒

结构事务所的工作大多会令人想到桌面工作（在桌面上操作电脑），然而事实上并非如此。结构工程师到现场就有很多机会和工匠面对面交流，根据情况不同现场指示工作。在事务所内也会对着模型"这也不是那也不是"进行思想斗争。

结构模型是在设计有一定进展的阶段制作的，用以确认主要构件的位置、型体本身的动态以及施工顺序。方案图、结构图、解析图等平面中无法确定的信息就要用模型来使之明朗起来。

结构模型具有可以表现"流"的特点。首先是力的流动。构件的位置是以力的流动路径来展现的。将路径的长短、集中性、分散性以立体的方式来表现并斟酌。通过数字来研究的应力值也能利用模型制作的方法便使其变成更加现实的东西进而掌握并修改。

另一点则是装配的流程。在模型制作过程中产生的各种问题在现场也可能会产生。比如说在钢结构的情况下，立柱方式不同会导致装配的难易度和精度不同。可以在模型制作阶段就对精度和装配方法等问题进行考量，并在现场将其作为注意事项。

・设计：山本理显设计工场／企划名：公园 rest house

佐藤淳结构设计事务所

（未实现项目的记录／运用于现场的指示・实验中）

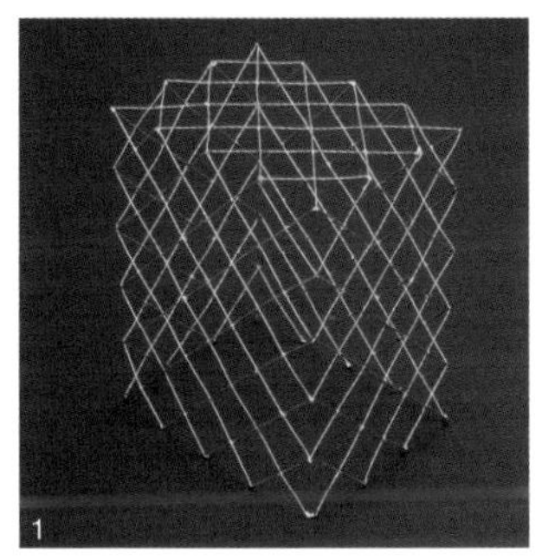

DATA

项比例	1:1、1:8、1:50、1:100
模型制作时间	3~60 天
材料	挤塑聚苯乙烯泡沫板、木材、不锈钢等

1：为了测量弯曲强度而试作的模型。2008 年威尼斯双年展所用的 Small Pavilion 之一。

2：为测量接合部分的强度而制作的模型。

3：用木材来组成立体的格子结构。向方案设计师提案具体能做到何种程度的凹凸的整体模型（前方），以及用于把握工作顺序而作的实际大小模型（后方）。

相比较于结构模型而言，日常在事务所内以制作进行强度试验的试验体为多。

比如说为了找到有较强弯曲能力的结构，工程师会用丙烯酸树脂和铝等制成薄板来加工成试验体，在上面放上杂志等来做试验。考量木结构的接合部位时也会制作测定其强度的试验体，并用弹簧秤来牵引做试验。

除此之外，事务所内也有使用各种各样素材的多样试验。比如制作悬臂状伸出部分时，在顶端挂上塑料瓶并往里面注水，用以测试强度。也有使用实物大小的模型来做试验的状况，当然简单的试验有时候也可以得到可供参考的成果。

不仅仅是这些用作试验体的模型，为了能感受模型的构造形式，也会运用金属来制作未实现项目中的模型（本页上方的照片）。

项目虽然没有实现出来，但通过模型的制作，也能感到过程中那些看上去很柔弱的结构随着整体组装之后变结实的样子。金属模型制作完成后，可以通过触摸来感受它的强度。

照片：谷本夏

竟然有这么多！

专业人士所使用

以功能性为追求的加工工具透露着精巧，而特性丰富的材料也让人创作欲高涨。
这里就来介绍一下模型制作专家们所使用的方便实用的工具和材料。

切割 ▶

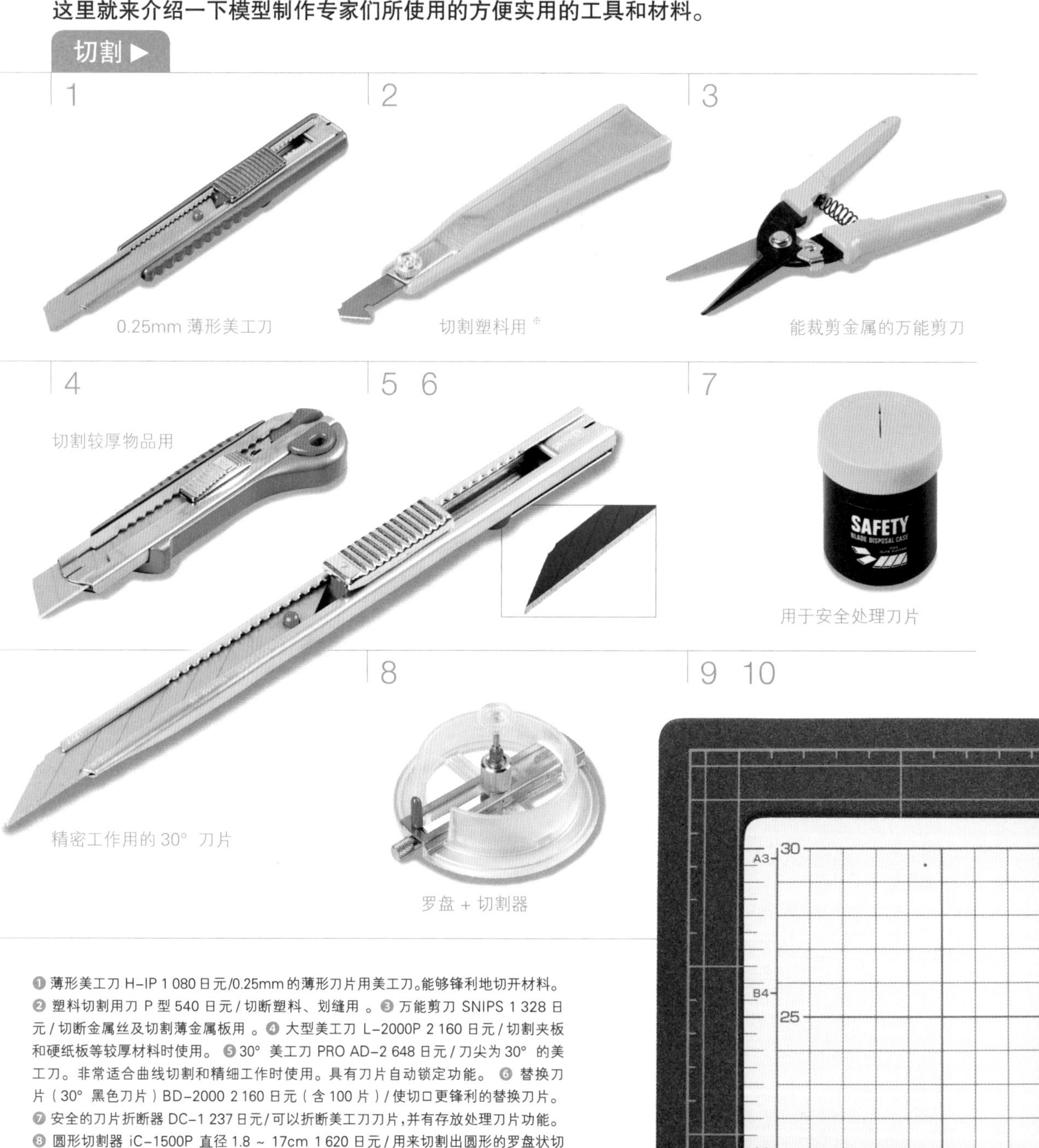

1 0.25mm 薄形美工刀

2 切割塑料用※

3 能裁剪金属的万能剪刀

4 切割较厚物品用

5 6 精密工作用的 30° 刀片

7 用于安全处理刀片

8 罗盘 + 切割器

❶ 薄形美工刀 H-IP 1 080 日元/0.25mm 的薄形刀片用美工刀。能够锋利地切开材料。❷ 塑料切割用刀 P 型 540 日元 / 切断塑料、划缝用 。❸ 万能剪刀 SNIPS 1 328 日元 / 切断金属丝及切割薄金属板用 。❹ 大型美工刀 L-2000P 2 160 日元 / 切割夹板和硬纸板等较厚材料时使用。 ❺ 30° 美工刀 PRO AD-2 648 日元 / 刀尖为 30° 的美工刀。非常适合曲线切割和精细工作时使用。具有刀片自动锁定功能。 ❻ 替换刀片（30° 黑色刀片）BD-2000 2 160 日元（含 100 片）/ 使切口更锋利的替换刀片。❼ 安全的刀片折断器 DC-1 237 日元/可以折断美工刀刀片，并有存放处理刀片功能。❽ 圆形切割器 iC-1500P 直径 1.8 ~ 17cm 1 620 日元 / 用来切割出圆形的罗盘状切割器。❾ ❿ 切割垫 A3 1 382 日元/进行精细工作时必须使用。大小有 A4 ~ A1 可选。

价格均为含税价，由 Lemon 画翠调查提供（2014 年 4 月的价格）
※ 型号变更等会造成式样变化

的模型制作工具·材料

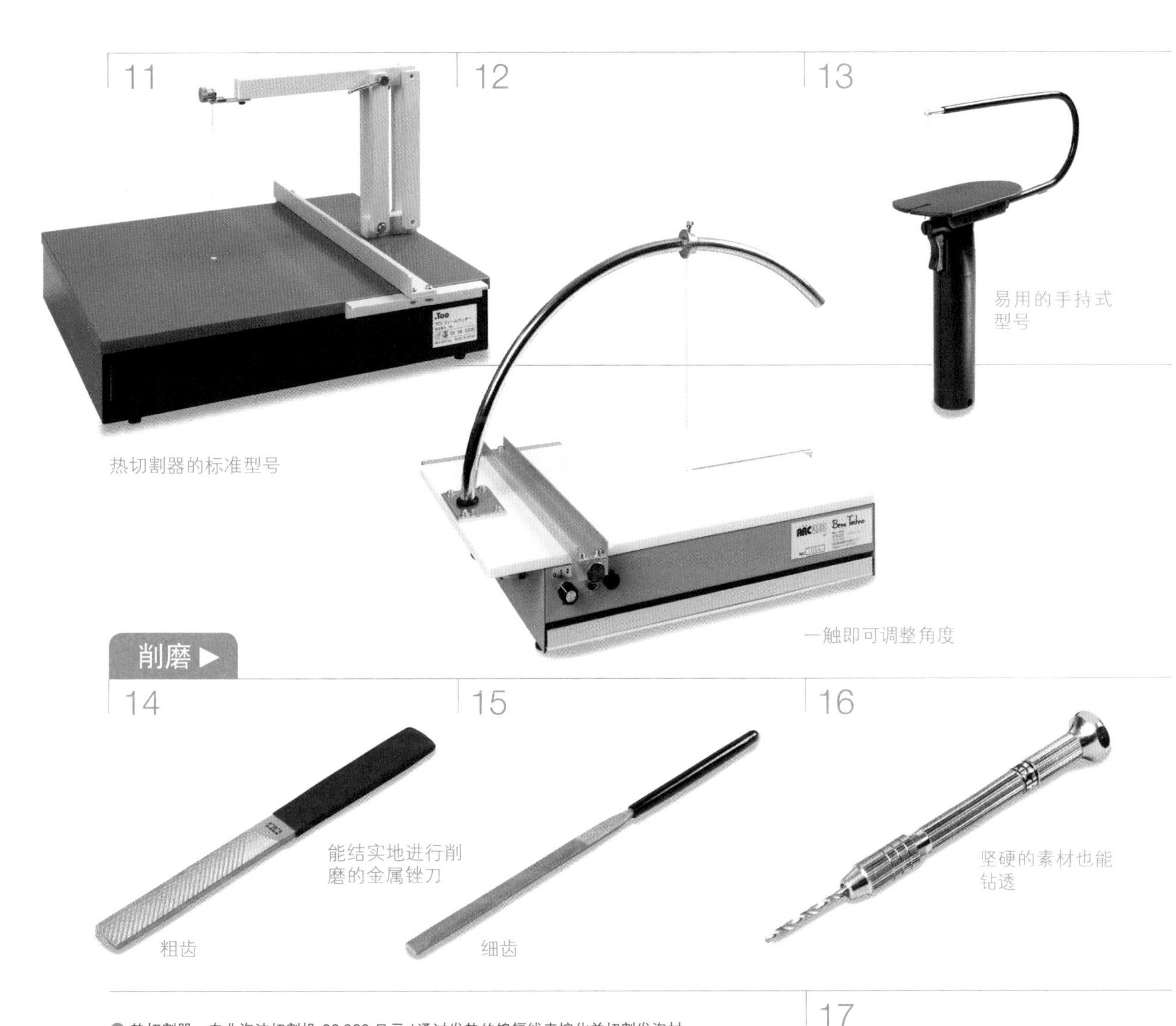

⑪ 热切割器、专业泡沫切割机 66 960 日元 / 通过发热的镍镉线来熔化并切割发泡材料的机械。主要用于挤塑聚苯乙烯泡沫板的加工，通过三个地方的螺丝可以调整角度。⑫ 热切割器 ARC250 92 880 日元 / 一触即可设定镍镉线角度的型号，通过附属的尺可以轻松加工出不规则的形状。 ⑬ 手持式热切割器 2 678 日元 / 使用电池，用于加工聚苯乙烯纸等薄形材料。 ⑭ 工匠锉刀 PRO 平 16mm 2 160 日元。 ⑮ 工匠锉刀 I–25 平 216 日元 / 用于木材和塑料等的研磨。 ⑯ 精密针手钻 D 1 404 日元、基本钻头刀组合 1 080 日元 / 用于给材料钻孔，替换刀有 0.1 ~ 3.2mm 的型号。 ⑰ 从左开始：砂纸 230mm × 280mm No.400 34 日元、No.220 34 日元、No.60 45 日元；防水砂纸 230mm × 280mm No.2000 172 日元、No.800 86 日元、No.150 86 日元 / 用于木材、发泡材料、塑料、金属等的研磨。根据砂纸的粗细有 40 号 ~ 400 号、防水砂纸有 80 号 ~ 2000 号可选，浸水后使用不容易堵住，研磨出来的粉末也不容易散落。

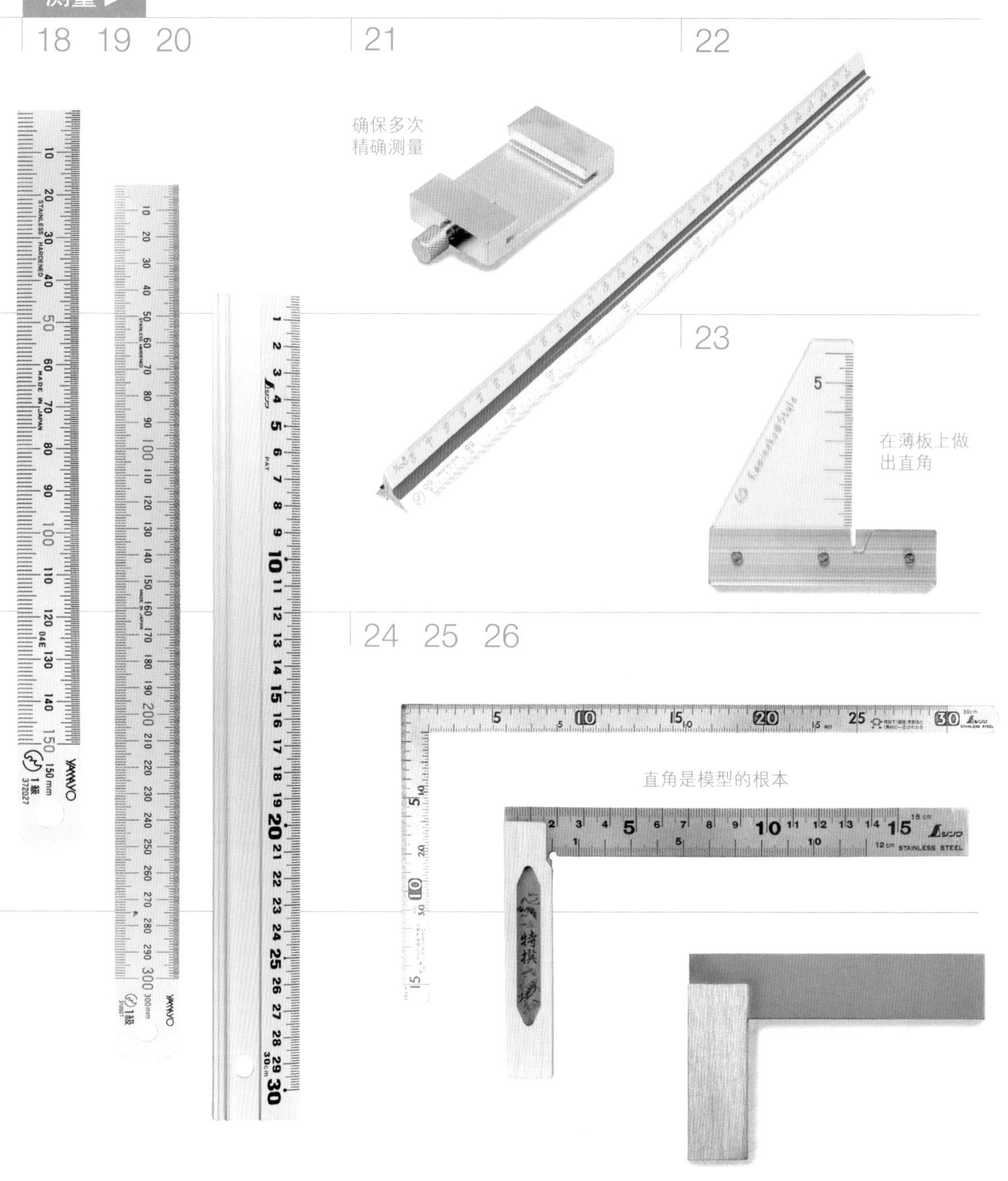

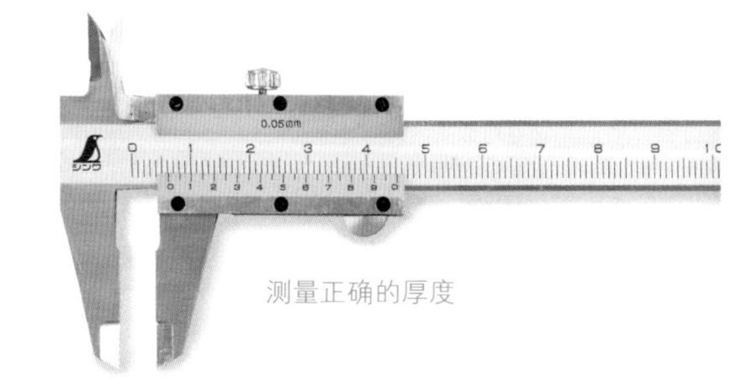

⑱ 钢直尺 15cm 432 日元 / 一侧刻以 1mm 单位，另一侧则刻以 0.5mm 单位。 ⑲ 钢直尺 30cm 864 日元 / 根据厂家不同也有 0.5mm 刻度一侧左右相反的情况，正确使用即可。 ⑳ 铝制直尺 ARUSUKE 30cm 637 日元 / 反面贴有海绵，不容易打滑。 ㉑ 游标（金属尺用的锁定器）30cm 961 日元 / 装在不锈钢直尺上用于测定固定长度时使用。 ㉒ 三角比例尺（附带副尺）300mm 3 132 日元 / 用来确定部件大小，阅读图纸时使用。 ㉓ 迷你直角尺（附带刻度）2 322 日元。 ㉔ 直角尺 30cm × 15cm 486 日元。 ㉕ 全直角尺 15cm 1 620 日元。 ㉖ 黄铜直角尺 B-60 1 188 日元 / 均用于在材料上做出直角，根据材料厚度和大小来分别使用。 ㉗ 游标卡尺 150mm 3 780 日元 / 用于测量材料厚度，精确到 0.05mm。也有电子表示方式的型号。

价格均为含税价，由 Lemon 画翠调查提供（2014 年 4 月的价格）

黏合 ▶

28

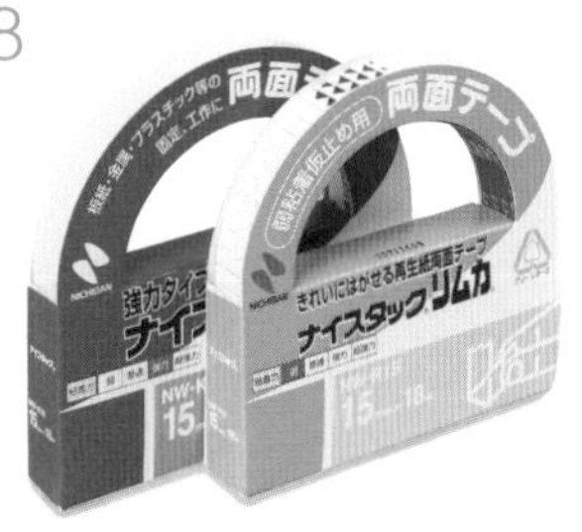

实贴、临时贴，根据用途来选择

29

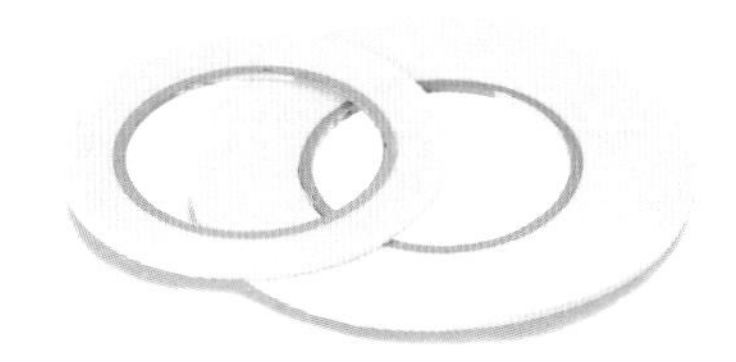

细小部件也能贴得很干净

30

31

用于夹取薄形部件・平头型

32

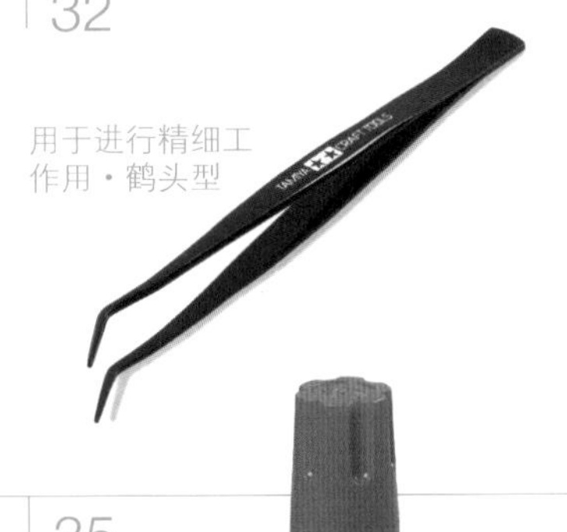

用于进行精细工作用・鹤头型

33

34

35

36

迅速粘牢丙烯酸树脂部件

37

也可用于剥离聚苯乙烯板上的纸张

38

粘贴剥离均不伤纸

39

用于 PVC 类的黏合

40 41

㉘ 双面胶（右）弱黏性型 15mm × 18m 540 日元，（左）强力型 15mm × 18m 540 日元 / 用于图纸和纸材等的黏合。弱黏性型可作为暂时固定用。 ㉙ 细条双面胶（上）2mm × 20m 216 日元，（下）3mm × 50m 410 日元。 ㉚ 宽双面胶 100mm × 5m 842 日元。 ㉛ 平头镊子 324 日元。 ㉜ 鹤头镊子 648 日元 / 用于组装细小的部件时使用。 ㉝ 胶带纸 18mm × 30m 1 123 日元 / 组装时作暂时固定用。 ㉞ 聚苯乙烯胶 50cc 399 日元 / 用于所有发泡材料的粘贴。 ㉟ 木工用快干胶 180g 432 日元 / 用于木材、布料、纸张、聚苯乙烯板等的粘贴。 ㊱ 丙烯酸树脂用黏合剂 Acrysunday 30ml 594 日元（附带注入器）/ 可以用于丙烯酸树脂等各种树脂材料的粘贴。 ㊲ 纸张黏合剂 溶剂（右）280ml 1 047 日元 溶剂用点胶器 S（左）110ml 2 268 日元 / 用来粘帖纸张的溶剂。用于分离粘贴在一起的纸张，也可以用于剥离粘贴在聚苯乙烯板表面的纸张。 ㊳ 纸张黏合剂 S 涂剂 250ml 1 414 日元 / 纸张用的黏合剂。可以轻松自如地粘贴并撕下。 ㊴ Sunday PVC 片材黏合剂 25ml 540 日元（附带注入器）/ 用于黏合 PVC 类的溶剂。 ㊵ 喷胶 77。 ㊶ 喷胶 55 各 430ml 2 376 日元喷胶 77 可以广泛用于纸张、布料、发泡材料等素材。喷胶 55 用于图纸的暂时固定等。

发泡材料1

挤塑聚苯乙烯泡沫板
耐压缩，耐水性好的硬质发泡材料。原本是用于隔热的材料，正式名称是挤塑聚苯乙烯泡沫。使用热切割器以及锉刀等就可以轻易加工，可用于曲面和复杂形状的展现。
从上方开始：EK（蓝色・细颗粒）、SU（灰色・细颗粒）※、WB（白色・粗颗粒）、FII（象牙色・细颗粒）。

发泡材料2

聚苯乙烯纸❶、❷
将气泡细密的发泡塑料加工成薄板制成。韧性强，适合表现曲面。厚度有 1mm、2mm、3mm、5mm、7mm 规格。也有多层复合的用法。

聚苯乙烯板❸ ~ ❻
在发泡塑料板两面贴上高质量纸制成。轻且易处理，因为可以使用刀片轻松加工的缘故，多用于模型材料中。厚度有 1mm、2mm、3mm、5mm、7mm 规格。也有发泡部分和纸张都是黑色的版本，厚度只有 5mm 一个规格。

粘板❼ ~ ❾
一面有黏合剂涂层的泡沫塑料板。其使用方法各种各样，除了可以用于简单的模型载板外，也可以贴上砂纸用为板型锉刀使用等。

木质板材

轻木板❶ ~ ❸
轻且柔软的木材。可以用刀片和锉刀等轻松加工。

航空胶合板❹
多重复合薄板。强度高，耐水性强。

椴木胶合板❺、❻
使用椴木材料贴合加工而成的复合板，木纹细腻均匀，表面美观。虽然比轻木板价格要高，但相应地强度上也有优势。

轻木板❼
压缩加工成薄板状的软木材。常用于等高线等地形方面的表现。

塑料材料

丙烯酸树脂板❶、❷
有透明丙烯酸树脂和彩色丙烯酸树脂两种。透明的丙烯酸树脂板厚度为 0.5mm 以上，彩色的丙烯酸树脂板厚度为 2mm 以上。薄一点的可以用刀片、塑料切割刀和锯子等工具来切割，但是厚的只能使用激光加工机或者电动圆锯来切割。

PET 板❸、❹
聚酯纤维制成的板材。比丙烯酸树脂软且易切断。柔软而有弹性，可使用热成型技术制作出曲面来。

塑料硬纸板❺
将塑料加工成纸板状的产品。用于制作概念模型等。

PVC 板❻ ~ ❿
颜色种类丰富，透明色和烟色的可以用于表现窗户玻璃，银色和其他金属色调的可以用于表现金属板。由于质地柔软，所以可以使用刀片和剪刀轻松切割。但是不易于涂色。

塑胶板⓫ ~ ⓭
聚苯乙烯树脂制成的板材。透明色的可以用于开口部分的表现。其他的颜色有白色、米色等。可以使用刀片进行加工。

纸张材料

打孔纸❶
加工有孔的厚纸张。用于表现篱笆、围栏等。

各种彩色纸❷ ~ ❼
贴在模型表面用于表现各种素材。

波浪纸（Ultra Bob）❽、❾
细波纹的彩色纸。可用于制作 1:100 模型的台阶。

单面波浪纸（Super Bob）❿、⓫
单面贴有波浪纸的纸板。一共有十种丰富的色彩，可用于表现波浪板和屋顶等。另外也可用于制作 1:50 模型的台阶。

厚纸板（Snow mat）⓬
约 0.5mm 厚的纸板。用于制作小比例的模型等。

KMK 肯特纸⓭
韧度强，适用于制作简单的研究学习用模型。

黄板纸⓮
再生纸压缩制成的板材。用于表现墙壁和屋顶。

纤维板（U.S.A）⓯
在美国经常作为模型材料使用的再生纸制成的板材。

蜂窝板⓰
有着蜂窝结构的板材。强度高，常被用作放置模型的底板使用。可以使用刀片切割。

※ 照片是 2009 年 7 月拍的，其中 SU（灰色・细颗粒）2014 年 4 月已经不生产了。

金属管材

金属管材各自有其不同的硬度和表现效果，根据最终效果和用途不同来使用。细金属丝弯折后可以用于表现植栽。也有黄铜、纯铜、铝等管材可供使用，需要用强力的剪刀或者钳子来切断。

0.9mm 管材❶、❷（茄红、雪白）、Hobby Wire ❸ ~ ❺（不锈钢、铜、搪瓷）、钢琴丝❻、不锈钢丝❼、镍银丝❽、黄铜棒❾（方棒、方管、圆管、圆棒）、铜棒❿（圆棒、管）、铝棒⓫（圆棒、管）。

涂料 · 装饰

涂料

涂料主要使用丙烯酸树脂系（水性）和油漆系两类。Mr. Color Spray（郡士模型漆）等丙烯酸树脂系的涂料可以用于挤塑聚苯乙烯泡沫板、塑料、木材和金属的涂装。将丙烯酸树脂系的涂料用于发泡材料的时候会有着色困难的情况发生，这时候可以用石膏（基材）做底。除此之外，石膏还可以在涂抹之后用锉刀加工成平滑的表面。造型膏也可以在涂抹之后用以表现起伏不平的地形等。

装饰

通过放置人物或者车辆的模型来凸显模型的比例感。模型有纯白色的和涂装完成的两种版本。

后方（从左开始）：Mr. Color Spray、电镀喷漆、石膏、造型膏；
前方（从左开始）：1:50 人物（未涂装）、1:50 轿车、1:100 人物（涂装套装）。

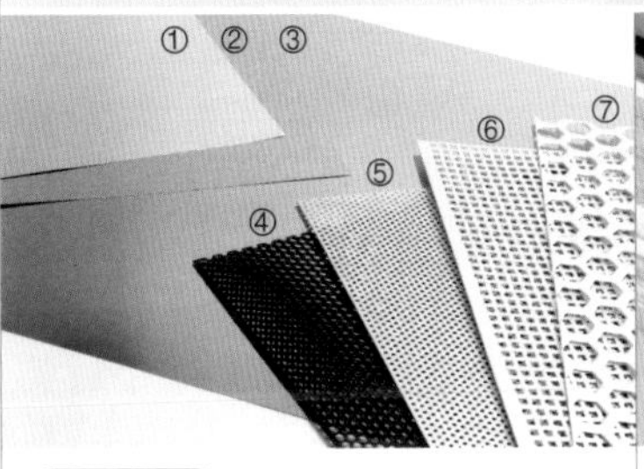

金属板材

各种金属板（铝板❶、铜板❷、不锈钢板❸）

将用于凸显模型金属质感。铝板厚度有 0.05 ~ 0.5mm，铜板厚度有 0.1 ~ 0.5mm 可选。不锈钢板只有 0.1mm 一种。

铝质冲网板❹ ~ ❼

将铝板进行冲网加工后制得。容易进行弯折加工处理，有银黑两色。银色的孔形有圆形、四角形、六角形、菱形等。

塑料管材

丙烯酸树脂棒❶

用丙烯酸树脂制成的透明棒材。主要和丙烯酸树脂板一起组合使用。切面形状有圆形、正方形和三角形。

塑料管❷

用苯乙烯树脂制成的塑料管。颜色有透明和白色两种、白色的内部有金属丝，直径有 1.2mm 和 1.6mm 可选，可以自由弯折成各种形状。

ABS 管❸

ABS 树脂制成的透明塑料管。

丁酸树脂管❹

丁酸树脂制成的管材。有青色、红色、橙色等丰富的颜色可选。和塑料管一样内部有金属丝，直径有 1.2mm 和 1.6mm 可选。

木质管材

轻木圆棒❶、桧木圆棒❸

将木材加工成圆柱型制成。轻木棒有 900mm 和 600mm 两种长度，900mm 的直径为 3 ~ 30mm，600mm 的直径为 5 ~ 15mm。桧木棒长为 900mm，直径为 2 ~ 30mm。

轻木方棒❷

轻木材加工成方柱型制成。轻巧柔软易于加工。切面尺寸从 2mm × 2mm 到 10mm × 10mm 可选。

桧木方棒❹

用于制作框架模型的方棒。切面从 0.5mm × 2mm 到 15mm × 15mm 有非常多的尺寸可供选择。

木制钢材棒（轻木❺ · 桧木❻）

加工成型钢一样形状的木材。轻木制为 H 型、L 型两种，长度为 450mm，切面有 3mm × 3mm 和 5mm × 5mm 两种。桧木制为 H 型、L 型、T 型、I 型、C 型共 5 种，长度为 550mm，切面 1.6 ~ 4.8mm 可选。

日本模型材料商店一览

介绍一下日本的销售模型材料的商店。材料加工方面，可加工的材料以及加工范围等详细情况请咨询各店铺。

店铺名称	地址	电话	休息日	网址	材料加工
大丸藤井 Central	北海道札幌市中央区南一条西 3-2	(+81)011-231-1131	不定期	http://www.daimarufujii.co.jp/central/	无
青叶画庄	宫城县仙台市若林区卸町 2-8-3	(+81)022-231-4225	盂兰盆节、年末年初	http://www.aobagasou.com/	无
世界堂新宿总店	东京都新宿区新宿 3-1-1 世界堂大楼	(+81)03-5379-1111	年中无休	http://www.sekaido.co.jp/	需要商谈
世界堂新宿西口店	东京都新宿区西新宿 1-11-11 世界堂第 2 大楼	(+81)03-3346-1515	年中无休	http://www.sekaido.co.jp/	需要商谈
六本木 Lapis Lazuli	东京都港区六本木 6-2-31 六本木 Hills 北塔	(+81)03-3405-2821	年初	http://www.lapis-gazai.jp/	无
Tools 御茶水店	东京都千代田区神田骏河台 2-1-30	(+81)03-3295-1438	盂兰盆节、年末年初	http://www.tools-web.com/	无
Lemon 画翠总店	东京都千代田区神田骏河台 2-6-12	(+81)03-3233-0109	年中无休	http://www.lemon.co.jp	需要商谈
文房堂	东京都千代田区神田神保町 1-21-1	(+81)03-3291-3441	年末年初	http://www.bumpodo.co.jp/	无
东急 Hands 涩谷店	东京都涩谷区宇田川町 12-18	(+81)03-5489-5111	年中无休	http://www.tokyu-hands.co.jp	无
Jema Corporation	东京都品川区南大井 6-2-5	(+81)03-3765-4808	周六、周日、节假日	http://www.jema.co.jp/	有
东急 Hands 池袋店	东京都丰岛区东池袋 1-28-10	(+81)03-3980-6111	不定期	http://www.tokyu-hands.co.jp	无
世界堂池袋 Parco 店	东京都丰岛区南池袋 1-28-2 池袋 Parco 6F	(+81)03-3989-1515	池袋 Parco 休馆日	http://www.sekaido.co.jp/	需要商谈
雅光堂	东京都目黑区青叶台 1-13-14	(+81)03-3462-1604	周日、节假日、盂兰盆节、年末年初	http://www.gakohdo-eshop.com	无
东急 Hands 町田店	东京都町田市原町田 6-4-1 町田东急双子楼东楼 6F · 7F	(+81)042-728-2511	不定期	http://www.tokyu-hands.co.jp	需要商谈
东急 Hands 横滨店	神奈川县横滨市西区南幸 2-13	(+81)045-320-0109	不定期	http://www.tokyu-hands.co.jp	无
世界堂 Lumine 横滨店	神奈川县横滨市西区高岛 2-16-1 Lumine 横滨 5F	(+81)045-444-2266	Lumine 横滨休馆日	http://www.sekaido.co.jp/	需要商谈
有邻堂伊势佐木町总店文具馆	神奈川县横滨市中区伊势佐木町 1-4-1	(+81)045-261-1231	不定期	http://www.yurindo.co.jp/	无
世界堂相模大野店	神奈川县相模原市相模大野 3-9-1 相模大野 MORE'S 4F	(+81)042-740-2222	相模大野 MORE'S 休馆日	http://www.sekaido.co.jp/	需要商谈
光荣堂	千叶县船桥市北本町 2-64-12	(+81)047-425-8411	周六、周日、节假日	http://www.koeido.org/	需要商谈
诗季画材	群马县前桥市南町 4-47-6	(+81)027-224-5196	周三	http://www.siki.co.jp/	无
世界堂新所泽 Parco 店	埼玉县所泽市绿町 1-2-1 新所泽 Parco Let's 馆 3F	(+81)04-2903-6161	新所泽 Parco 休馆日	http://www.sekaido.co.jp/	需要商谈
画材 Tampopo 高冈店	富山县高冈市中川 1-3-19-2	(+81)0766-25-7025	第 1、3、5 个周三	—	无
Sky 模型春山总店	福井县福井市春山 2-23-16	(+81)0776-25-0892	周二	—	需要商谈
井 Zawa 画房	福井县福井市羽水 2-720-1	(+81)0776-33-5380	第三天	http://blog.livedoor.jp/izawagabo/	无
东急 Hands 名古屋 ANNEX 店	爱知县名古屋市中区锦 3-5-4	(+81)052-953-2811	不定期	http://www.tokyu-hands.co.jp	有
东急 Hands 名古屋店	爱知县名古屋市中村区名驿 1-1-4 JR 名古屋高岛屋内 4～10F	(+81)052-566-0109	不定期	http://www.tokyu-hands.co.jp	有
Central 画材 Art 大楼店	爱知县名古屋市东区泉 1-13-25 Central · Art 大楼 1 · 2F	(+81)052-951-8998	年中无休	http://www.central-gazai.co.jp/	有
Nagasawa 文具中央总店	兵库县神户市中央区三宫町 1-6-18 Junku 堂书店三宫店 3F	(+81)078-321-4500	年中无休	http://www.kobe-nagasawa.co.jp	无
东急 Hands 三宫店	兵库县神户市中央区下山手道 2-10-1	(+81)078-321-6161	不定期	http://www.tokyu-hands.co.jp	需要商谈
Tools 大阪梅田店	大阪府大阪市北区芝田 1-1-3 阪急三番街 B1F	(+81)06-6372-9272	不定期	http://www.tools-web.com/	无
东急 Hands 心斋桥店	大阪府大阪市中央区南船场 3-4-12	(+81)06-6243-3111	不定期	http://www.tokyu-hands.co.jp	需要商谈
山田画材（ARTG21）	京都府京都市中京区西京马代町 20-6	(+81)075-462-0591	周日、节假日	—	需要商谈
Top Art 画材	冈山县冈山市北区奉还町 2-15-8	(+81)086-253-1803	周日	—	无
多山文具东广岛店	广岛县东广岛市西条町御薗宇 4405 Fuji Gran 东广岛 2F	(+81)082-493-6670	年中无休	http://www.tayama-bungu.net/	无
山本文房堂总店	福冈县福冈市中央区大名 2-4-32	(+81)092-751-4342	第 3 个月	—	无
Chitoseya 画材东店	福冈县福冈市东区松香台 2-12-1	(+81)092-662-2988	周日、节假日	http://ww22.tiki.ne.jp/~chitoseya/	无
ART BOX	福冈县福冈市南区大桥 1-11-1	(+81)092-512-5880	周日、节假日	http://www.fukunet.or.jp/member/artbox/	需要商谈
九州画材	福冈县北九州市小仓北区京町 3-12-26	(+81)093-522-0747	盂兰盆节、年末年初	—	无
Watanabe 画材店	佐贺县佐贺市本庄町本庄 1322-6	(+81)0952-29-6817	周日、节假日	—	有
京文堂	熊本县熊本市黑发 2-34-8	(+81)096-343-5508	周六、周日、节假日	http://www.kyobundo.com/	无
大谷画材	鹿儿岛县鹿儿岛市加治屋町 12-6	(+81)099-222-2993	不定期	—	无

激光加工商一览

店铺名称	地址	电话	休息日	网址
Envision Japan	东京都涩谷区初台 1-28-10	(+81)03-5333-3937	周六、周日、节假日	http://www.envision.co.jp
Hiruma Model Craft	东京都府中市南町 5-38-33	(+81)042-365-6071	周日、节假日	http://hiruma-modelcraft.com
激光加工 .com	埼玉县所泽绿区 4-7-13EXCEL 绿町大楼 3F	(+81)04-2937-6045	周日、节假日	http://www.banbankonasu.com/

模型材料价格一览

价格经过 Lemon 画翠的调查（TEL (+81) 03-3295-4681）是该店 2014 年 4 月的报价，有变动可能

发泡材料

聚苯乙烯板

大小・颜色	厚度 (mm)	价格（日元）
B1 尺寸	1	1 026
	2	1 112
	3	1 350
	5	1 695
	7	1 868
B2 尺寸	1	529
	2	594
	3	702
	5	885
	7	939
B3 尺寸	1	313
	2	324
	3	367
	5	421
	7	507
A1 尺寸	2	939
	3	1 058
A2 尺寸	2	475
	3	529
3×6 尺寸	5	3 391
	7	3 736

聚苯乙烯纸

大小・颜色	厚度 (mm)	价格（日元）
B1 尺寸	3	1 058
	5	1 425
	7	1 728
B2 尺寸	1	432
	2	475
	3	507
	5	680
	7	820
B3 尺寸	1	216
	2	270
	3	280
	5	378
	7	464

粘板

大小・颜色	厚度 (mm)	价格（日元）
A1 尺寸	3	1 652
	5	1 490
	7	1 684
A2 尺寸	3	831
	5	799
	7	874
A3 尺寸	5	432
	7	464
B2 尺寸	5	918
	7	1 026

挤塑聚苯乙烯泡沫板

大小・颜色	厚度 (mm)	价格（日元）
A2 尺寸・象牙白	15	691
	20	820
	30	1 090
	50	1 875
	100	3 445
A2 尺寸・青	30	1 285
	50	2 073
	100	3 898
A2 尺寸・白	50	2 732
	100	4 989

塑料板材

PVC 板

大小 (mm)	颜色	厚度 (mm)	价格（日元）
B4 尺寸	透明	0.2	118
		0.3	118
		0.5	237
		1.0	356
	乳白	0.5	475
	黑	0.3	118
	黑色磨砂	0.3	302
	白	0.2	118
	白色磨砂	0.3	302
	烟褐	0.4	302
	蓝色透明	0.4	302
	碳素合金	0.2	302
	银色磨砂	0.2	302
325×360	银色拉丝	0.5	918
	银	0.5	756

塑料板

大小 (mm)・颜色	厚度 (mm)	价格（日元）
257×364・透明	0.2	129
	0.4	210
B4 尺寸・透明	0.5	162
257×364・白	0.3	129
	0.5	194
	1.0	388
	1.2	453
178×305・砖红	0.5	486
178×305・米黄	0.5	486

透明丙烯酸树脂板

大小 (mm)・颜色	厚度 (mm)	价格（日元）
S 尺寸 (320×550)	1	1 112
	2	1 663
	3	2 332
M 尺寸 (550×650)	1	1 944
	2	2 948
	3	4 233
594×841	1	2 916
	2	3 240
	3	3 564

彩色丙烯酸树脂板

大小 (mm)・颜色	厚度 (mm)	价格（日元）
320×550・乳白色半透明	1	1 112
320×550・乳白色半透明、白、黑	2	1 663
	3	2 332

木质板材

聚苯乙烯板

大小 (mm)・颜色	厚度 (mm)	价格（日元）
250×600	1.0	442
	1.5	464
	2.0	496
	3.0	626
80×600	0.5	118
	1.0	118
	1.5	118
	2.0	118
	3.0	151
	4.0	162
	5.0	194
	6.0	216
	7.0	237
	8.0	270
	9.0	291
	10.0	324
	15.0	453
	20.0	572
120×900	2.0	378
	3.0	453
	5.0	626
150×900	2.0	453
	3.0	572
	5.0	810

椴木胶合板

大小 (mm)・颜色	厚度 (mm)	价格（日元）
597×841	1.7	2 376
	3	1 404
	5.5	1 771

航空胶合板

大小 (mm)・颜色	厚度 (mm)	价格（日元）
300×600	0.6	2 041
	1	1 296
	1.5	1 371
	2	1 458

纸张材料

打孔纸

大小 (mm)・颜色	厚度 (mm)	价格（日元）
100×150・黑	ϕ1.0	432
100×150・白		432
100×150・茶		432
100×150・灰		432

Golden Board

大小	厚度（mm）	价格（日元）
B1 尺寸	1	604
B2 尺寸	1	302
B3 尺寸	1	151

厚纸板（Snow Matt）

大小	厚度（mm）	价格（日元）
B1 尺寸	#400	399
B2 尺寸	#400	205
B3 尺寸	#400	108

象牙白肯特纸

大小	厚度（mm）	价格（日元）
B1 尺寸	#300	237
B2 尺寸	#300	118
B3 尺寸	#300	64

单面波浪纸（彩色纸板 Super Bob）

颜色	大小	价格
白、黑、日光色、天蓝、绿、葱黄、三文鱼色	B2 尺寸	324
	B3 尺寸	162

波浪纸（彩色纸板 Ultra Bob）

颜色	大小	价格（日元）
日光色、黑	B2 尺寸	324
	B3 尺寸	162

蜂窝板

大小（mm）	厚度	价格（日元）
600×900	12.7	1 647
	25.4	1 763

金属板材

铝质冲网板

大小 (mm)・颜色	孔形	价格（日元）
200×300 银	圆形(ϕ1.0mm)	972
	圆形(ϕ1.5mm)	972
	圆形(ϕ3.0mm)	972
	四角形	1 911
	六角形	1 911
	菱形	1 911
	云形	1 911
200×300 黑	圆形(ϕ1.0mm)	1 090
	圆形(ϕ1.5mm)	1 090
	圆形(ϕ3.0mm)	1 090

铜板

大小 (mm)	厚度（mm）	价格（日元）
365×600	0.1	2 041
	0.2	2 268
200×300	0.3	1 036

铝板

大小 (mm)・颜色	厚度 (mm)	价格（日元）
200×300	0.1	291
	0.2	313
	0.3	378
	0.5	453
400×1 200（卷）	0.1	1 026
	0.2	1 134

铜板

大小 (mm)・颜色	厚度（mm）	价格（日元）
365×600（卷）	0.1	2 041
	0.2	2 268

塑料管材

塑料棒（白）（长度：400mm）

种类 (mm)	价格（日元）
方棒 2×2（10 根装）	388
方棒 3×3（10 根装）	388
方棒 5×5（6 根装）	388
圆棒 ϕ2（10 根装）	388
圆棒 ϕ3（10 根装）	388
圆棒 ϕ5（6 根装）	388
三角棒 2（10 根装）	388
三角棒 3（8 根装）	388
三角棒 5（5 根装）	388

透明丙烯酸树脂棒（长度：1 000mm）

种类 (mm)	价格（日元）
方棒 3×3	118
方棒 5×5	313
圆棒 ϕ2	151
圆棒 ϕ3	205
圆棒 ϕ5	270
圆棒 ϕ10	842
三角棒 5	162

木质管材

桧木方棒

长度 (mm)	粗细（mm）	价格（日元）
900	0.5×2	21
	0.5×3	27
	0.5×4	27
	0.5×5	27
	1×1	21
	1×2	21
	1×3	27
	1×5	27
	1.5×1.5	21
	2×2	21
	2×4	27
	3×3	27
	4×4	27
	5×5	43
	6×6	48
	10×10	118

轻木方棒

长度 (mm)	粗细 (mm)	价格（日元）
900	2×2	21
	3×3	32
	4×4	32
	5×5	37
	6×6	43
	10×10	113

桧木圆棒

长度 (mm)	直径（mm）	价格（日元）
900	2	75
	3	81
	4	97
	5	108
	6	113
	7	129
	8	140
	9	172
	10	172
	15	259
	20	426

金属管材

铝制圆棒（长度：300mm）

直径（mm）	价格（日元）
0.8（40 根装）	615
1.0（30 根装）	615
1.2（20 根装）	615
1.5（20 根装）	615

不锈钢丝（长度：300mm）

直径（mm）	价格（日元）
0.3（20 根装）	615
0.4（20 根装）	615
0.5（20 根装）	615
0.6（20 根装）	615
0.7（20 根装）	615
0.8（20 根装）	615
0.9（10 根装）	615
1.0（10 根装）	615

PVC 套管金属丝

颜色	大小	价格（日元）
黑、白、茶、绿、天蓝、青、紫、粉、赤、橙、黄	ϕ0.9mm×5m	324
	ϕ2.0mm×3m	324
	ϕ3.2mm×3m	378
银、金	ϕ2.0mm×3m	324

Hobby Wire

种类	大小	价格（日元）
铜	ϕ0.35mm（#28）× 约 10m	324
不锈钢	ϕ0.24mm（#28）× 约 10m	324
	ϕ0.30mm（#28）× 约 10m	324
	ϕ0.35mm（#28）× 约 10m	324
搪瓷	ϕ0.35mm（#28）× 约 10m	324

基础知识篇

现在马上就能上手！建筑模型制作术

最终版！材料加工

切割 ▶ 48 页

切割 ▶ 48 页

怎样制作多个同种部件？/ 如何干净利落地切出采光通风口？/ 如何做出漂亮的直角？/ 如何把曲线的断面切成斜面？/ 如何切割好挤塑聚苯乙烯泡沫板？等等

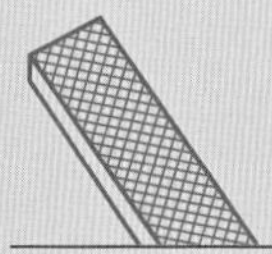

削磨 ▶ 60 页

怎样削出个圆顶来？/ 挤塑聚苯乙烯泡沫板也可以制作出球体吗？/ 丙烯酸树脂的划痕要怎样消除？等等

切割

切割材料的工作是模型制作的基础，也是最重要的部分。因为切面的精度会大幅影响模型整体的完成度。

这里将会用照片等易于理解的方式来解释作为模型材料广泛使用的聚苯乙烯板材、塑料板材、挤塑聚苯乙烯泡沫板等切割时所用的技法。

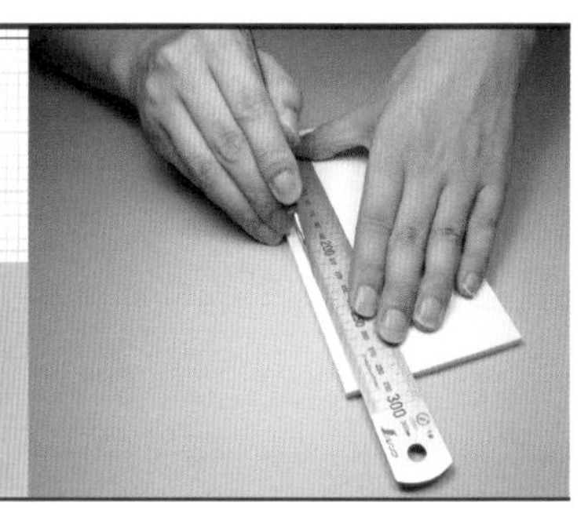

聚苯乙烯板材

Q 为了切割出漂亮的切面需要准备什么？

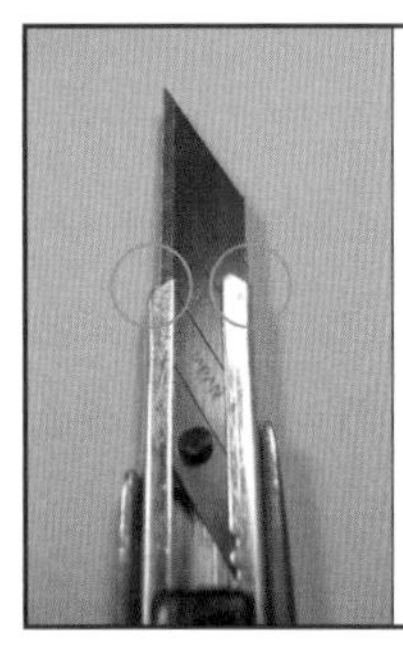

· 美工刀顶部支撑刀片的部分（〇标记处）的活动空间比较大，是造成刀片横向晃动的主要原因

· 首先在推出刀片的状态下，使用钳子轻轻夹紧

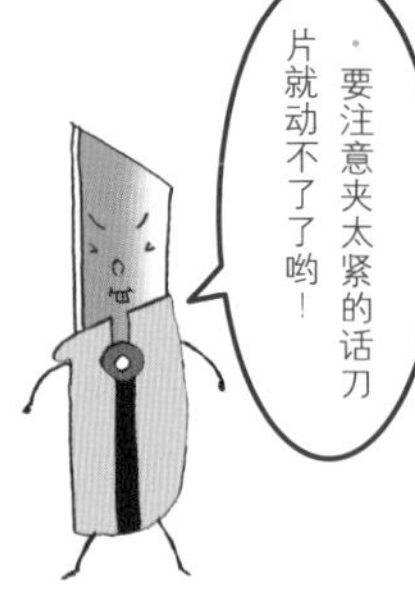

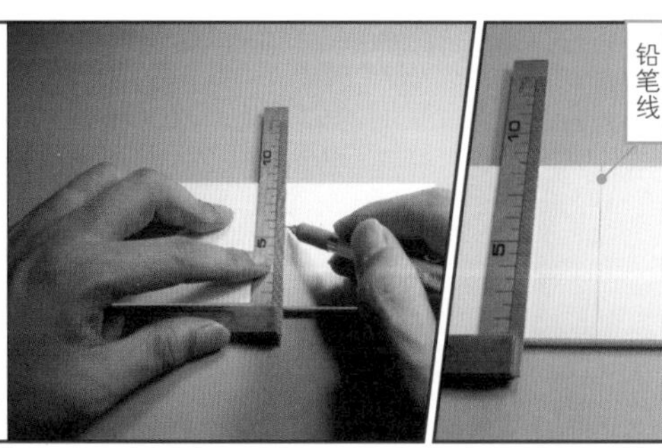

· 其次是要确定直角尺的直角精度。准备一张沿直线切割下来的聚苯乙烯板，将直角尺抵在上面用铅笔沿着画线

· 翻转直角尺，如果直角边和画出的线平行那就OK了

· 直角尺受到碰撞的话可能会产生误差。使用的时候请一定注意

的技术 Q&A

弯曲 ▶ 63 页

轻松弯曲材料的要领是什么?
如何制作波浪形墙壁?
如何做出透明的圆顶?

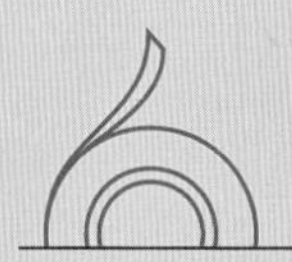

黏合 ▶ 66 页

在狭窄的部分涂抹黏合剂的要领是什么?
如何更方便地使用聚苯乙烯黏合剂?
塑料材料要怎么黏结?

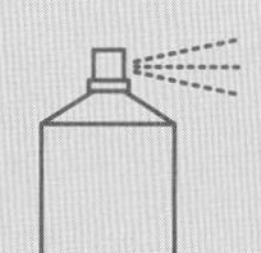

涂装 ▶ 68 页

涂料要上得漂亮有什么要领?
如何使用油漆系的涂料?
涂面要如何修补?

Q 怎样可以切割出漂亮的切面?

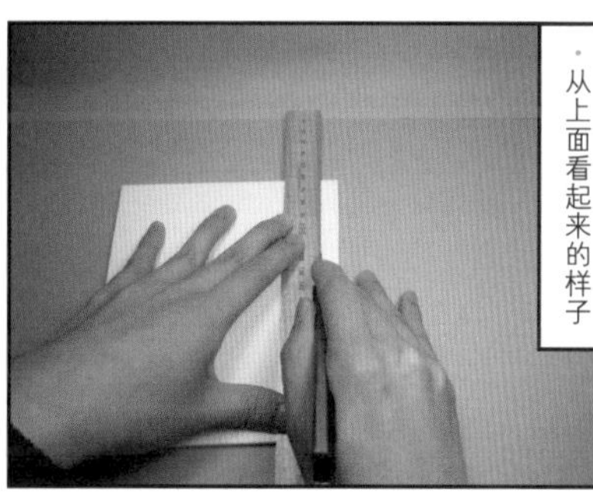

· 从上面看起来的样子

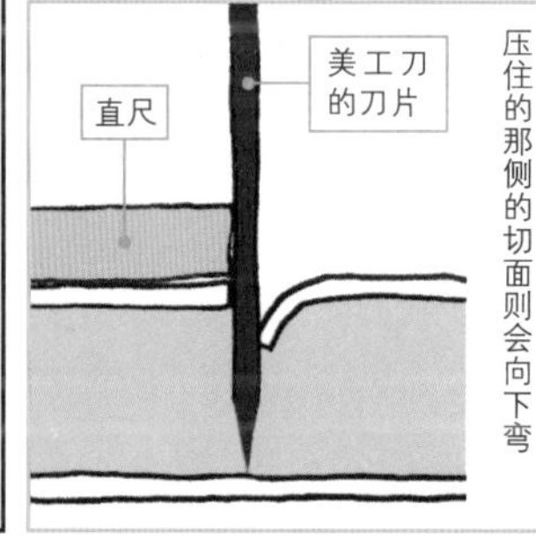

Check Point

· 在切割材料的时候一定要用直尺按压住被切割侧。没有用直尺压住的那侧的切面则会向下弯

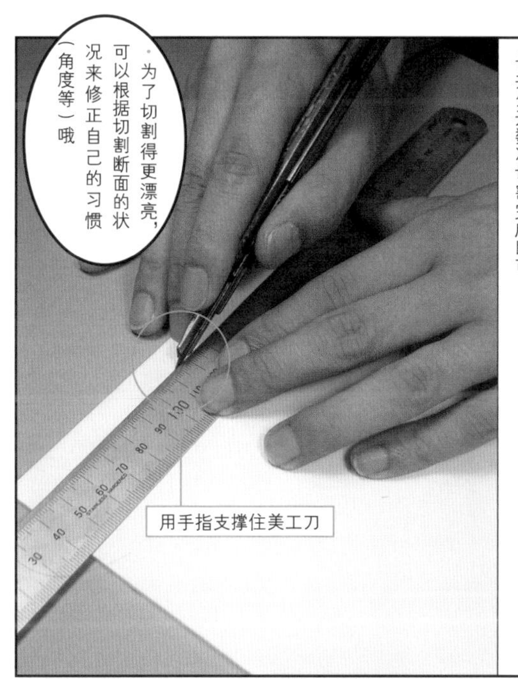

· 为了能在聚苯乙烯板材切割出漂亮的直角切面，就有必要去掌握美工刀的正确握法。像照片上显示的那样用手指支撑住美工刀，和切割物形成相对直角并固定住。不要勉强一次切割完成，而是任由刀刃在切割时渐渐伸长并分开数次切割完成即可

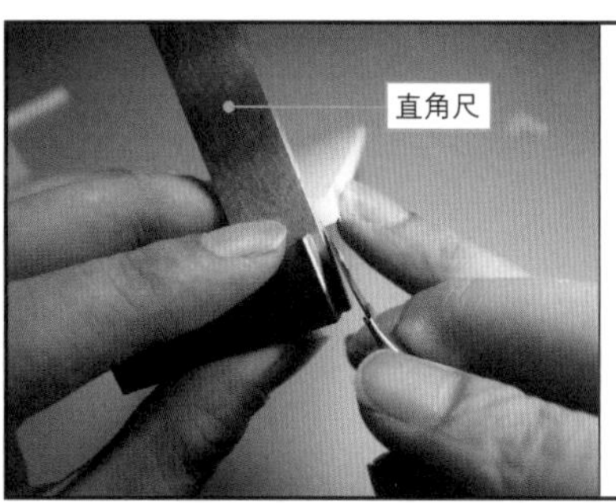

· 如果是超过 5mm 的切割物则分别从正反两面切割一次。切开聚苯乙烯板总厚度的一半后，在正面切割线反面两端对应的位置标上黑点。然后用直尺沿着两点按住，从反面再切割一次

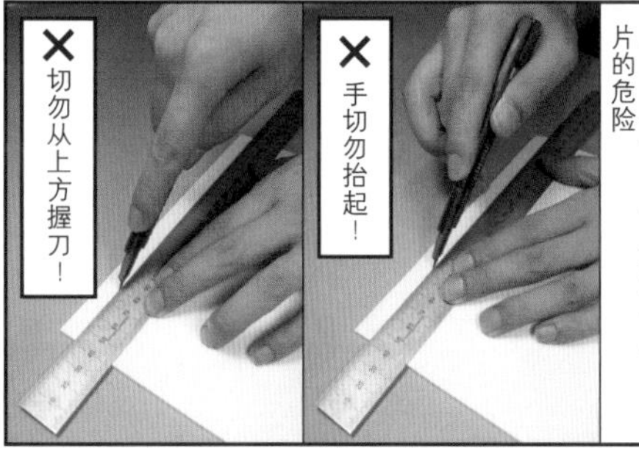

· 错误用例：像这样拿美工刀就会用力过度，不仅没有办法切出直角的切面，甚至还会有折断刀片的危险

Q怎样制作多个同种部件？

·用于固定不锈钢直尺的游标（固定器）

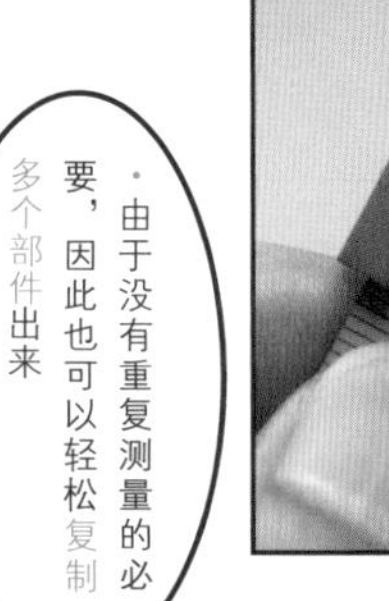

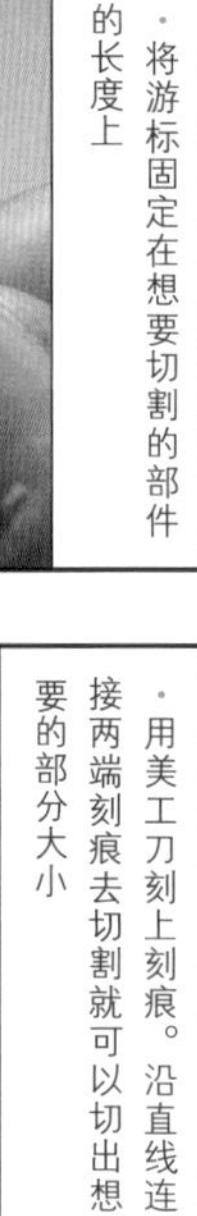

·将游标固定在想要切割的部件的长度上

·用美工刀刻上刻痕。沿直线连接两端刻痕去切割就可以切出想要的部分大小

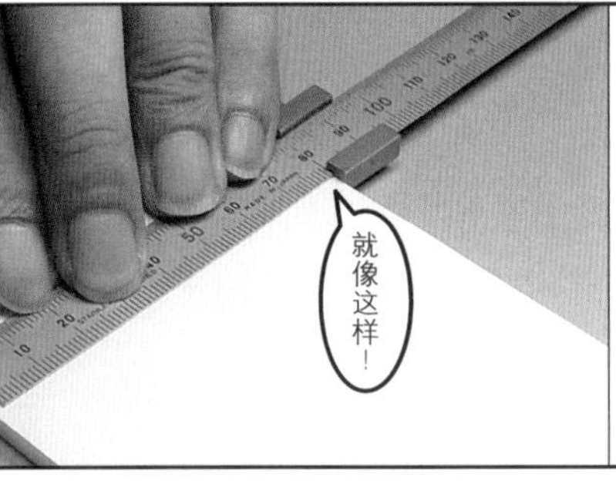

·把游标固定在沿直线切出来的边缘上……

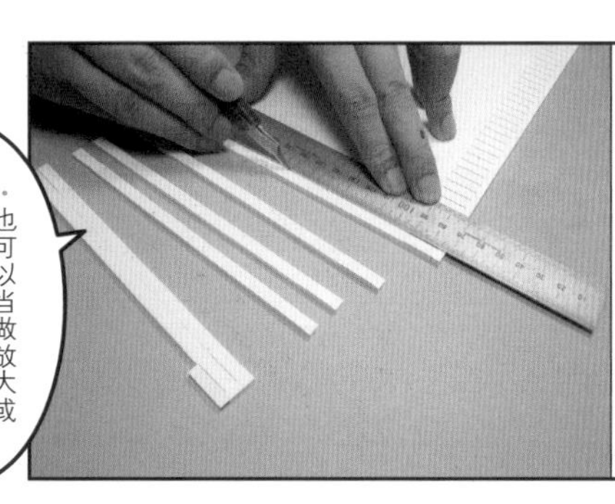

·在聚苯乙烯板的两端用喷胶黏贴上样板纸后依样裁切

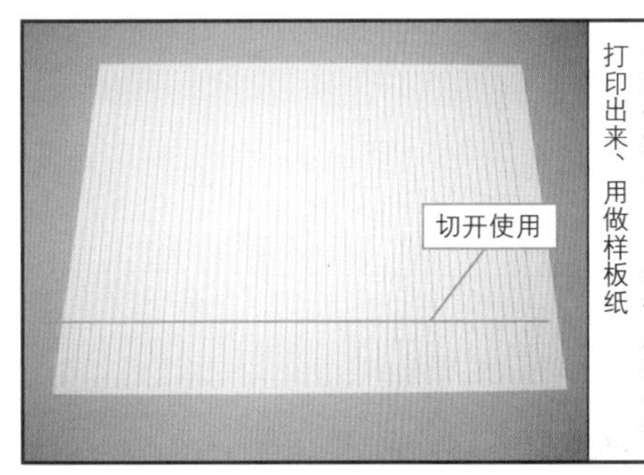

·需要一次切割出大量细长部件的时候就用CAD等做成线条纸打印出来，用做样板纸

Q如何干净利落地切出采光通风口？

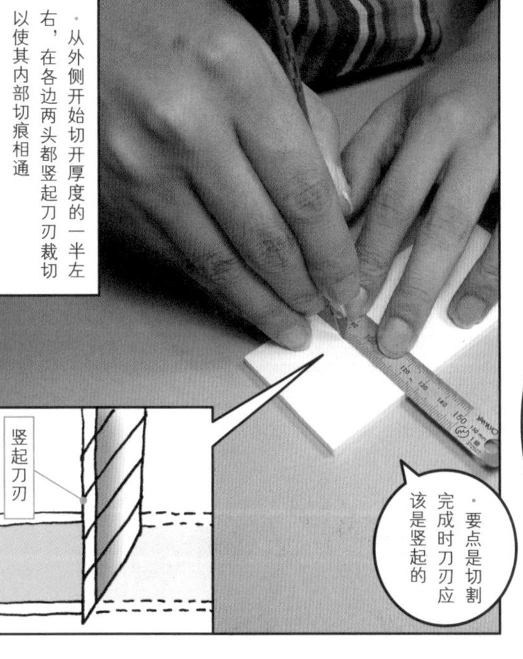

·从外侧开始切开厚度的一半左右，在各边两头都竖起刀刃裁切以使其内部切痕相通

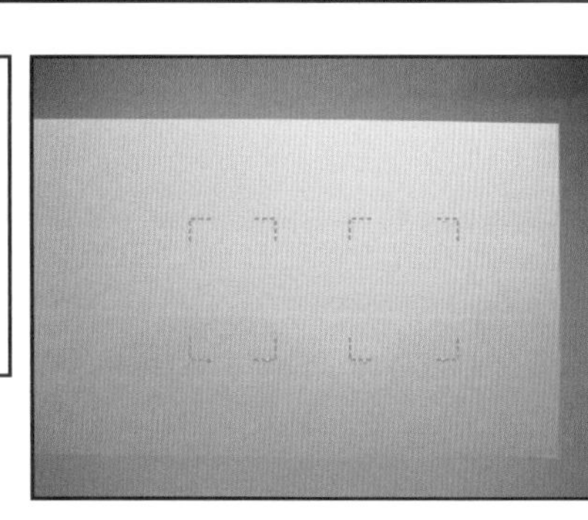

·在反面刻上的刻痕点

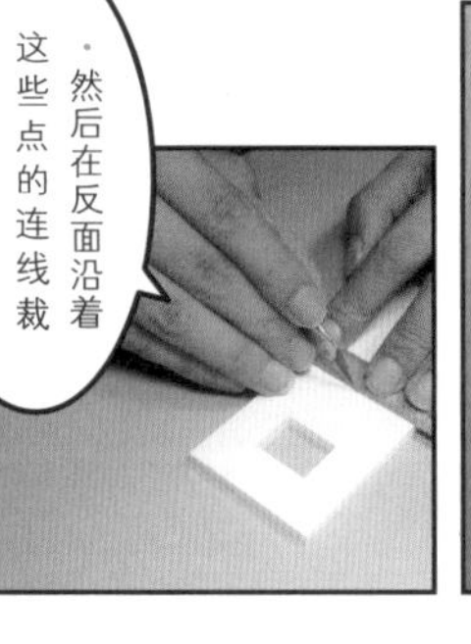

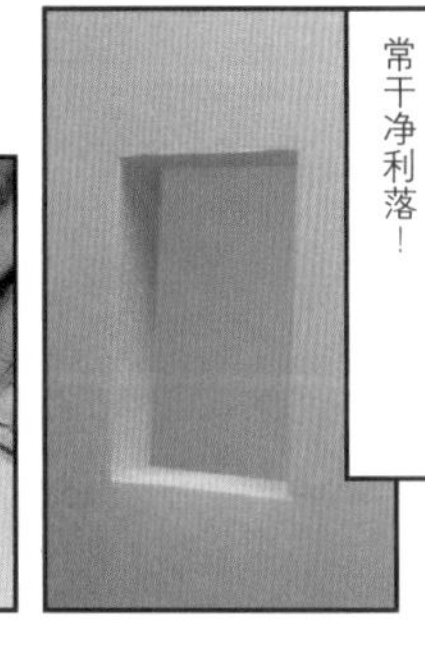

·从两面看起来切口都非常干净利落！

Q如何做出漂亮的折角？

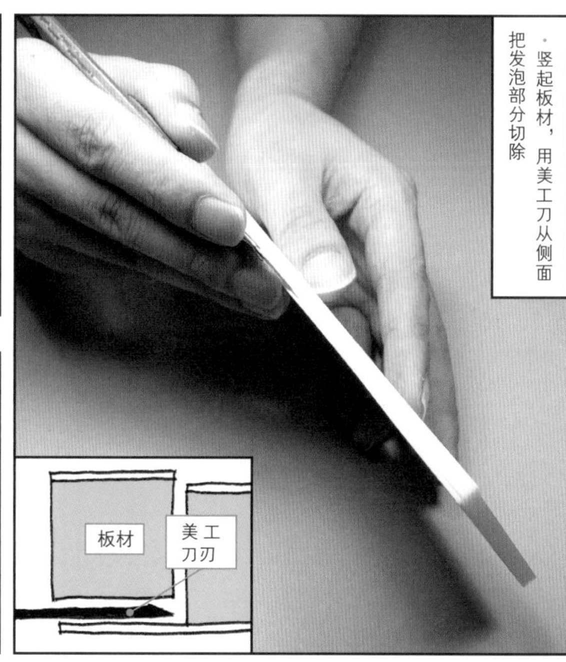

·竖起板材，用美工刀从侧面把发泡部分切除

·聚苯乙烯板的纸面要留出一面用于粘贴，一定要记得留出一条纸边。首先在聚苯乙烯板的内侧（需要黏结的面）上，盖上一条边角料来增加厚度

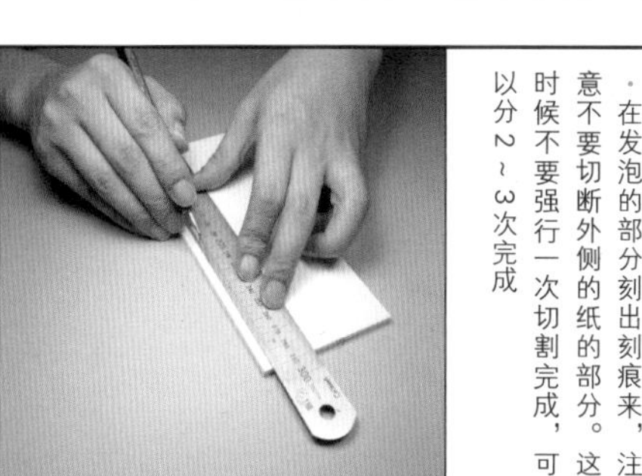

·在发泡的部分刻出刻痕来，注意不要切断外侧的纸的部分。这时候不要强行一次切割完成，可以分2～3次完成

Check Point

·聚苯乙烯板等板材由于厂家和批次不同的关系会造成厚度有误差。先用游标卡尺测量一下厚度再使用即可

·黏结的时候在两边的发泡体部分（小口）涂上黏合剂

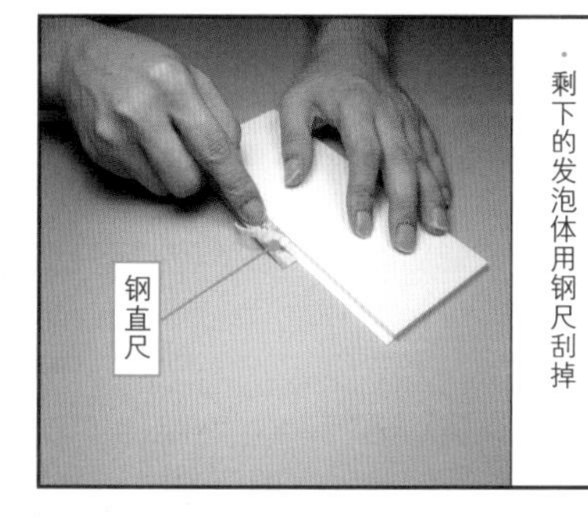

·剩下的发泡体用钢尺刮掉

·使用边角料也可以方便地在聚苯乙烯板上做出凹槽来。像上图一样把凹槽里的发泡体切割出来。把薄的聚苯乙烯板切出跟凹槽同样宽度的一块

·在薄的聚苯乙烯板上涂上黏合剂，嵌入到凹槽中。这种方法可用于制作需要有一部分高低起伏的外壁时使用

·使用嵌入的聚苯乙烯板的厚度来调整凹槽的深浅

活用小技巧 聚苯乙烯板的粘贴

这里介绍一下在制作模型的底座时，黏合聚苯乙烯板用以提升厚度的方法：

①准备好想要制作的厚度所需要的聚苯乙烯板。如果要制作 13mm 的总厚度，那就需要准备两张 5mm 的板材和一张 3mm 的板材。这时候为了防止发生弯曲，必须把这三张板材叠在一起，两张厚的夹着薄的那张来进行粘贴。

②撕去聚苯乙烯板上的纸。用于两侧的板材去掉一面，中间的板材两面都去掉。聚苯乙烯板一般都有点偏厚，撕去纸之后厚度就正好。

③使用喷胶 77 来黏合。喷上太多喷胶的话黏合力会下降，这点要注意。

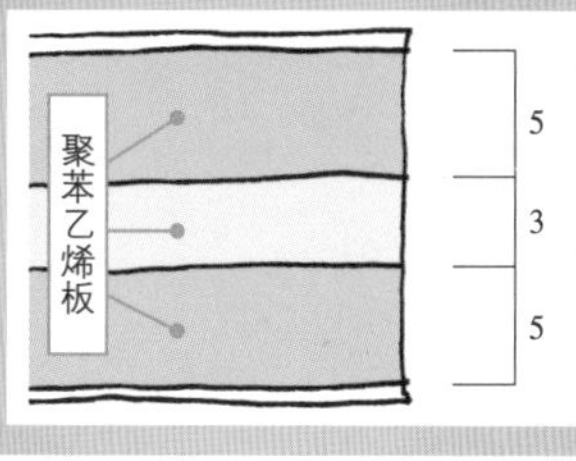

厚度可能会发生变化，此时中间的板材也可以换成聚苯乙烯纸

Q如何做出漂亮的直角？

·将聚苯乙烯板的边缘沿45°角切成斜边并黏结就可以做出这样的直角来

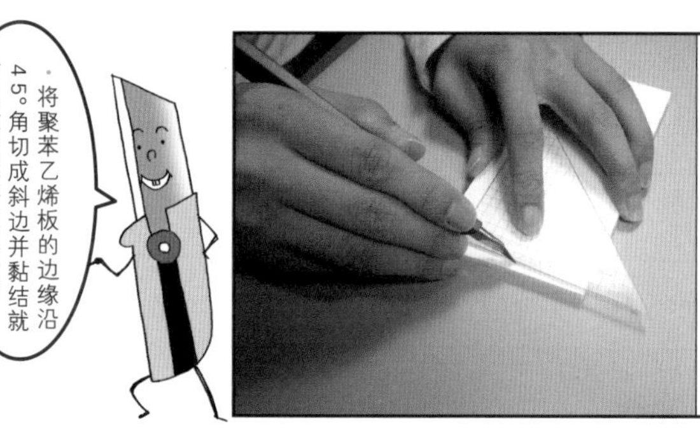

·首先将两张板从朝向外侧的面切出直角切面的边缘。从内侧切割的话无法保证是否能正确切出外侧边缘，因此一定要从想要展示出去的那一面下刀

·也可以使用同样厚度板材的边角料来测量

使用美工刀来刻出记号

同样厚度的板材

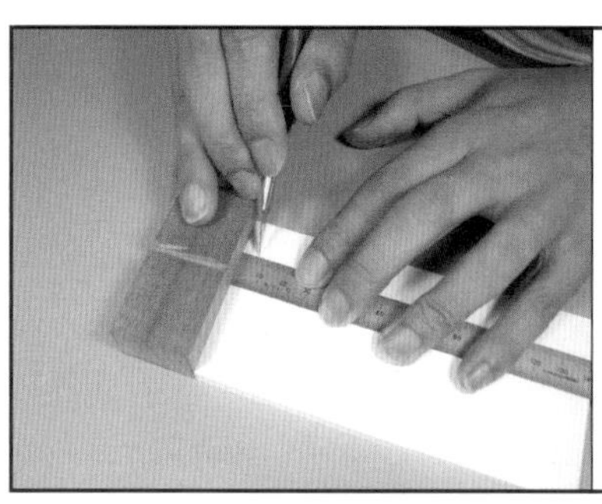

·其次，从内侧面的边缘来测量聚苯乙烯板材的厚度，只裁去纸的部分

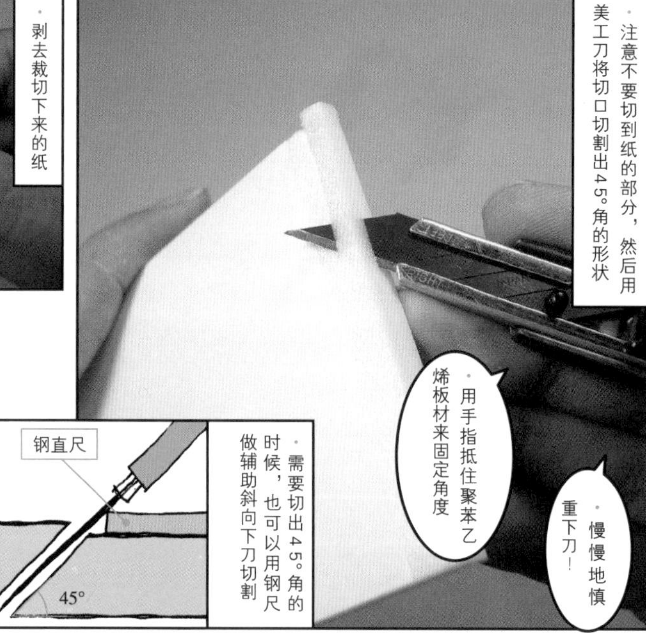

·注意不要切到纸的部分，然后用美工刀将切口切割出45°角的形状

·用手指抵住聚苯乙烯板材来固定角度

·慢慢地慎重下刀！

·剥去裁切下来的纸

钢直尺

45°

·需要切出45°角的时候，也可以用钢尺做辅助斜向下刀切割

Check Point

·进行45°角裁切的时候，不要强行一次裁切完毕。要做出漂亮的斜面，要点是一定要分3～4次裁切，最终慢慢向45°效果接近

① ② ③

纸

45°

·调整切割的切口角度（改变内侧裁切去的纸的宽度）就可以做出各种角度的转角来

45°!

·在聚苯乙烯板上贴上砂纸制成板锉（制作方法参考第60页），可以用于修整切面。刀片没法完美切割出来的部分也可以用它来修整

Q如何把曲线的断面切成斜面？

· 在聚苯乙烯板的正反两面贴上参考纸（普通的纸张也可以）。反面所用的参考图通过镜像反转的方式一起打印出来可以节省时间

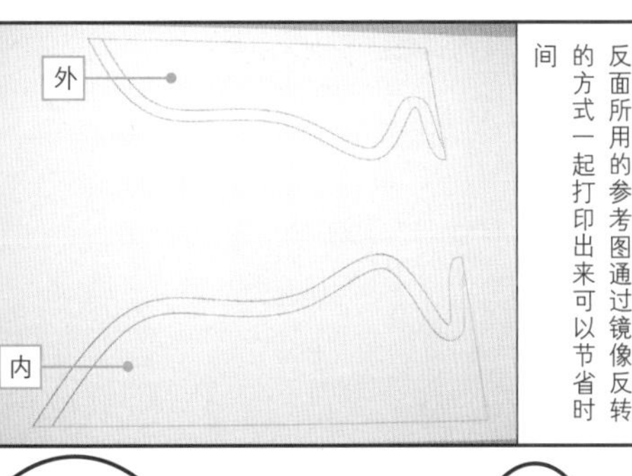

· 复杂的曲线也可以使用样板纸来轻松加工出来

· 首先从反面开始，沿着外侧的线用美工刀切割。不要一次切完，一定要分2～3次切割

· 起先可以沿着线来切割，然后切割发泡体，第三次则切割到反面的纸切断为止。也可以从两面分别切割

· 为了之后可以剥离下来，使用喷胶55（粘贴上还可以剥离的型号）来粘贴

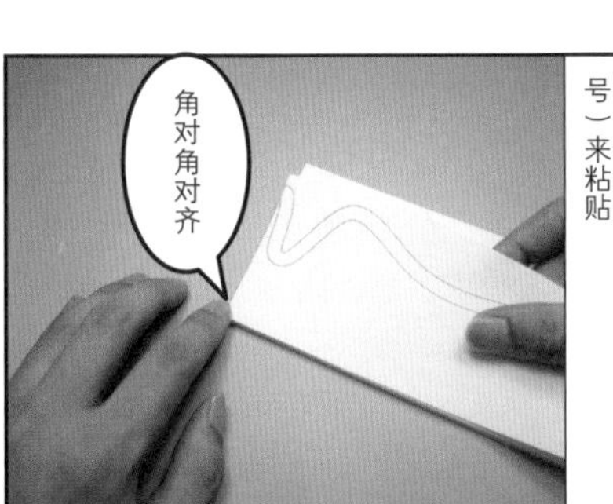

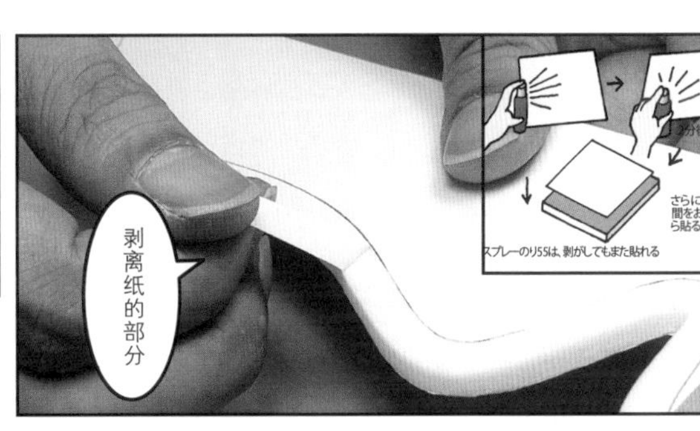

· 这次是从正面开始

· 沿着内侧的线只裁切纸的部分

· 以聚苯乙烯板的纸的部分为辅助，使用热切割器把发泡体的部分切除，也可以使用美工刀切除，但是会比较花时间

· 朝镍铬线过分施压的话会连纸的部分一起切割掉，因此一定要注意！

塑料板材

Q如何切割塑料板材？

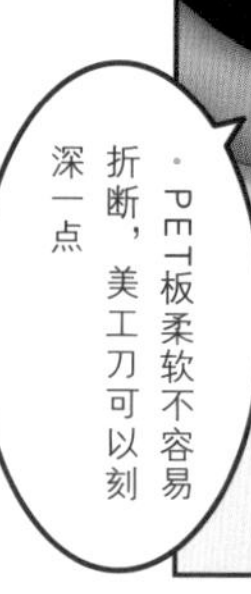

·美工刀轻轻划两次刻出线条

·PET板柔软不容易折断，美工刀可以刻深一点

·ABC板、塑胶板、PET板等塑料材料可以用美工刀刻出线条后用手折断

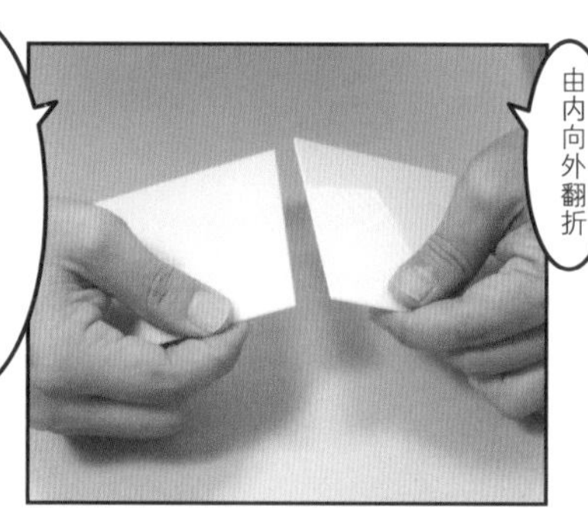

由内向外翻折

·向着相反那面弯折的话就可以分离两部分

·手指抵在美工刀刻痕内侧，弯折一下

手指抵在内侧

Q如何把丙烯酸树脂切割成L形？

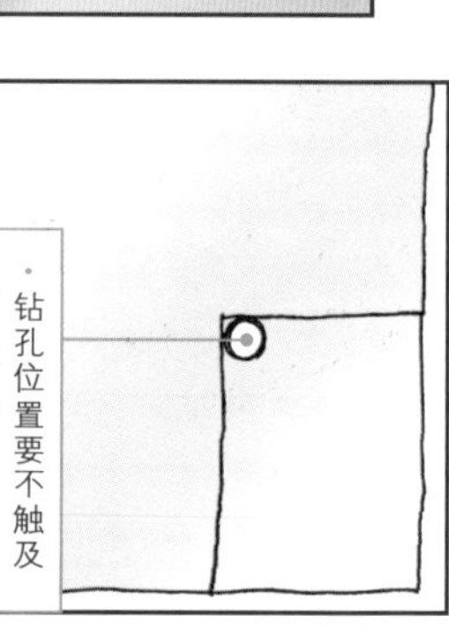

·钻孔位置要不触及留下的材料为好

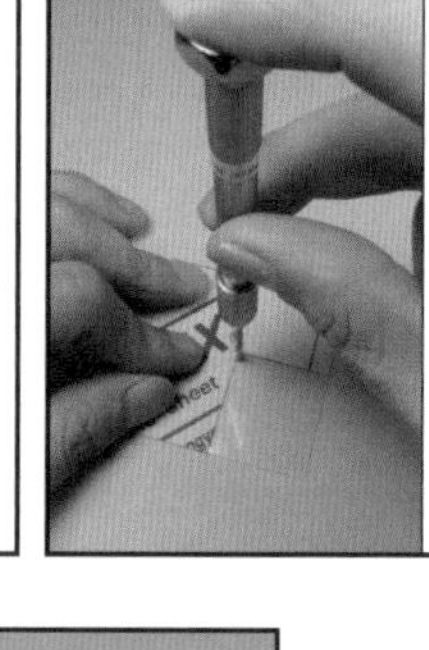

·在需要切断的部分顶角上用钻孔器钻出2mm左右的孔

·厚度0.5mm以下的丙烯酸树脂板可以用普通的美工刀刻线折断。这里说一下切出L形的技法

使用美工刀刻线

·刻线太浅的话不易于折断

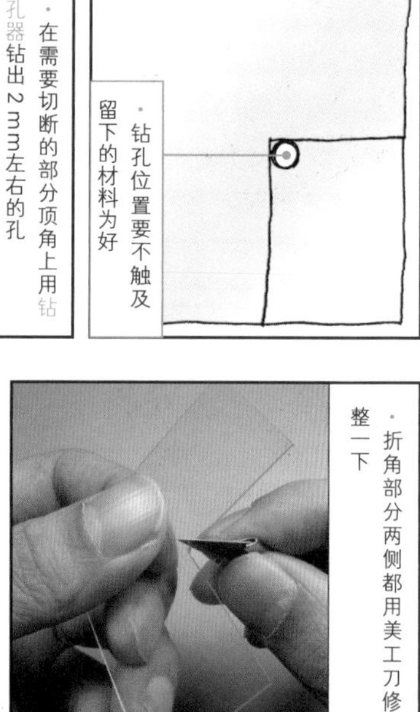

·折角部分两侧都用美工刀修整一下

·太焦急或者刻痕不够深的话都会误折下本来需要的部分

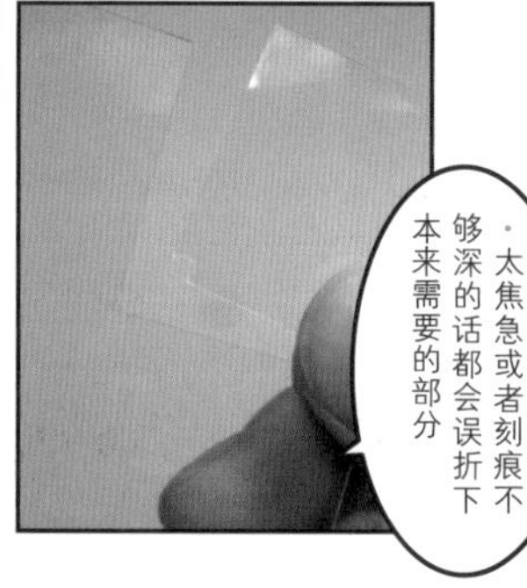

·两边都慢慢折断

·越靠近折角部分越要细心！

·除了丙烯酸树脂板材外也可以切割薄的铝合金板和木材板哟！

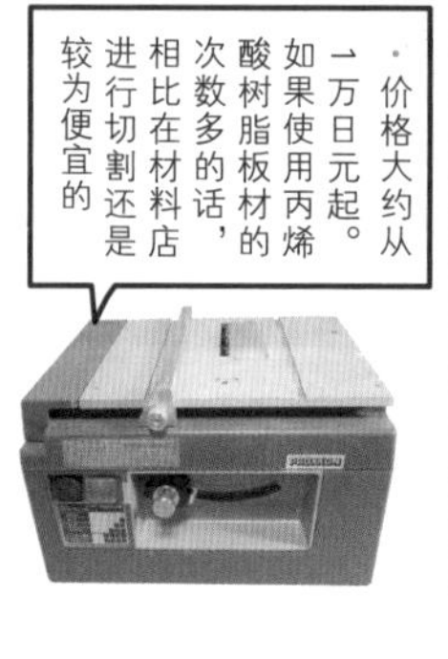

·价格大约从1万日元起。如果使用丙烯酸树脂板材的次数多的话，相比在材料店进行切割还是较为便宜的

·切割2mm以上厚度的丙烯酸树脂板材，可以用台型圆锯

·用一块板材做出了L形的窗口

Visual Column

植栽的制作方法①

用管材来制作树枝

·用制作假花的纸把0.4mm管材包起来，与白色尼龙棉来制作有树枝的树木

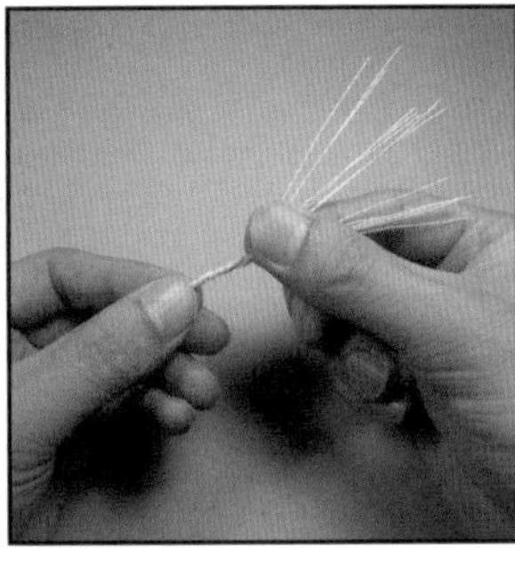

·取大约15根管材裁剪成60mm长度(用于1:50模型的中等大小树木)，把裁剪好的管材绕在一起

·延展树枝的同时向上捻起来。想象着树的样子来剪出树枝的形状

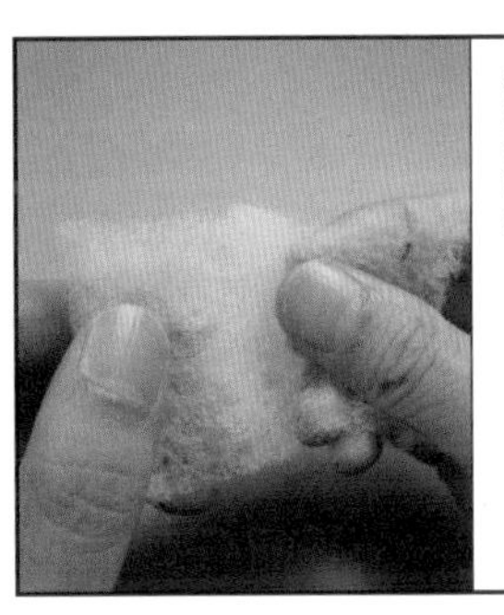

·拨开尼龙棉的纤维，用于制作树叶的部分

·在树枝上少量涂抹木工胶

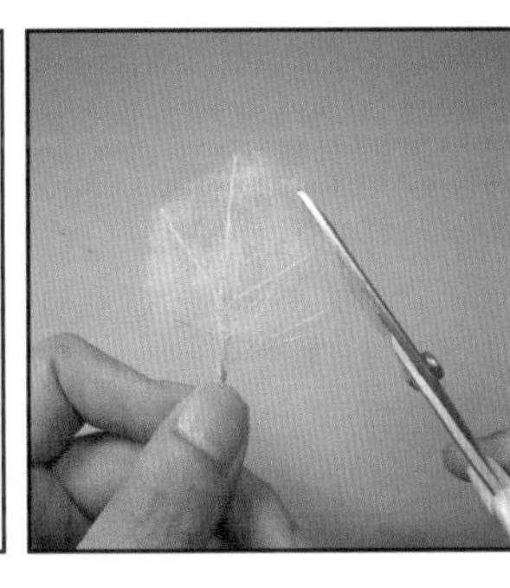

·粘上尼龙棉，木工胶干透之后使用剪刀修剪树叶的部分。这个样子就已经可以作为白模的植栽模型使用了

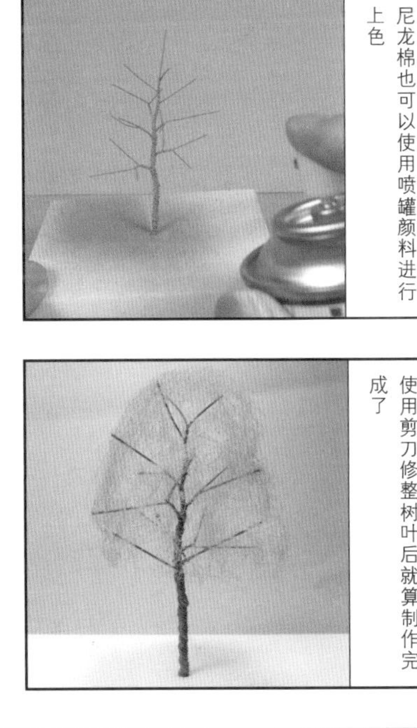

·要给树干的部分上色的时候可以先把它插在泡沫塑料板材边角料里，用喷罐颜料进行涂装。尼龙棉也可以使用喷罐颜料进行上色

·在管材上涂抹木工胶后，粘上尼龙棉。这时候要注意木工胶不要涂抹太多。等木工胶干透之后使用剪刀修整树叶后就算制作完成了

使用纸张来表现草坪

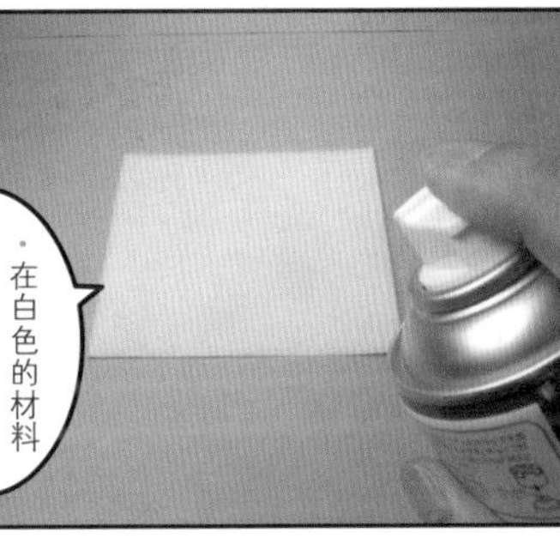

·一种被称为vivelle的纸张表面是一种绒毛般的质地，可以用来表现草坪的效果

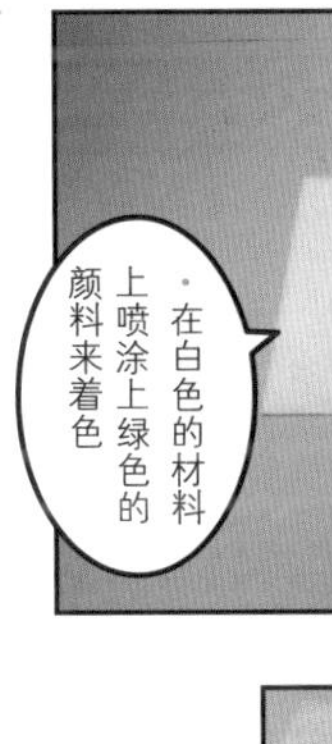

·着色之后是这样的感觉。白色的材料也可以就原样用来制作白模

挤塑聚苯乙烯泡沫板

Q 如何切割好挤塑聚苯乙烯泡沫板？

·泡沫塑料一般是使用一种叫热切割器的机械上发热的镍铬线来切割

热切割器

镍铬线的固定方法

·照片上是底板的内侧。将镍铬线在○部分的钢板弹簧顶端绕数圈固定

钢板弹簧

·把手持式热切割器改造成固定的台式热切割器

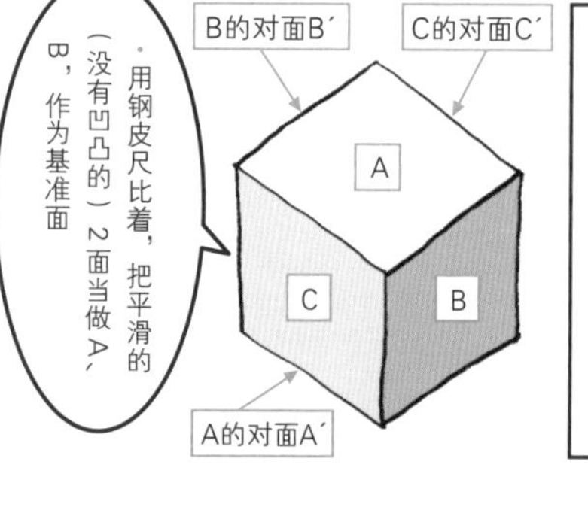

·然后将镍铬线穿过上部的小孔，不经缠绕直接用螺丝固定。拉紧的程度大致以钢板弹簧顶端能碰到底板为准

拉紧，用螺丝固定

Check Point

·在切割前一定要用直角尺先确认镍铬线与底板是否呈直角。如果有倾斜的话就要松开螺丝先做调整

Q 如何做到水平·垂直？

·在制作立方体的时候，需要使用到的直角切割技术是使用热切割器时的重要技能，一起来掌握吧

·用钢皮尺比着，把平滑的（没有凹凸的）2面当做A、B，作为基准面

B的对面B′
C的对面C′
A
C
B
A的对面A′

·以B面为基准（底面）切割A面，以A面为基准切割B面

B′
A
C

这样A面和B面就成直角面了

·平行移动导轨，以B面为底切割A′面。B′面也一并切割

这样4个面就完成了

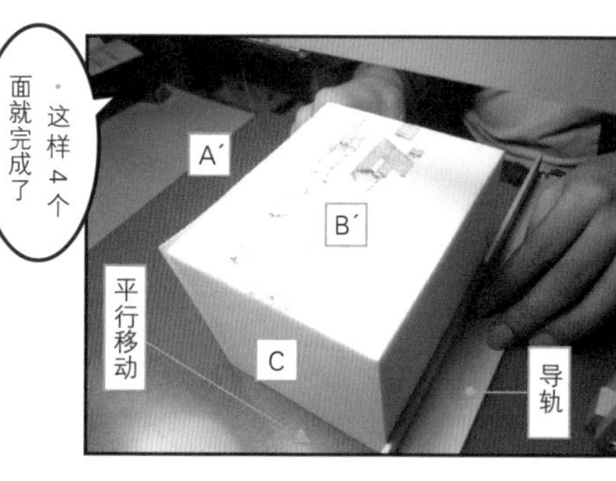

·还剩下C面。用直角划出和A面的直角线、B面的一端用美工刀稍微裁切一下

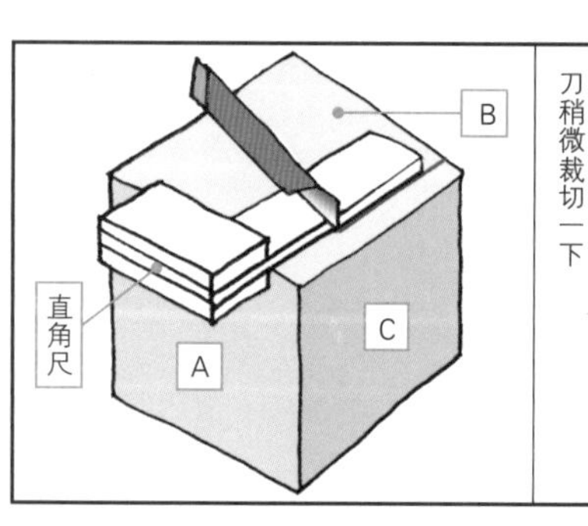

·把裁切下的挤塑聚苯乙烯泡沫板剥离

·在C面上形成对于A面的直角沟槽

B
C

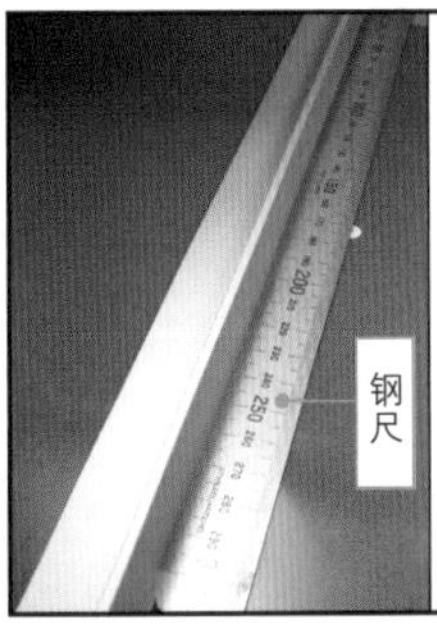

·将沟作为导轨切割C面。在镍铬线和导轨之间，放一把钢尺抵住沟槽

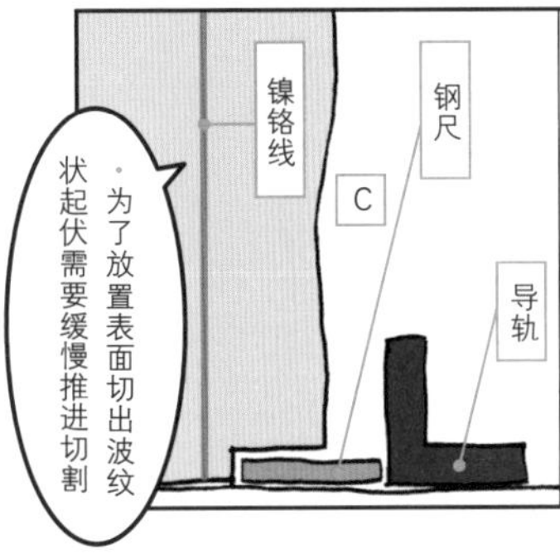

·在沟槽里放置直尺并切割C面，并平行移动导轨切割C'面

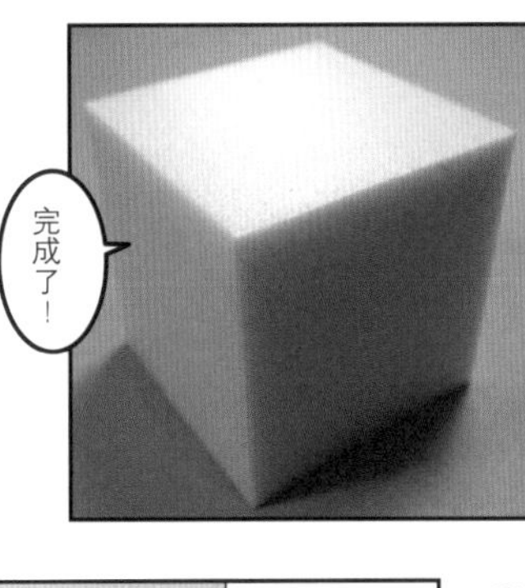

Q怎样切割出圆柱体？

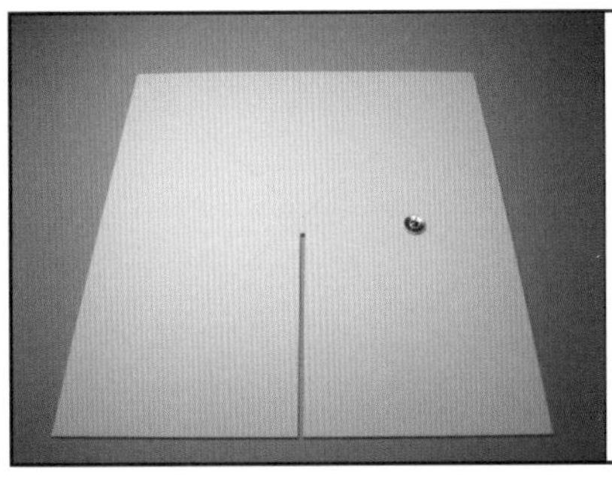

·要用热切割器切出圆柱体的时候，使用图钉和聚苯乙烯板做成简单的圆规会比较方便画圆形

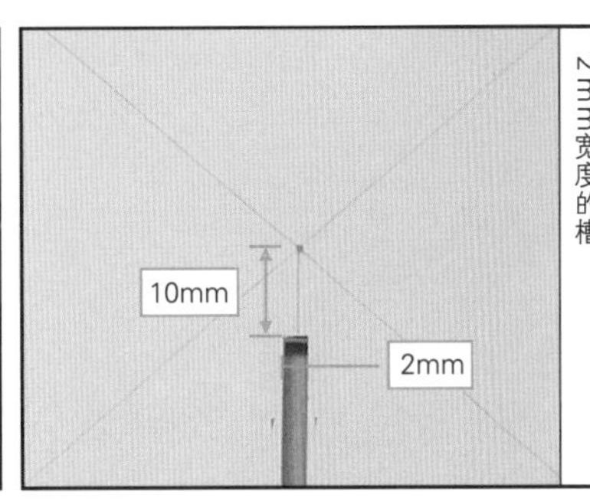

·使用1mm厚，200mm宽的正方形聚苯乙烯板，画上对角线。为了让镍铬线可以通过，在距离交点10mm的位置切开2mm宽度的槽

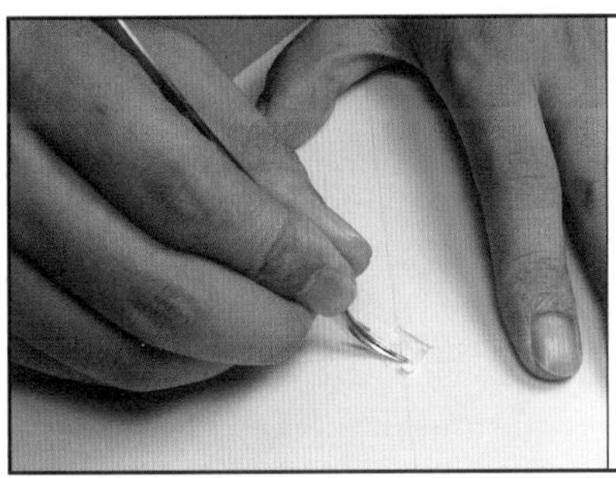

·在反面的中心画上正好可以放入图钉大小的正方形，以不伤到表层纸板为基准用美工刀刻线，并取出发泡体

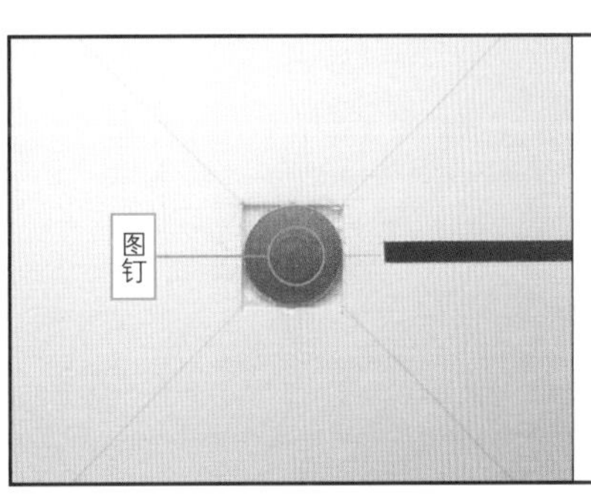

·在正方形凹陷的中间贴上双面胶，刺入图钉。在上方贴上透明胶即可

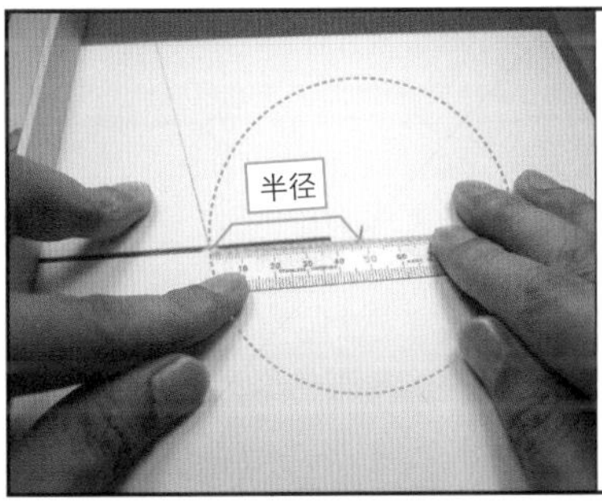

·用直尺测量想要切割的圆柱体的半径，将圆规抵住热切割器用的导轨，并固定住。临时拿开圆规，在反面贴上强弱双面胶（其中一面贴上容易揭下的类型），再照着导轨贴回去

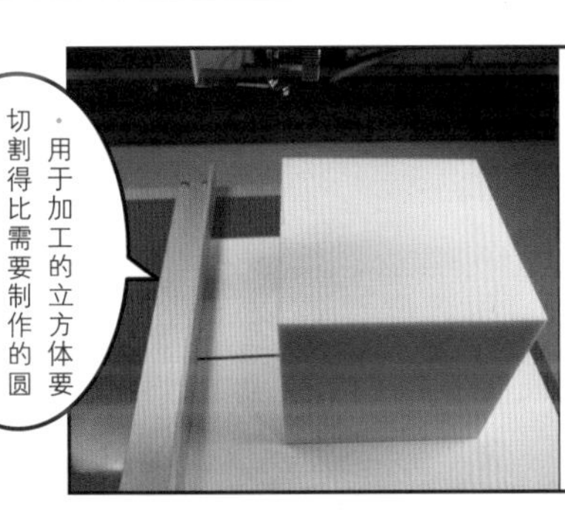

·一面将挤塑聚苯乙烯泡沫板按压在镍铬线里一面刺入图钉

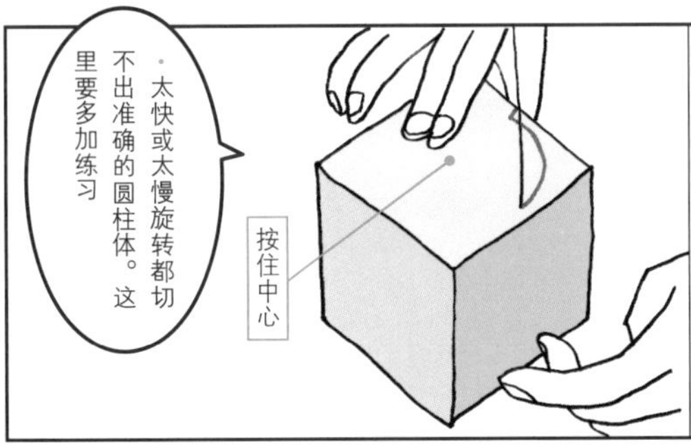

·一面按压住挤塑聚苯乙烯泡沫板的中心，一面以一定的速度旋转切割

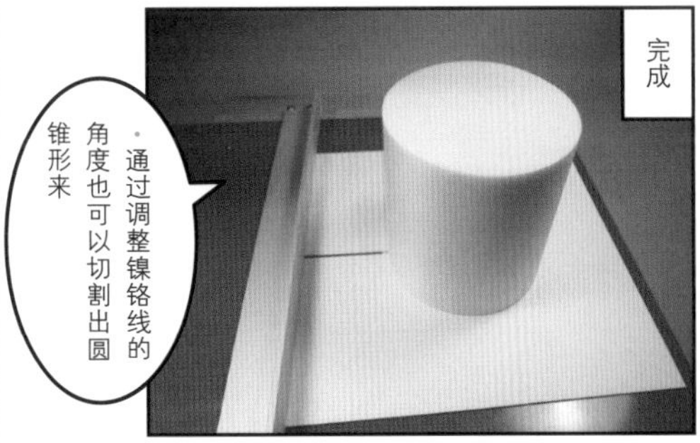

Q怎么制作楼梯？

・在挤塑聚苯乙烯泡沫板的切割技能里，样板纸的使用是必不可少的！

・两面粘贴都用贴上可以撕下的喷胶55

喷胶55

・在制作台阶的时候需要用到样板纸。样板纸使用175g规格的彩色卡纸和200g的肯特纸等，200g左右的厚纸会比较好。因为要贴在挤塑聚苯乙烯泡沫板的上下两面，所以同时贴上两面来制作

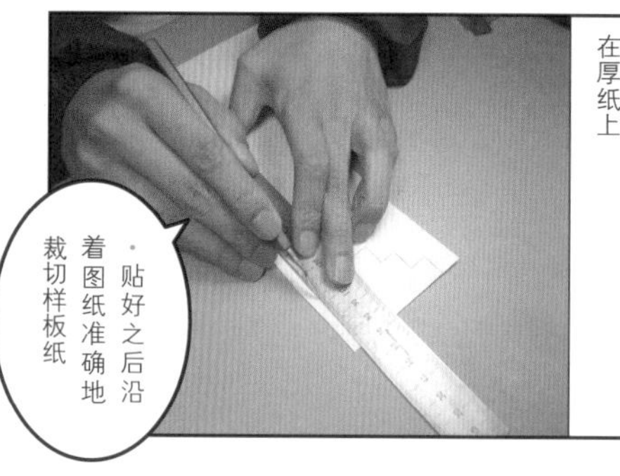

・打印机打出来的台阶图纸大致裁切一下，用喷胶55将两组都贴在厚纸上

・贴好之后沿着图纸准确地裁切样板纸

・将贴上的2张样板纸都撕下

上方纸张

下方纸张

・将挤塑聚苯乙烯泡沫板沿着样板纸的外形切割出立方体，用喷胶55把样板纸贴上

・需要做出直角的时候用导轨来固定着粘贴

直角

・完美贴合！

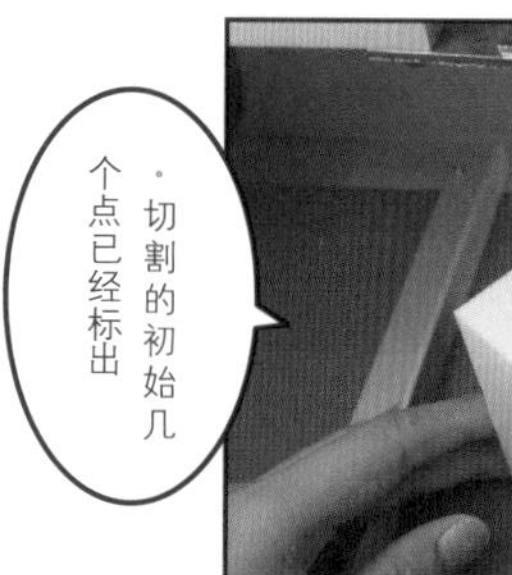

・首先大致切割一下挤塑聚苯乙烯泡沫板

・切割的初始几个点已经标出

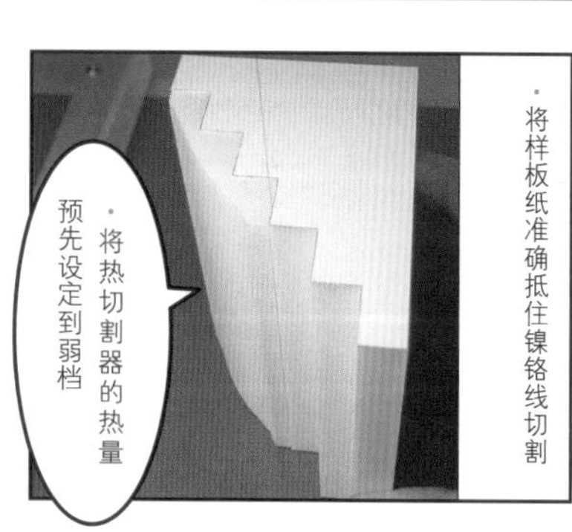

・将样板纸准确抵住镍铬线切割

・将热切割器的热量预先设定到弱档

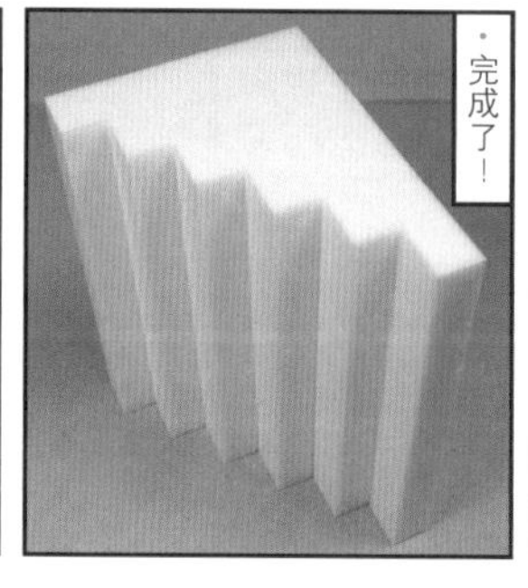

・完成了！

活用小技巧　做出锐利的边角的诀窍

介绍一下制作人字形屋顶等的时候会用到的挤塑聚苯乙烯泡沫板切面切割技术：

在切割挤塑聚苯乙烯泡沫板的时候，抵住镍铬线的端点部分（参考下图），镍铬线上的负荷会变小，挤塑聚苯乙烯泡沫板就会加速溶解，便无法形成漂亮的边角了。想要做出锐利的顶角的时候，先把之前切断下来的挤塑聚苯乙烯泡沫板叠合回去一起切割，就可以得到漂亮的边角了。

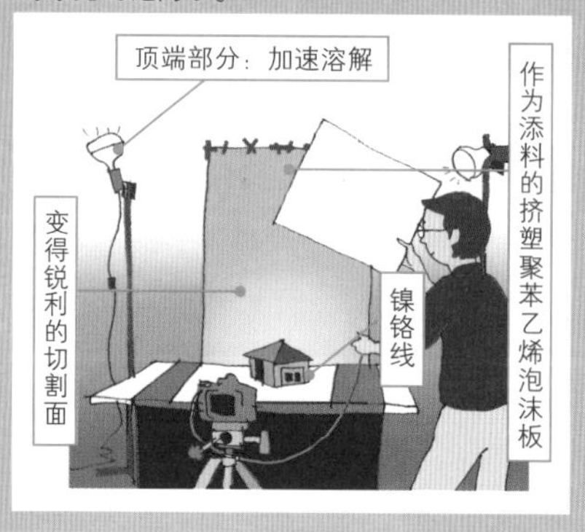

Q如何制作出凹陷和开孔？

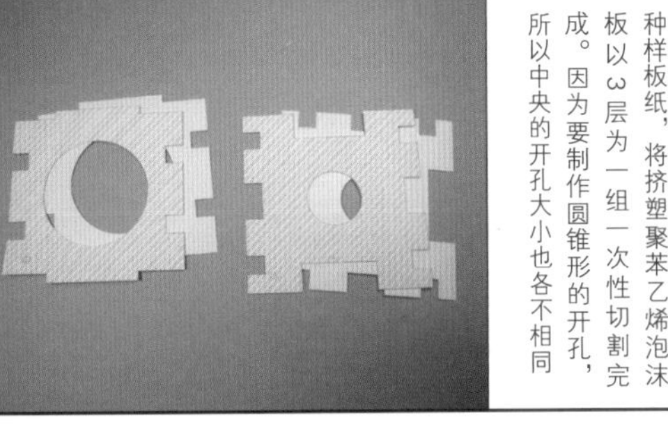

・这次的制作案例假设是各层形状交互变换的6层建筑。使用2种样板纸，将挤塑聚苯乙烯泡沫板以3层为一组一次性切割完成。因为要制作圆锥形的开孔，所以中央的开孔大小也各不相同

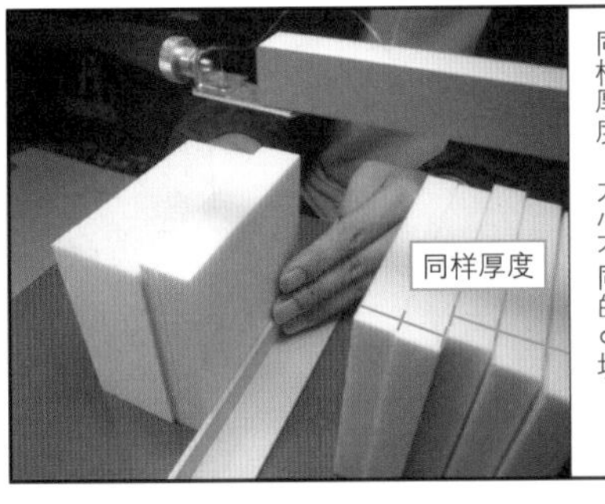

・将挤塑聚苯乙烯泡沫板切割成同样厚度、大小不同的6块

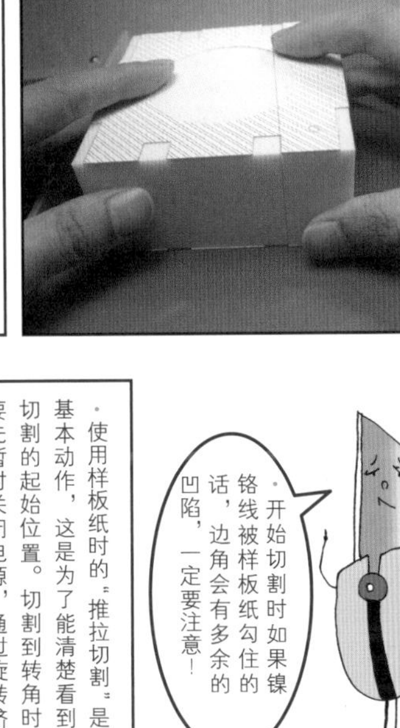

・用喷胶55将3块一组粘贴在一起，上下各贴上样板纸

・使用样板纸时的"推拉切割"是基本动作，这是为了能清楚看到切割的起始位置。切割到转角时要先暂时关闭电源，通过旋转挤塑聚苯乙烯泡沫板来变更方向

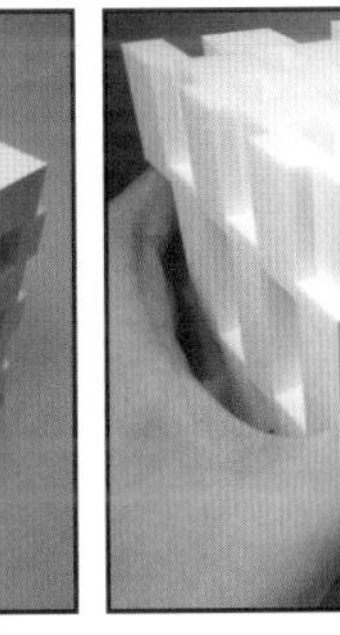

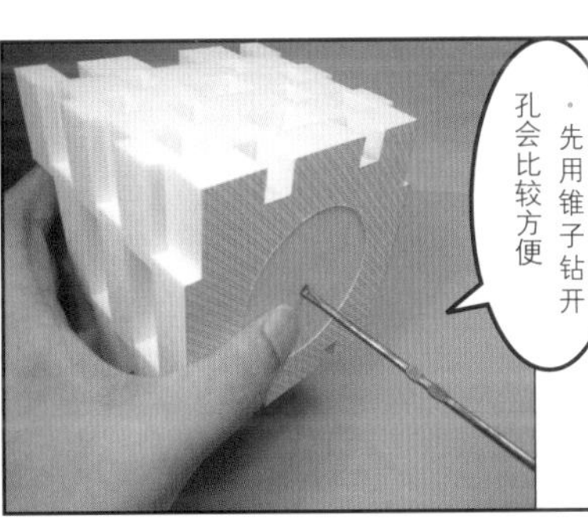

・接下来制作开孔。用锥子钻孔，将镍铬线穿过挤塑聚苯乙烯泡沫板

・配合样板纸慢慢旋转挤塑聚苯乙烯泡沫板来完成切割

削磨

为了使模型细节完美呈现，使用锉刀打磨加工材料的技术是必不可少的。根据锉刀的使用方法不同，模型也会展现出完全不同的形态来。这里将会介绍打磨加工挤塑聚苯乙烯泡沫板的技术和塑料材料的研磨技术。

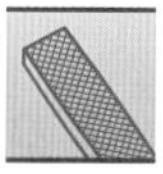

挤塑聚苯乙烯泡沫板

Q 砂纸怎样更易于使用？

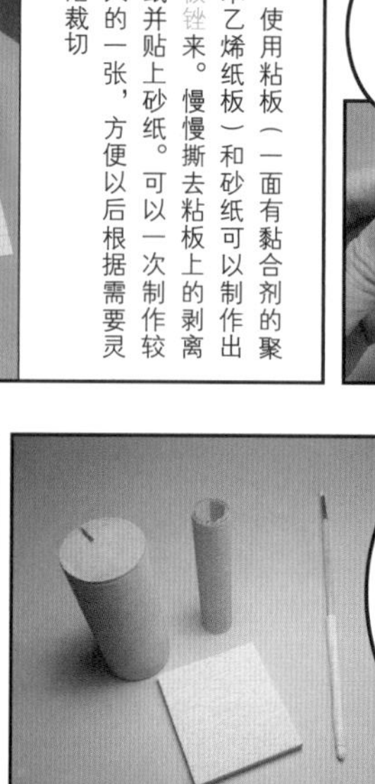

·使用粘板（一面有黏合剂的聚苯乙烯纸板）和砂纸可以制作出板锉来。慢慢撕去粘板上的剥离纸并贴上砂纸。可以一次制作较大的一张，方便以后根据需要灵活裁切

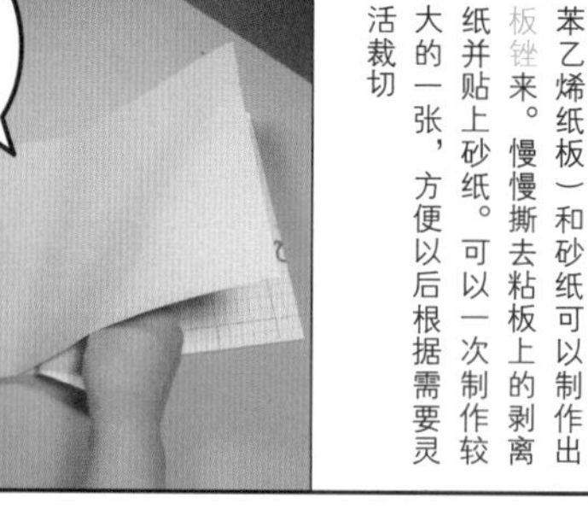

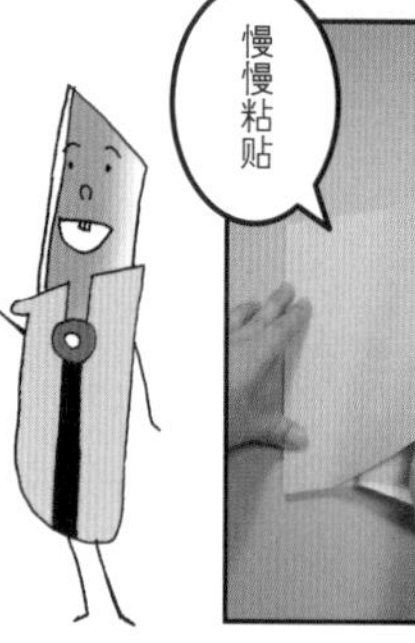

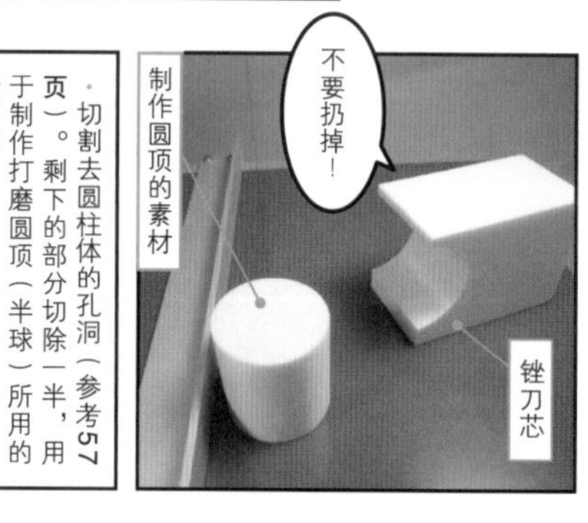

·此外，在圆柱体的木材上贴上反面涂有黏合剂的砂纸也便于修整曲线的切口。也可以用喷胶粘贴一般的砂纸制作而成

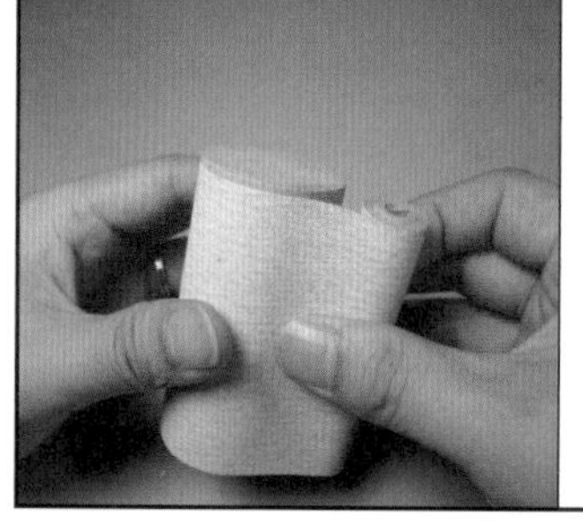

Q 怎样削出个圆顶来？

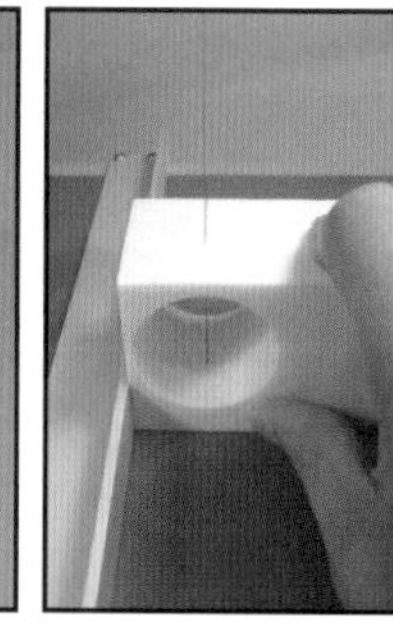

·切割去圆柱体的孔洞（参考57页）。剩下的部分切除一半，用于制作打磨圆顶（半球）所用的锉刀芯

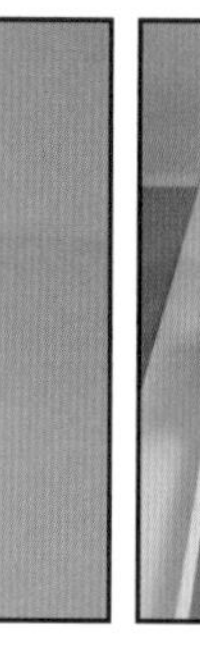

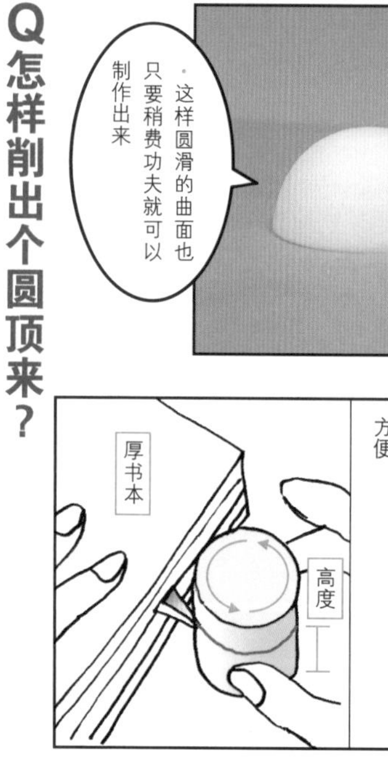

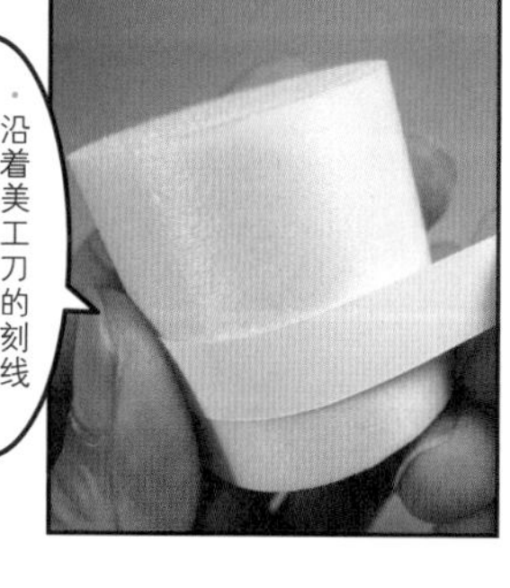

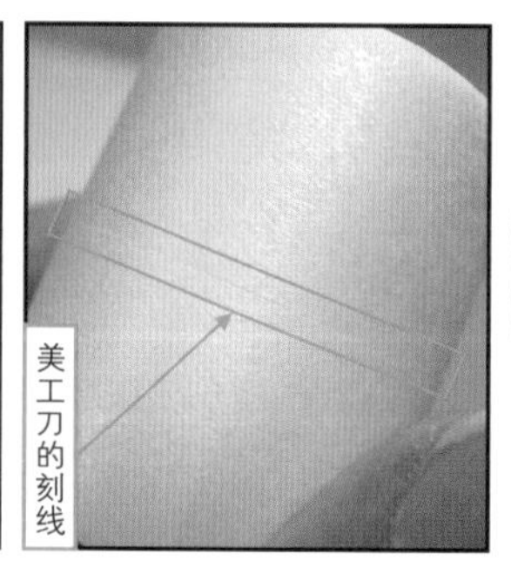

·先要决定圆顶的高度位置，用美工刀的顶端来刻出印痕。用词典等厚重的书本来夹住美工刀的刀片，旋转圆锥体来刻痕会比较方便

·在锉刀模具上贴上180号砂纸。用附有黏合剂的砂纸会更方便

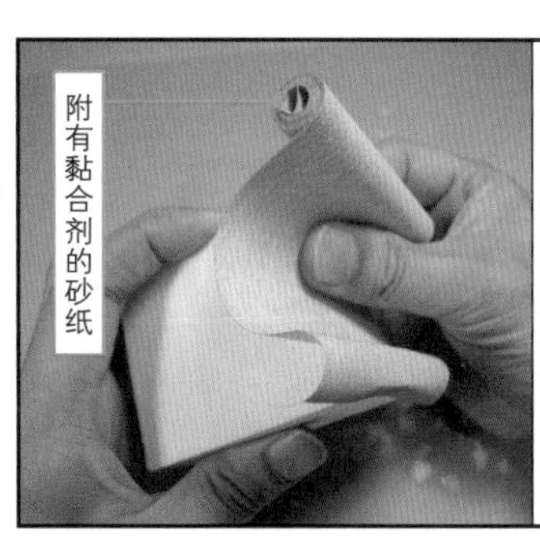

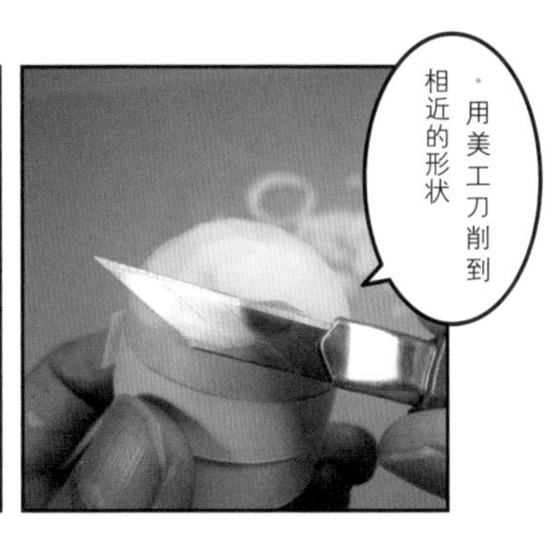

·对准锉刀模具来确认要打磨掉多少

Check Point

·打磨的方向一定不能中途变更。挤塑聚苯乙烯泡沫板用锉刀打磨之后会留下磨痕，途中转变方向的话挤塑聚苯乙烯泡沫板就会出现凹陷

凹陷部分

·大致磨出半球形后将砂纸换成240号。最后用320号收尾

·朝着一个方向一边旋转一边打磨

·固定在模具内切割后圆顶就制成了

收尾

Q挤塑聚苯乙烯泡沫板也可以制作出球体吗？

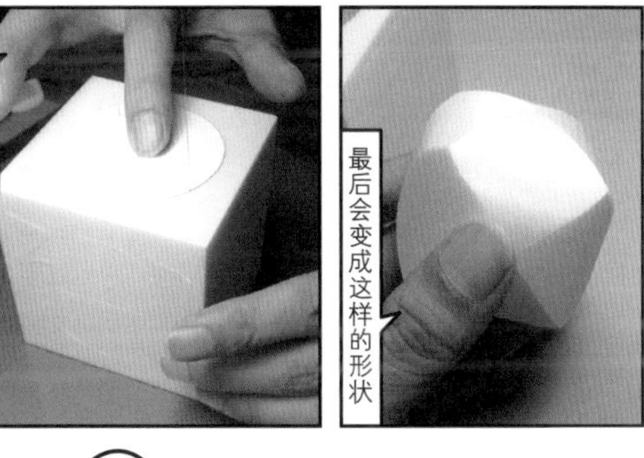

·在挤塑聚苯乙烯泡沫板上各面画上十字线来统一上下位置，贴上与想要制作的球体的大小相符的样板纸，然后用美工刀切割。所使用的挤塑聚苯乙烯泡沫板只要能确定中心点就不需要用很规则的正方体

·一点点偏移也没关系

·最后，运用打磨半球的要领，沿着一个方向旋转打磨。和半球同样使用180号→240号→400号的砂纸来细微的做下调整最后收尾

·削到这个程度

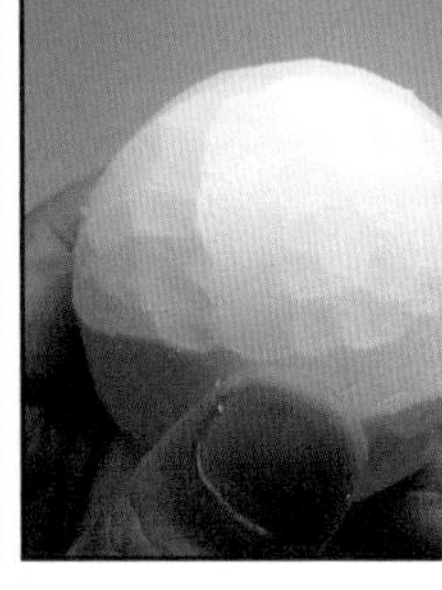

·用美工刀削除边角

塑料材料

Q丙烯酸树脂的划痕要怎样消除？

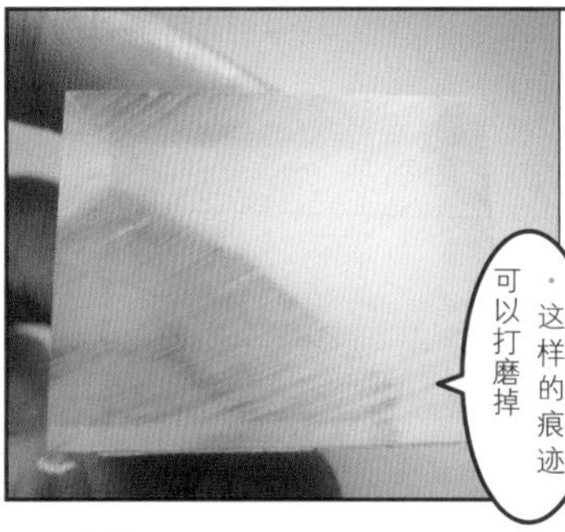

·将丙烯酸树脂的切面沾上水，放到240号防水砂纸上研磨

·在水中滴上1～2滴中性洗涤剂可以缓解砂纸阻塞

·将丙烯酸树脂锯断之后切面都会留下锯断的痕迹

·这样的痕迹可以打磨掉

·打磨到呈现薄磨砂质感为止

·锯痕消去之后可以换成400号砂纸，打磨到前面的打磨痕迹消失为止。并逐渐把防水砂纸按400号→600号→1000号→1500号顺序更换到较细的型号

·由于丙烯酸树脂是柔软的材料，所以要注意不要打磨过度

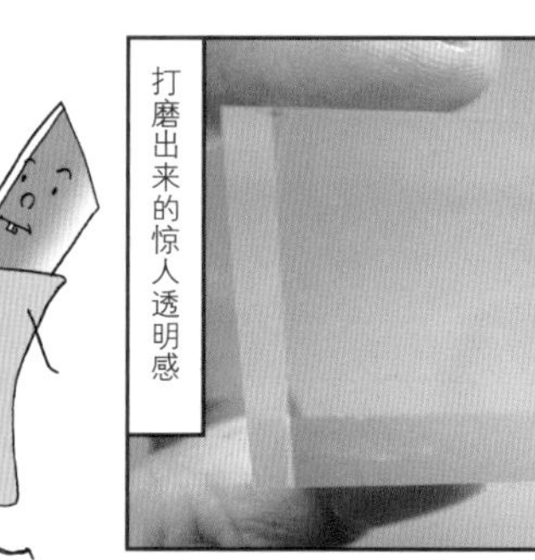

·打磨出来的惊人透明感

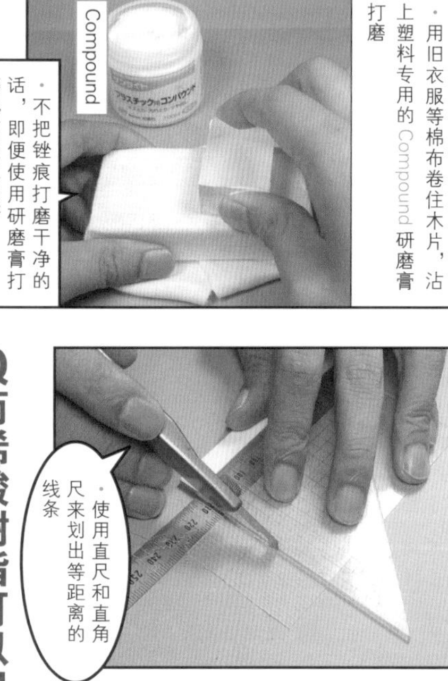

·用旧衣服等棉布卷住木片，沾上塑料专用的Compound研磨膏打磨

·不把锉痕打磨干净的话，即便使用研磨膏打磨也会留下痕迹

Q丙烯酸树脂可以用来制作百叶窗吗？

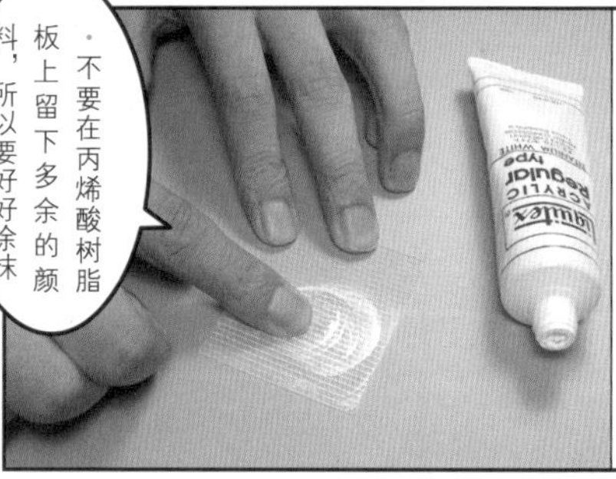

·用丙烯酸树脂绘画的颜料填补刻线痕迹

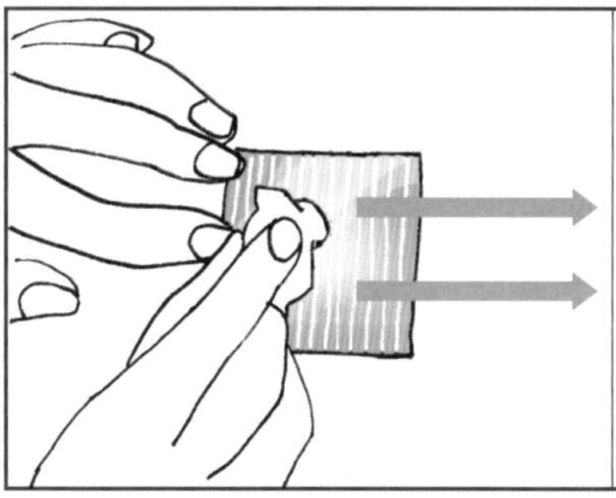

·不要在丙烯酸树脂板上留下多余的颜料，所以要好好涂抹

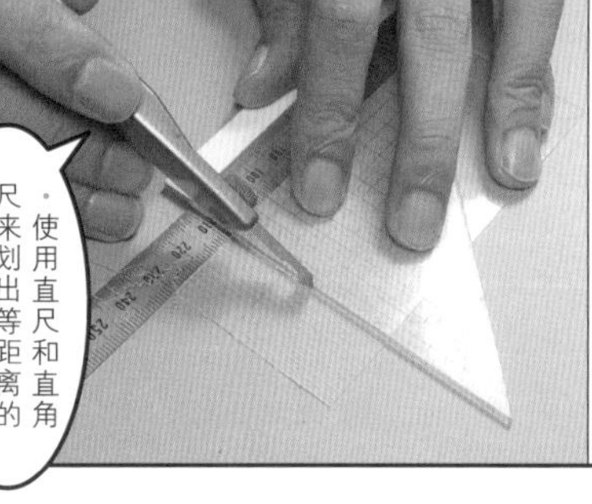

·用塑料切割刀在丙烯酸树脂等塑料板材上刻上线条痕迹即可制作出百叶窗的纹理效果

·使用直尺和直角尺来划出等距离的线条

·也可以用于表现外部栏杆或砖瓦质地等

·以和刻线垂直的方向用纸巾将表面多余的丙烯酸树脂绘画颜料擦除

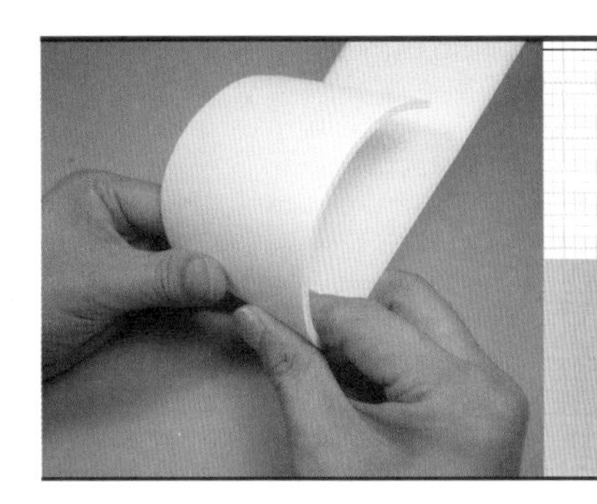

弯曲

用模型展现的建筑物不仅仅是通过直线构建而成的。掌握住材料的特性之后熟记曲面加工的方法，可以表现的范围也会随之变得广泛起来。这里将讲述如何将通常作为平面材料使用的聚苯乙烯板材和PVC板材加工成拱顶或者球顶这样的曲面所需要的技术。

聚苯乙烯板

Q轻松弯曲材料的要领是？

·剥去其中一面的纸张

·首先在聚苯乙烯板上假设纵横两个方向A和B，为了方便确认可弯曲的方向而需要将其切成方形

·先用铅笔做好记号方便识别

·聚苯乙烯板有容易弯曲和不容易弯曲的两个面

·放回原本的聚苯乙烯板上，根据铅笔印来判断向哪个方向弯曲

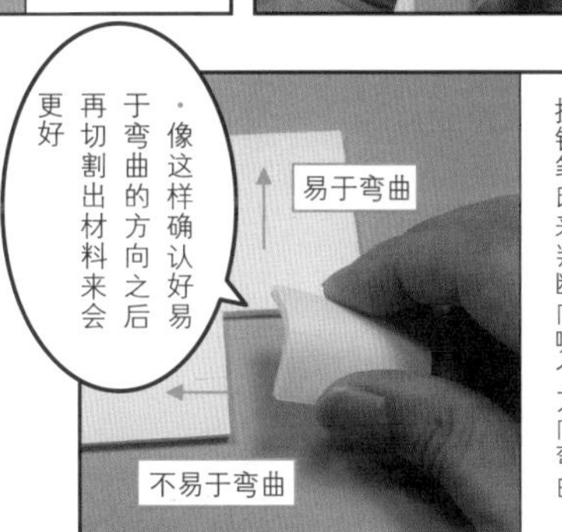

·像这样确认好易于弯曲的方向之后再切割出材料来会更好

·把留下有纸张的那一面向着外侧，沿着A方向和B方向试着弯曲

·向着其中一个方向尽量弯曲。中途向着另一边刻意弯曲的话会造成材料断裂

Q如何制作曲面折角？

·把与凹槽同样尺寸的聚苯乙烯板两面的纸撕去，确认好弯曲方向后嵌入其中

·薄薄涂抹一层黏合剂（聚苯乙烯胶等）并嵌入

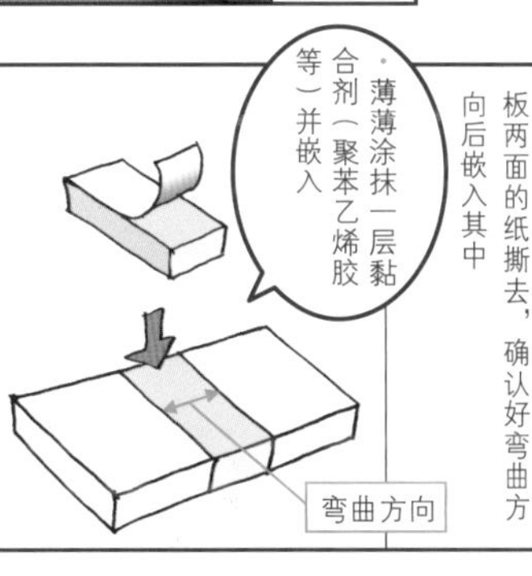

·根据需要弯曲的部分的宽度（折角宽度的1/2πr）用美工刀在两端刻痕，将内侧的发泡体用手剥离后，再用钢尺的小口刮干净

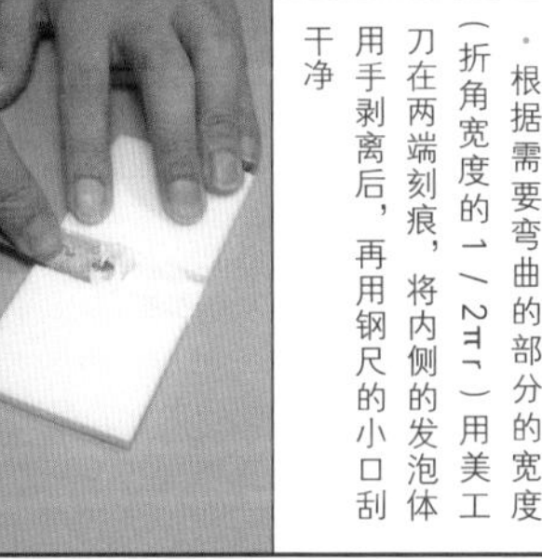

·准备一块长边方向不易于弯曲的聚苯乙烯板，将内侧一面的纸撕去

·将上下端裁切修整一下就完成了

·将一开始撕下的纸（肯特纸也可以）用双面胶从一侧贴回去

仔细缓慢地！

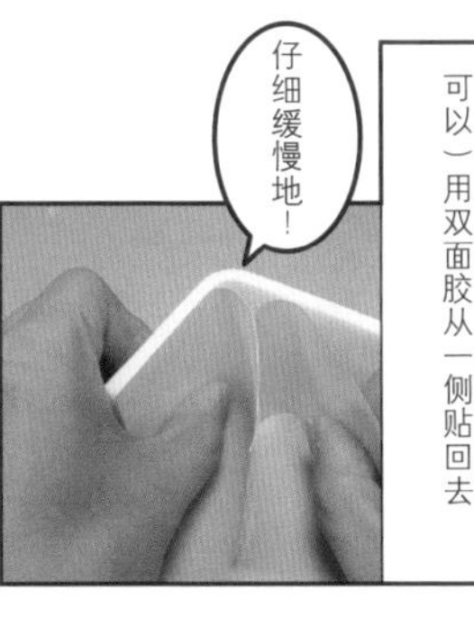

·等黏合剂干透后，将其弯曲做出惯性。这时候因为只有嵌入的部分会弯曲，所以可以形成漂亮的曲面

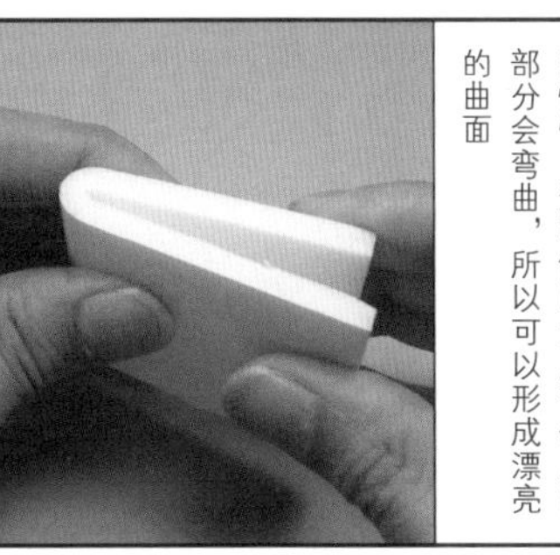

Q如何制作拱顶？

·用挤塑聚苯乙烯泡沫板等材料制作的圆柱体做芯子，贴上聚苯乙烯板来制作拱顶。首先将肯特纸卷在圆柱体上，在纸张两头用5mm左右的双面胶粘贴固定

肯特纸

双面胶

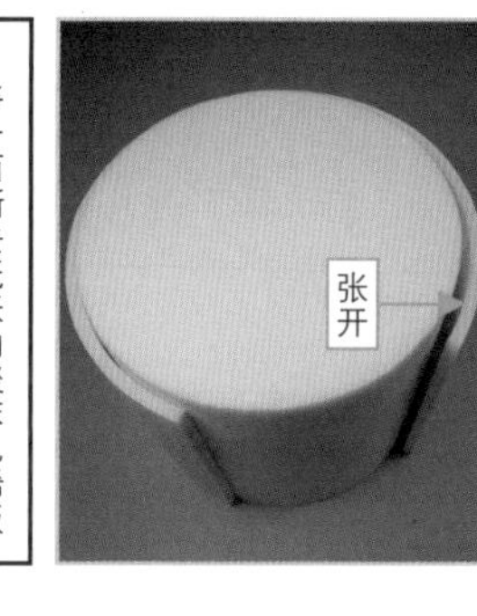

·将一面撕去纸张的聚苯乙烯板卷曲起来

Check Point

·由于将聚苯乙烯剥离圆柱的时候会略张开一点，所以圆柱最好比想要制作的拱顶的圆小5%~10%程度

张开

·聚苯乙烯板上的纸撕掉后贴上宽面的双面胶，粘到卷在圆柱体上的肯特纸上

·一边剥离双面胶的纸张，一边慢慢贴合

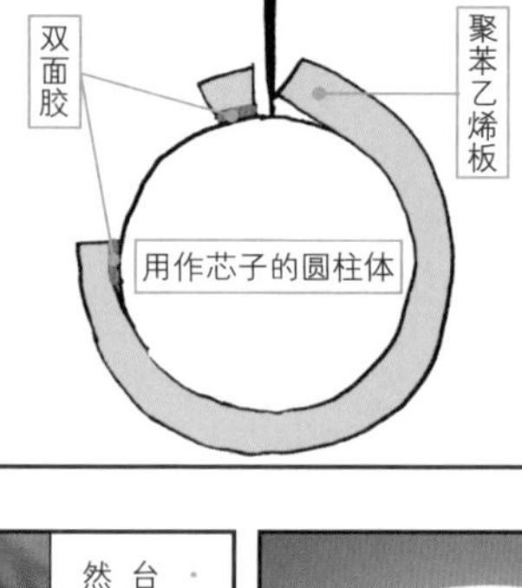

·在肯特纸和圆柱固定的宽度5mm的双面胶内侧一点切断的话，聚苯乙烯板就可以完整地分离出来

·把分离下来的聚苯乙烯板材放到图纸上比对一下，用美工刀在需要切割的地方做上记号。聚苯乙烯板弯曲方向上的长度要预先做保留，比需要制作的大小长30mm左右

·将用做芯子的圆柱体当做工作台，用直角尺贴在记号的位置，然后进行切割

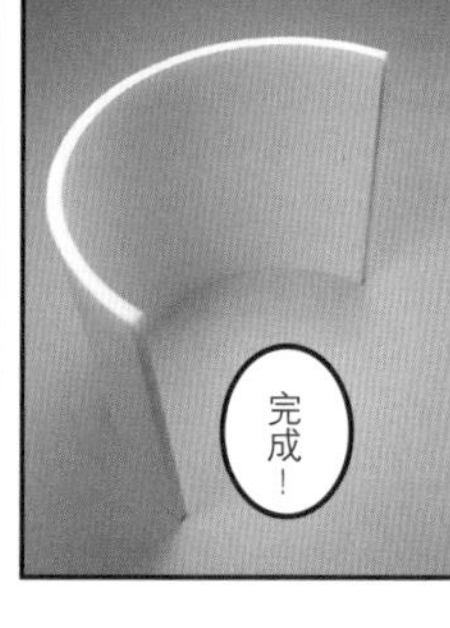

·根据切割位置的不同，也可以用于制作圆筒的1/4型体

Q如何制作圆筒？

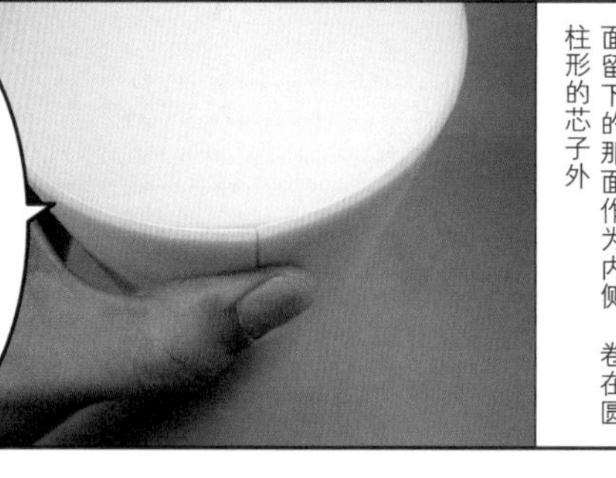

·较厚的圆筒要用两张聚苯乙烯板材卷在芯子外固定来做成。这个示例中内层用了2mm、外层用了3mm的聚苯乙烯板材来制作。首先将卷在内侧的2mm的聚苯乙烯板的一面纸撕去，将纸面留下的那面作为内侧，卷在圆柱形的芯子外

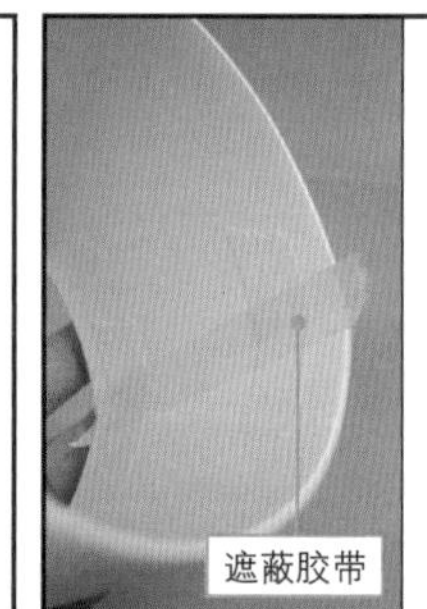

·取出芯子，在接合面涂上黏合剂用遮蔽胶带暂时连接

切出不需要的部分

·回到芯子上来，把撕去纸张部分并且弯曲过的3mm厚的聚苯乙烯板材卷在外侧并测量需要的长度

·这样静置等胶干透就可以了

·在外侧3mm厚度的聚苯乙烯板上贴满双面胶，注意接合部和2mm厚度的聚苯乙烯板接合部错开着粘贴上去。3mm的聚苯乙烯板的接合部预先涂上黏合剂

Q如何制作波浪形墙壁？

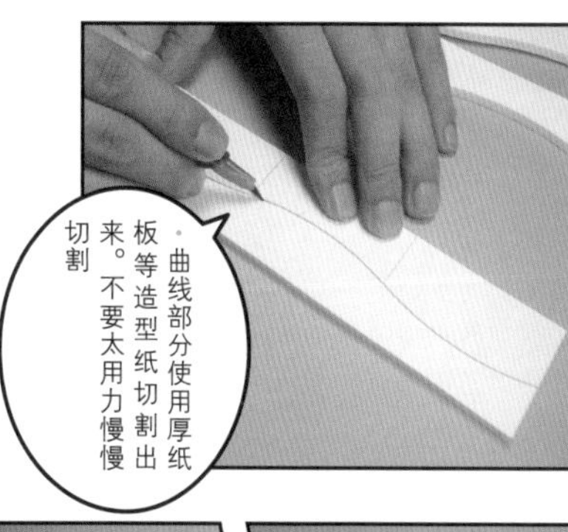

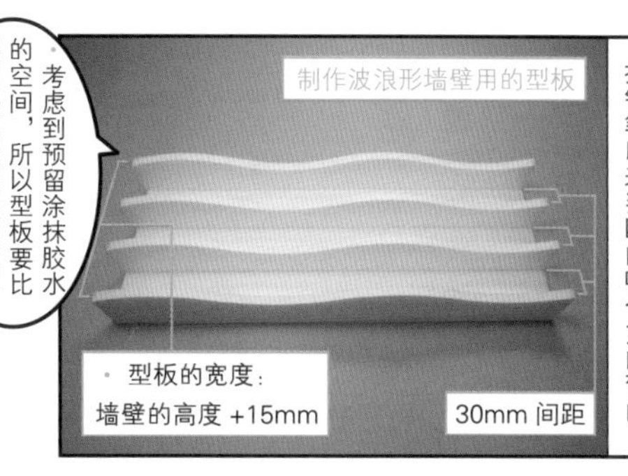

要用聚苯乙烯板材来制作不规则的波浪形墙壁时，需要固定到型板上来制作形状。型板使用5mm厚度的聚苯乙烯板材制作。据铅笔印来判断向哪个方向弯曲

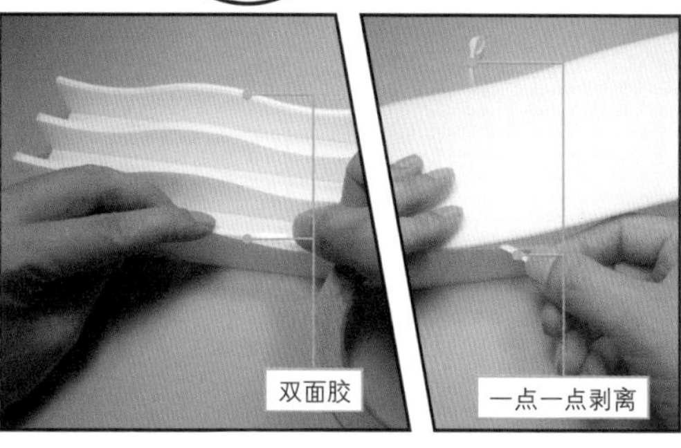

在型板外侧的聚苯乙烯板材上贴上5mm宽的双面胶，两侧交替着一点一点边剥离边把聚苯乙烯板材沿着型板慢慢粘贴上去

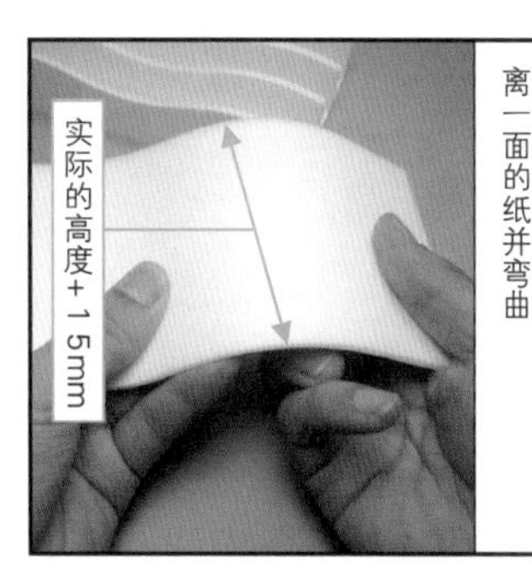

将用来制作墙壁的聚苯乙烯板按多15mm的高度切割下来，剥离一面的纸并弯曲

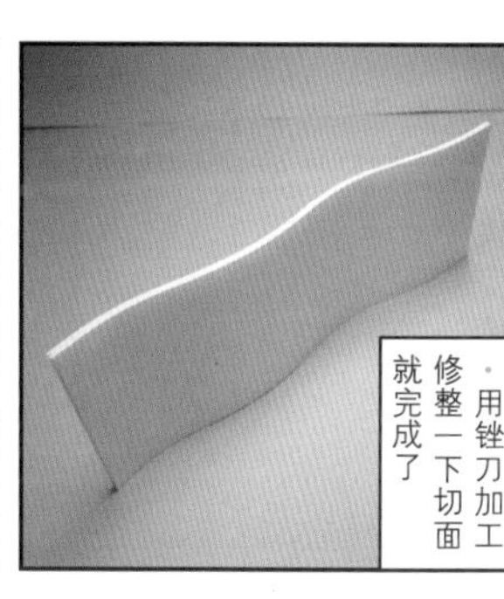

用锉刀加工修整一下切面就完成了

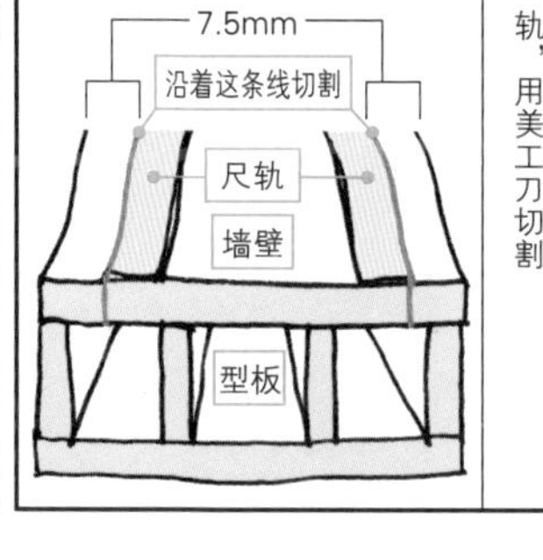

在距离聚苯乙烯板材两边7.5mm的位置上用强弱双面胶贴上裁成带状的厚纸板作为尺轨，用美工刀切割

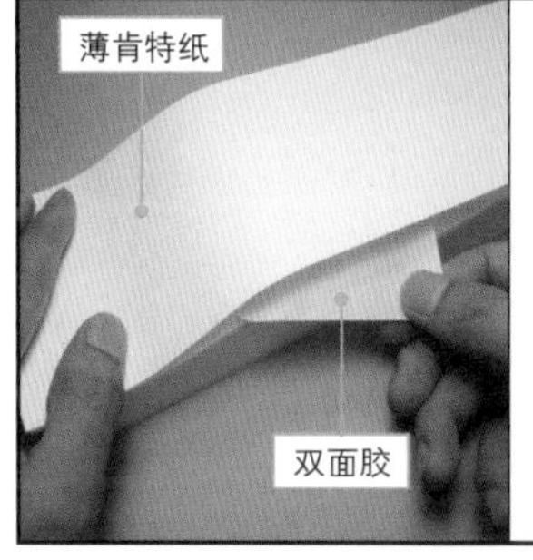

准备一张和聚苯乙烯板一样宽度的薄肯特纸，贴上双面胶，从聚苯乙烯板的一端开始慢慢贴上

塑料材料

Q如何做出透明的圆顶？

PVC板软化之后将其按压到模具上。模具最好是金属或者木材等耐热材料

使用罐装煤气炉加热。为了让热量均匀，在离开火20cm左右的地方用弱火加热

贴在纸板上的PVC板

要小心靠太近会烧焦哟！

PVC板加热之后可以制作成各种形状

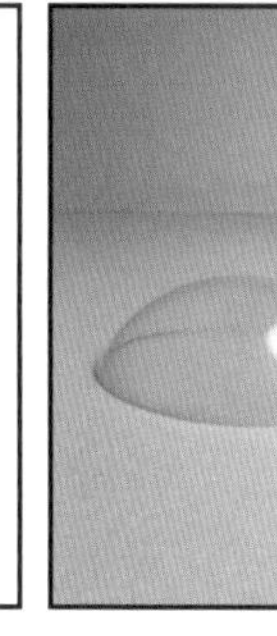

比对着美工刀的刻痕用剪刀裁剪就算完成了

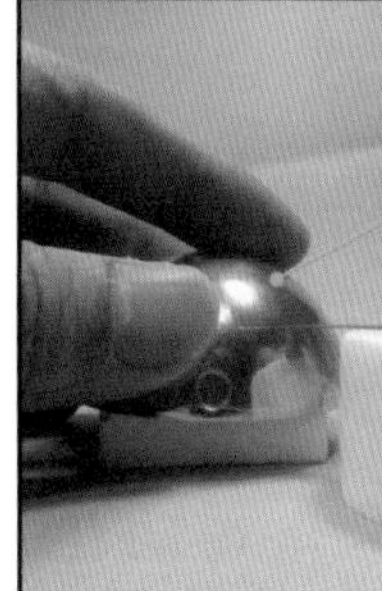

大致切割一下，再放回到模具上用美工刀刀刃刻出待会用剪刀裁剪需要的刻痕

黏合

组装模型的过程中黏合是必不可缺的，
根据模型不同选择不同的黏合剂可以熟练而干净地组合各部分。
这里将会针对黏合有关的技术以及适用于不同素材的黏合剂做个介绍。

Q塑料材料要怎么黏结？

·塑料板、丙烯酸树脂版、ABS板的黏结可以用以二氯甲烷为主要成分的溶剂（丙烯酸树脂用黏合着剂）来粘着（参照表格）

·使用细毛笔沾满溶剂

·使溶剂流入需要黏结的素材间。二氯甲烷因为挥发性较高所以立刻会硬化，不需要做收尾处理

Q如何更方便地使用聚苯乙烯黏合剂？

·聚苯乙烯黏合剂和聚苯乙烯胶在开封后，随着时间推移效果变差后，会很容易拉出丝来。这样就会容易变干而不易于使用

·若使用异丙醇酒精稀释，可以让黏合剂不易变干且更方便使用。也可用药房可以买到的医用酒精

·按酒精1份兑聚苯乙烯黏合剂4份左右的比例混合着使用

Q在狭窄的部分涂抹黏合剂的要领是？

·需要在聚苯乙烯板的切口上涂抹少量黏合剂的时候，可以使用PVC板等当做抹刀来涂抹

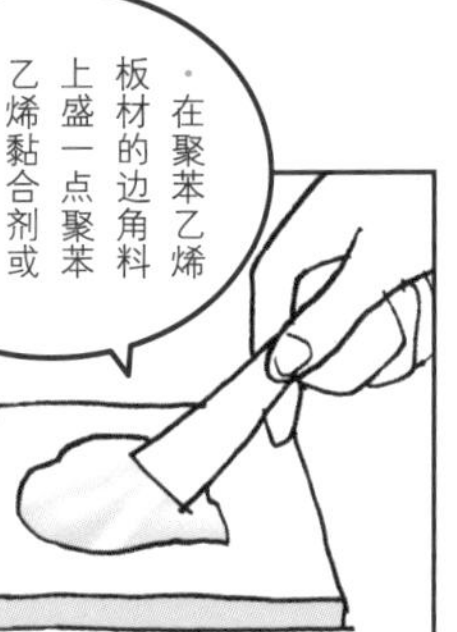

表 素材·黏合剂的对应一览表

素材 \ 黏合剂	木工用胶		聚苯乙烯胶 / 聚苯乙烯黏合剂		喷胶（黏结少量物件使用）		双面胶		快干胶		丙烯酸树脂用黏合剂		PVC 用黏合剂	
点黏合 / 面黏合	点	面	点	面	点	面	点	面	点	面	点	面	点	面
聚苯乙烯板 / 纸	○	○	○	○	—	○	—	○	—	—	—	—	—	—
挤塑聚苯乙烯泡沫板	○	○	○	○	—	○	—	○	—	—	—	—	—	—
纸	○	○	○	○	—	○	—	○	○	○	—	—	—	—
木材	○	○	○	○	—	○	—	○	○	○	—	—	—	—
金属	—	—	—	—	—	—	—	○	○	○	—	—	—	—
丙烯酸树脂	—	—	—	—	—	○	—	○	○	○	○	○	—	—
氯乙烯	—	—	—	—	—	○	—	○	○	○	—	—	○	○
PET	—	—	—	—	—	○	—	○	○	○	○	○	—	—
塑料板	—	—	—	—	—	○	—	○	○	○	○	○	—	—

注：正确的使用方法请参照各黏合剂的说明书

Visual Column

植栽的制作方法②

超简单的牙签树！

・尼龙海绵切成想要的大小，用钻孔器在中央钻出牙签刺入所需要的孔

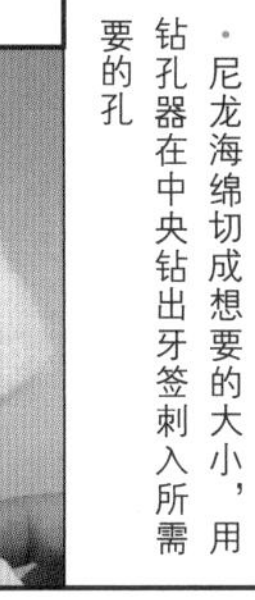

・把牙签插入海绵就可以制作出简单而又逼真的树木，这里就来介绍一下制作方法！

・要制作比较高的树木的时候刺入两块海绵即可

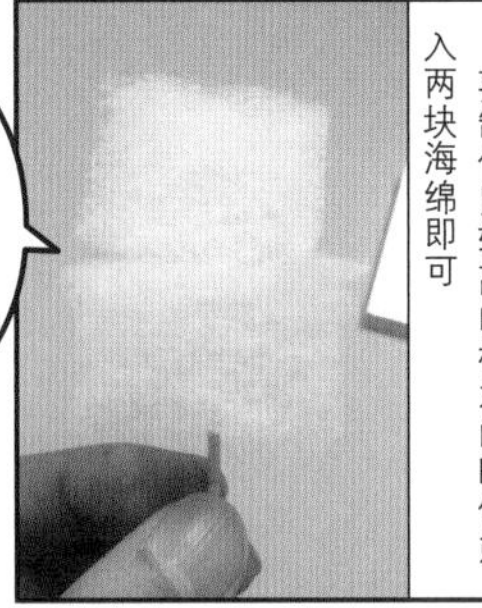

・用牙签可以制作最高60mm的树木

・在牙签上涂上木工用胶，刺入海绵中

・牙签预先用喷涂颜料着色

・根据模型的整体印象来着色

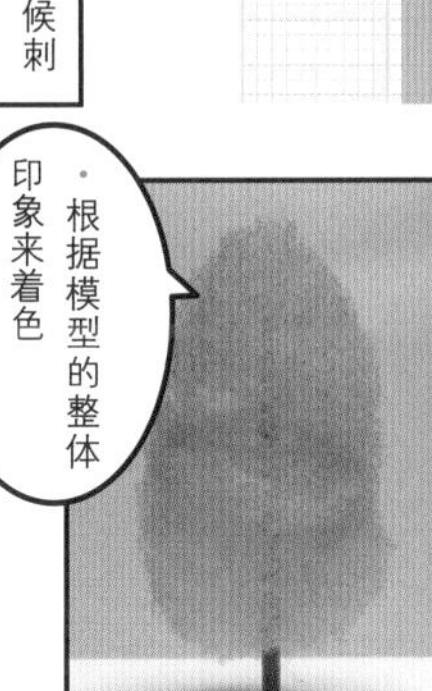

・使用喷涂颜料来给树叶着色

・将牙签刺入挤塑聚苯乙烯泡沫板来防止树干部分被着色

・木工胶干透后，用剪刀来整形

・不上色的话当做白模使用也非常漂亮

电线到树木的变身！

・像这样来制作树枝

・诀窍是越往下的枝干要使用越多的铜线，往上则逐渐减少

・剩下的橡胶皮也剥去，将铜线扭卷起来制作成枝干

・准备一根60mm长的电线。剥离外侧10mm左右的橡胶皮，将铜线扭卷起来

・根据撒上去的海绵的颜色不同，也可以用于制作不同种类的树木

・待木工胶干透后使用喷涂颜料上色并修整树型

・树叶的部分先使用喷胶77喷一下，再把已经着色过的细小海绵撒上去黏结

・使用剪刀修整树枝，将尼龙海绵拉展开来并用木工胶黏结上去。也可以使用钢丝绒

涂装

仅使用材料本身的颜色来表现模型所需要展现的效果是很困难的，
那就用涂料来提升模型的真实感吧。
这里将会介绍挤塑聚苯乙烯泡沫板的涂装方法，
以及主要材料在涂装前的表面处理方法。

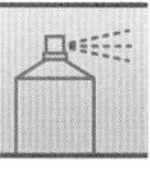

挤塑聚苯乙烯泡沫板

Q 涂料要上得漂亮有什么要领？

・使用石膏作为基底材料来打底，可以使挤塑聚苯乙烯泡沫板表面的气泡消失，从而使得上色后的表面处理更干净漂亮

・需要将有色挤塑聚苯乙烯泡沫板涂成白色或者淡色的时候，即便使用白色石膏打底也会露出挤塑聚苯乙烯泡沫板的原色。可以混入少量灰色颜料然后涂抹三次

持握的手

・为了方便工作进行，可以在持握的手上贴上双面胶来工作

・为了使边角锐利，在打底后用240号的砂纸来打磨一番。砂纸不勤换的话打磨下来的颗粒会堵塞住，并可能伤及挤塑聚苯乙烯泡沫板，因此要特别注意

・注意不要打磨到挤塑聚苯乙烯泡沫板的部分！

・丙烯酸树脂系（水性）喷涂颜料

・使用丙烯酸树脂系（水性）的喷涂颜料来涂装。使用油漆系的话即便使用石膏打底也会侵蚀到下面的挤塑聚苯乙烯泡沫板

Q 如何使用油漆系的涂料？

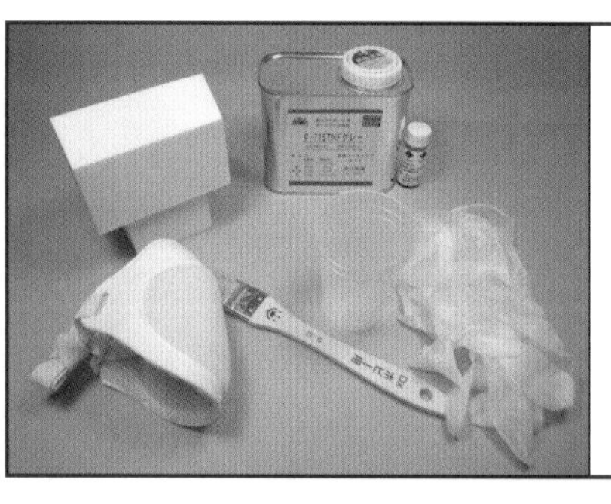

・通常在挤塑聚苯乙烯泡沫板上无法涂装的油漆系、珐琅系、聚氨酯系等涂料（参照表格）在使用聚酯纤维做基底后也可以顺利进行涂装

・需要准备的物品有发泡泡沫塑料用的聚酯纤维树脂（P－715TNF灰）、聚酯纤维用的硬化剂（Permeck N）、面具、手套、塑料容器、笔、一次性筷子

・在开始作业前先戴上面具和口罩。聚酯纤维和硬化剂分别按规定用量搭配起来混合

・一定要按照说明书指示来进行

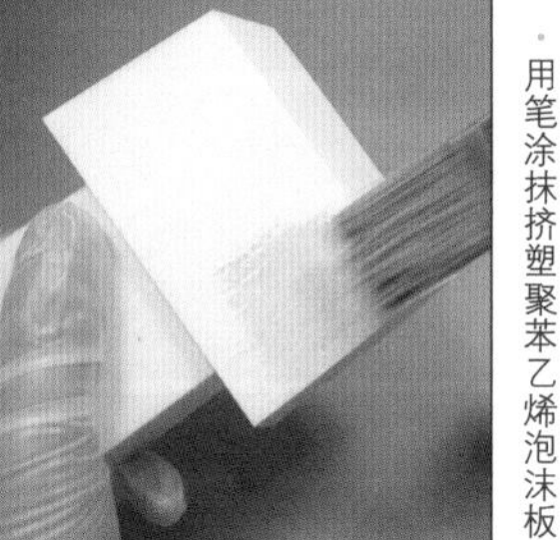

・用笔涂抹挤塑聚苯乙烯泡沫板

・等树脂干透后使用320号左右的防水纸沾水打磨。需要打磨得更光洁的话可以使用面漆（使涂料更好固定的打底涂料）

・使用油漆涂料涂抹后就会呈现出金属表面的效果

Q涂面要如何修补？

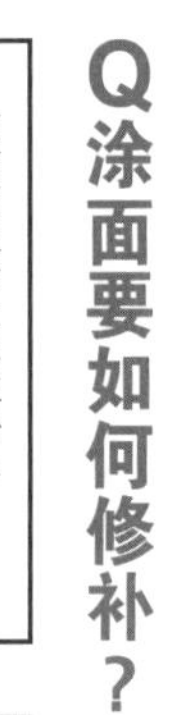

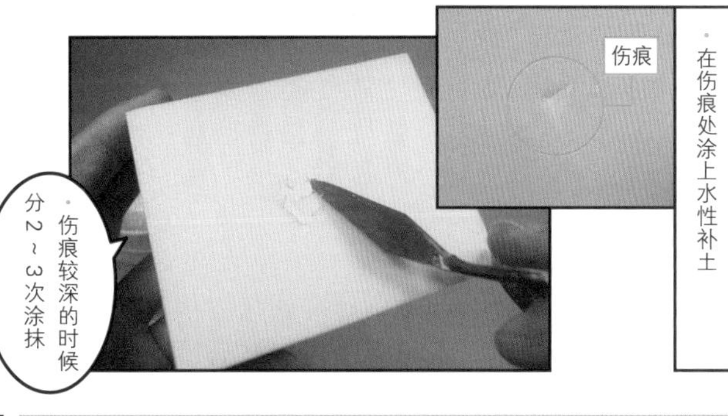

·在伤痕处涂上水性补土

·伤痕较深的时候分2～3次涂抹

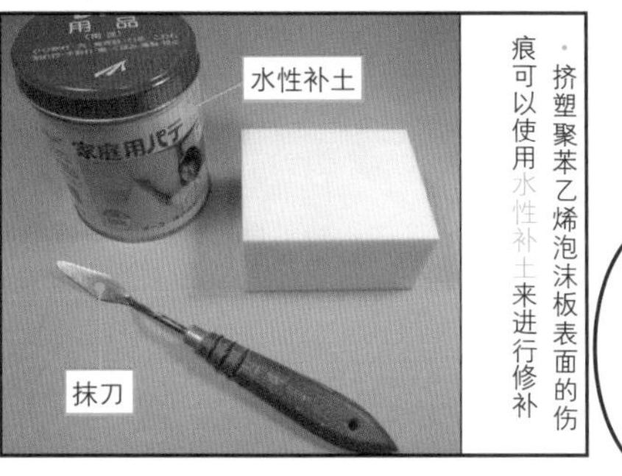

·挤塑聚苯乙烯泡沫板表面的伤痕可以使用水性补土来进行修补

Check Point

·水性补土也可以用于修补聚苯乙烯板材接合部分的缝隙。在缝隙的周围贴上遮蔽胶带，把水性补土填补到缝隙内使其完美贴合。干透后撕去遮蔽胶带

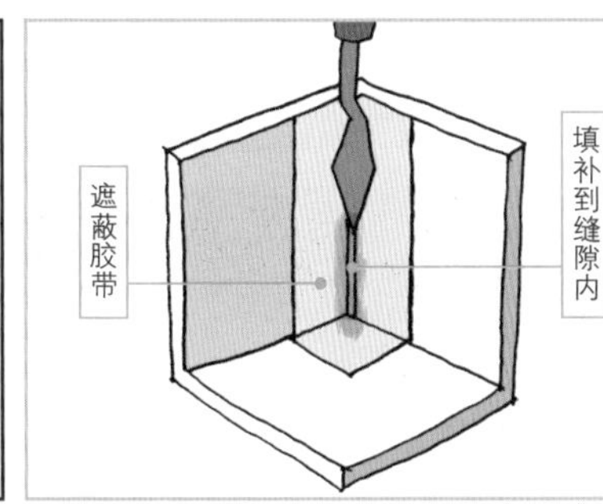

·使用板锉（制作方法参照60页）来修整表面

在此之后上基底

·使用抹刀深入缝隙填入补土，静置30分钟待其干透

·使用360号左右的砂纸打磨后，缝隙就完全看不见了

·主要材料和硬化剂用抹刀充分拌和

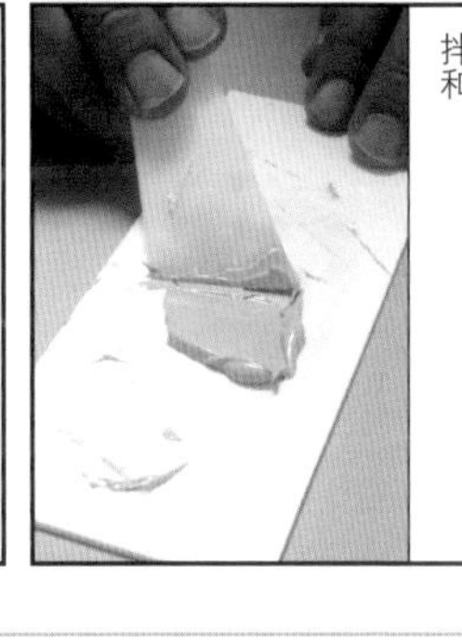

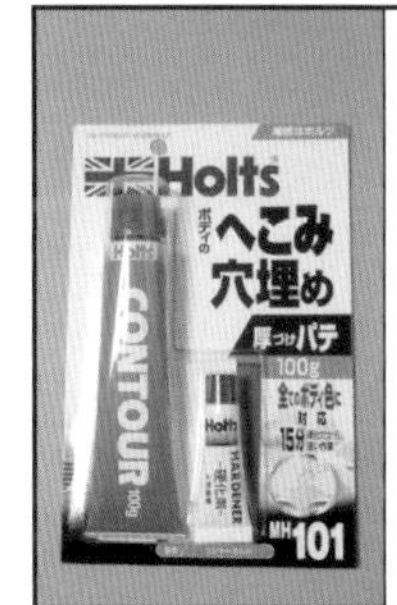

·涂装完毕的丙烯酸树脂板的接合部分，出现缝隙时的修补可以使用聚乙烯补土

表 素材×涂料的对应一览表

素材＼涂料	丙烯酸树脂系（水性）涂料	油漆系涂料	珐琅系涂料	聚氨酯系涂料	水性马克笔	油性马克笔	彩色油墨
聚苯乙烯纸	○	—	—	—	○	○	—
挤塑聚苯乙烯泡沫板	○	—	—	—	○	○	—
纸	○	—	○	—	○	○	—
木材	○	○	○	○	○	○	○
金属	○	○	○	○	—	○	—
丙烯酸树脂·ABS·塑料板	○	○	○	○	—	○	—
PVC	△	△	△	△	—	△	—
布	○	○	○	○	○	○	—
皮	○	○	○	○	○	○	—
玻璃	○	—	○	—	—	○	—

注：**丙烯酸树脂系（水性）涂料**/是很多素材都适用的涂料。笔可以用水洗，也没有太强烈的气味因此使用非常方便。田宫 Color 丙烯酸树脂涂料（田宫）、水性 Hobby Color（Creos）等**油漆系涂料**/相比丙烯酸树脂系涂料既干得快又显色。但是因为气味强烈所以要非常注意环境通风。Mr.Color（Creos）等**珐琅系涂料**/色彩非常好，也不容易褪色。但是涂抹后干燥需要的时间比较长。田宫 Color 珐琅涂料（田宫）等**聚氨酯系涂料**/主要用于需要光洁表面的光照效果的加工用水性马克笔·油性马克笔/用于在细节部分涂色时使用。油性笔可以涂抹的素材更多，水性笔色彩选择更丰富 彩油/用于木材的着色和表面保护。特征是涂装后依然可以保留木纹。WATOKO 彩油（WATOKO）等。

模型制作的基本

了解其他设计师和模型制作家的模型制作流程，
是与提高模型制作效率、表现力紧密相关的。
这里就来介绍一下四种不同类型的模型制作流程。

1 设计事务所制作的写实模型 ▶72页

Point1
外墙的表现方法
外墙是决定模型整体效果的重要元素。使用和实物相近感觉的材料来制作

Point2
采光通风口的表现方法
根据想要展示和想要遮蔽的部分不同，分别使用透明玻璃或者雾面玻璃来表现出完全不同的效果

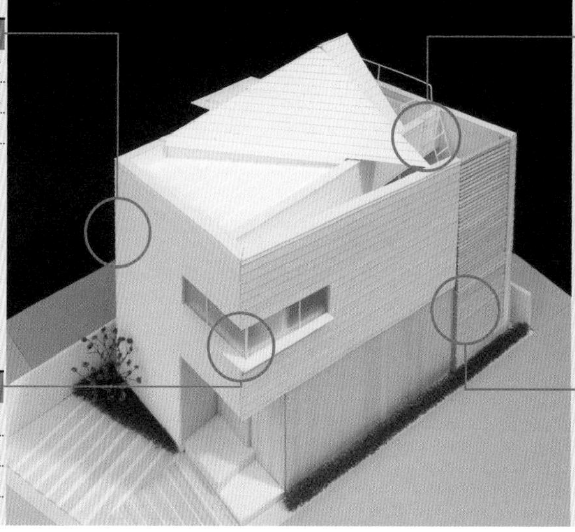

Point3
内部装潢的表现方法
恰当地展示出内部装潢的质感有利于传达印象中内部空间的效果

Point4
细节部分的深化制作
想要着重展示木制的百叶窗时，制作得精细一点会更容易传达印象中的效果

2 进阶的白模制作技术 ▶78页

Point1
细小切口的处理
细小的部分如果贴上纸处理一下的话，可以提升总体印象的统一感

Point2
外角的处理
白模虽然色彩简单，但是意外的更容易暴露出边角的问题。黏结良好的话可以做出更尖锐干净的外角

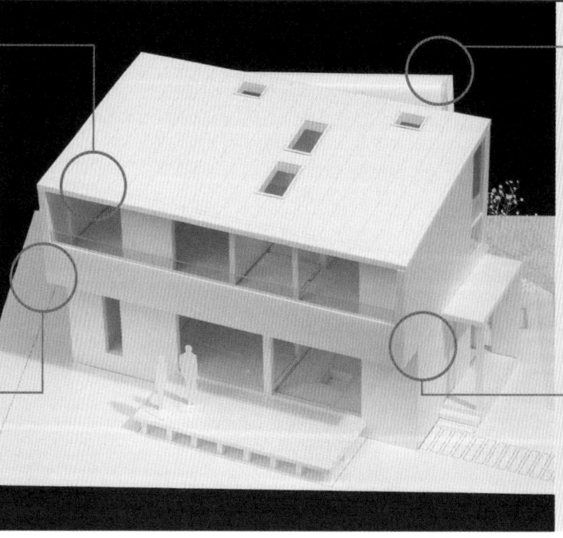

Point3
合适的斜面角度
有斜度的墙壁一定要对着图纸保证角度正确

Point4
1楼和2楼的分层
如果可以从上部看到内部，会有利于展示和观察格局分布情况等。诀窍是要先做好刻线然后再切分开来

流程全面解说

3 | 框架模型制作技术 ▶82页

▶82页

Point1

楼板骨架的制作方法

为了使水平构件的上端能整齐划一，需要把壁架比对左右翻转的构架图试着安装一次

Point2

木材的切断方法

一边旋转桧木方棒一边切割，切口就会比较平整

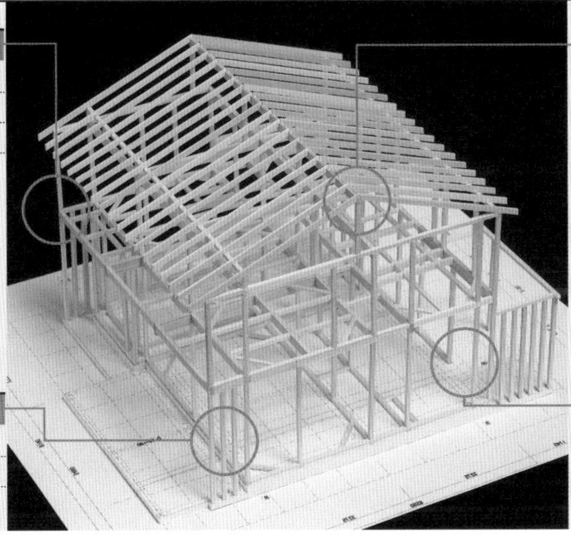

Point3

椽子一端的缺口

椽子的缺口可以先制作一个样板来统一切割。有缺口可以使得表现力和真实性更上一个层次

Point4

对照比例

在没有适当比例的材料的时候，可以贴上轻木板来调整材料的大小

4 | 简易的丙烯酸树脂模型制作技术 ▶84页

▶84页

Point1

根据作用不同选用不同的塑料材料

压顶使用细塑料棒，窗户使用透明PVC板等，一边考虑加工性一边选材

Point2

通过涂装来表现质感

丙烯酸树脂的一个优点就是容易涂装。可以用于表现墙面的质感

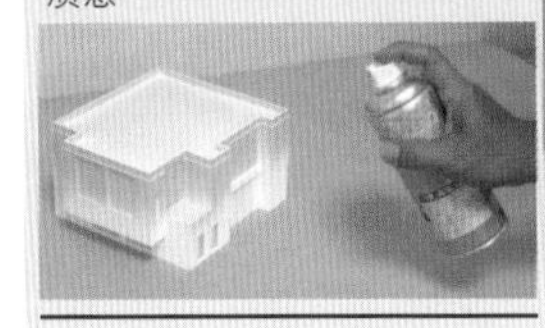

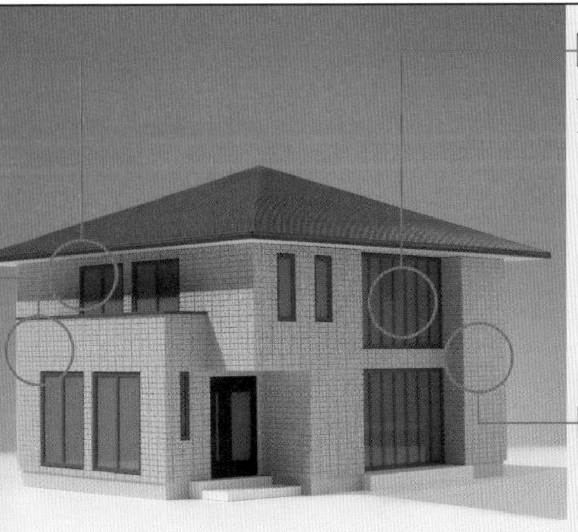

Point3

细节部分追求精益求精

窗扇之类的细节部分也要一个一个认真上色

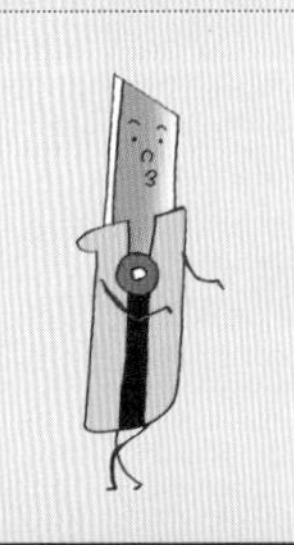

Point4

砖缝的表现方法

在丙烯酸树脂表面用勾刀和激光切割等刻上砖缝。细瓷砖的效果也能表现出来

模型制作的基本流程全面解说❶

设计事务所制作的写实模型

就连外墙和地板等细节都具体地制作了出来，这类模型的制作方法是什么？
在实际的设计业务中，写实模型又该如何活用？
这一章节将会针对设计事务所制作的写实模型的制作流程、
使用方法、技术手法等做详细解说。

写实模型的活用方法

展示和三维视角的共通点

在设计事务所里，作为执行计划中的一环，是要制作出连细节都得表现出来的展示用模型。这种模型被称为“写实模型”，这里将会介绍其制作流程和使用方法。所介绍的模型比例为1:50，可以展现内部空间和纹理效果。

写实模型的有效性

制作写实模型通常有两个目的：一是作为给委托方提案用的演示工具；另一种是给设计事务所的工作人员分享对案例的认知，并最终做确认使用。

在用图纸或语言来描述实施方案的具体效果时，需要一定程度的建筑知识。因此在向委托方传达实施方案的详细内容时，模型作为视觉资料是十分有效的，并且也能准确而具体地展示墙面和内外空间的效果。

对于工作人员间的交流写实模型也是有所帮助的。活用写实模型来观察细节部分可以加深他们对于实施方案的三维视角的认知。

设法做到细致周密

在工程实施前通过模型来理清想要表现的现场效果，集中精力制作需要提高写实度的部分，通过对各部分细节所下的功夫可以使实施方案中最核心的部分更明确表现出来。制作者应事先讨论决定如何把实施方案中使用的材质在模型上表现出来，并制作内外部空间的模型。

为了可以观察全展开图纸的构成，有时也会将屋顶和外墙做成可脱卸式的并制作出可以表现出空间比例的家居。

准备道具·材料

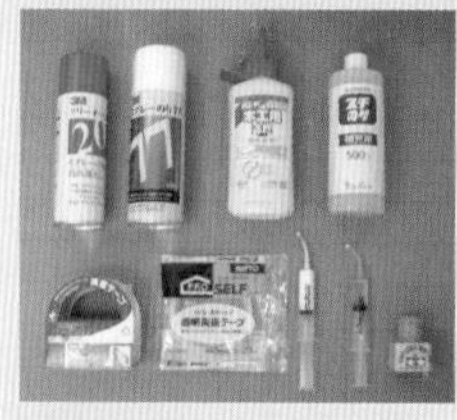

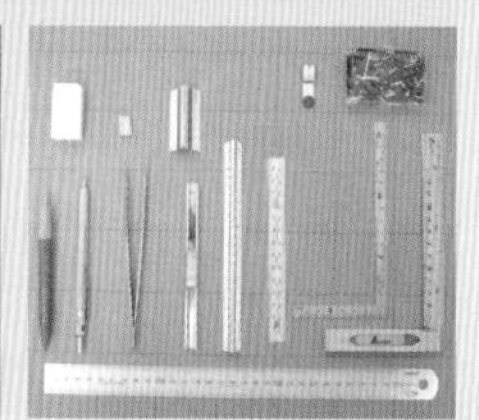

道具

美工刀2种（30°、60°刀片）、美工垫板、三棱尺大小比例2种、直角尺、双边刻度直角尺、刀片折断器、镊子、橡皮擦、铁头笔

材料

聚苯乙烯板：1mm、2mm、3mm、5mm厚
纸：肯特纸（白色）、NT Rasha（金雀色·白茶色·银灰色）
厚纸板：0.5mm厚
PVC板：0.5mm厚
轻木板：0.1mm厚
方棒：桧木、椴木
塑料棒：ø1
植栽类：上色的满天星、海绵状薄片
黏合剂类：聚苯乙烯胶、木工胶、喷胶77、双面胶、苯乙烯系树脂黏合剂、喷胶清洁剂20
图纸类：布局图、各层平面图2张（用于粘贴在模型上）、断面图（用于了解高度关系）、立面图（用于了解采光通风口状况）、施工地现场照片

表 模型制作的流程（濑野和广＋设计事务所的合作情况）

①基本设计阶段——1:100模型		②执行设计阶段——1:50模型	
研究用模型	展示用模型	框架模型	展示用模型
使用挤塑聚苯乙烯泡沫板来探讨模型的体积关系，制作聚苯乙烯板的白模	使用聚苯乙烯板和部分木材来制作展现细节的模型	使用木材来制作用于讨论建筑结构的框架模型	制作用于探讨素材和进行最终确认用的写实模型

在基本设计阶段活用模型来探讨模型的形状问题。制作材料通常使用易于体现实物体积的挤塑聚苯乙烯泡沫板，以及易于加工的聚苯乙烯板等。

在没有大幅变更的实施设计阶段，会同时制作用于细节表现的写实模型与用于确认构造的框架模型。

STEP>>01

确认模型的制作流程

高效制作模型的流程及流程中所用的技术：

① 准备好图纸、材料
② 整理模型制作的要点
③ 制作施工地基以及前方道路
④ 制作地面、地板、榻榻米等
⑤ 制作外墙
⑥ 制作采光通风口、窗户
⑦ 组装墙面
⑧ 制作屋顶、阁楼
⑨ 制作细节部分——台阶、厨房、家居
⑩ 制作外围部分——篱笆、外部构造
⑪ 制作植栽——两种灌木
⑫ 调整相邻地面的高低
⑬ 完成

STEP>>02

模型制作工作开始前先确认讨论事项

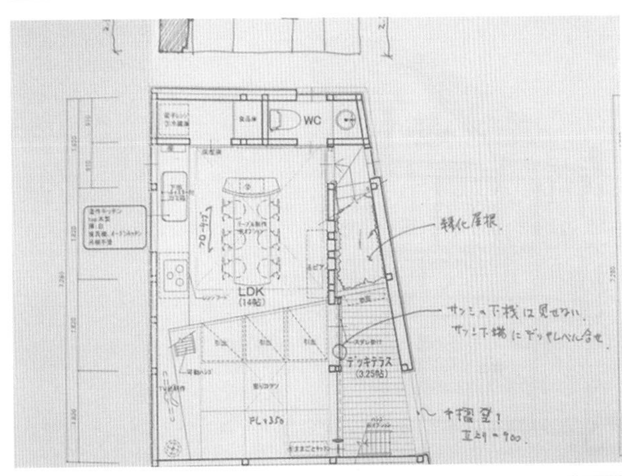

在图纸上写上讨论事项

想要借助模型来讨论的部分可以以图纸（平面图、立面图）为基础事先整理出来。把需要讨论的点整理列出，并思考实际在模型上如何展现出来。

比如在讨论外墙部分颜色的时候，可以预先制作讨论用的颜色样品。在决定好使用的建材后，探讨如何在模型上再现素材效果。为了更真实的展现，这些都是很有必要的。

照片展示的案例是用颜色深浅不同的木材来讨论哪种素材更适合于门廊。虽然在模型上和实际的素材会有一些区别，但是通过这样的方式讨论也能对后绪起到帮助作用。

STEP>>03

把握提高写实模型精度的要领

认真制作边角

认真制作边角可以使模型的整体形象变得硬朗起来。显眼的部分尤其要认真对待。

修补决不可偷懒

多多少少会产生一些失败的地方，这时候就需要进行修补。比如平面上的缝隙等，由于会对整体效果产生影响因此一定要修补。

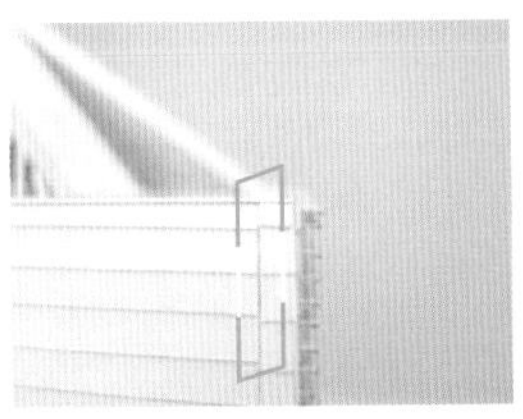

为可拆卸的屋顶制作卡口

非固定式的屋顶为了防止不必要的位移，可以预先加上卡口固定。卡口不要做得太显眼。

压顶上贴上塑料棒

简略化也是一种技巧

若如实再现设备等素材的质感，整体印象就会不协调，这时就可以使用淡化色彩的方法来做简化处理。

重点制作需要展示的部分

可脱卸式的部分以及细节部分的制作要优先考虑。模型内部不需要展现的部分，可以在窗口使用雾面玻璃遮蔽起来以减少制作时间，集中精力制作想要展示的部分。

完成。下一页开始是按步骤介绍此模型的制作流程

❶ 准备好图纸、材料

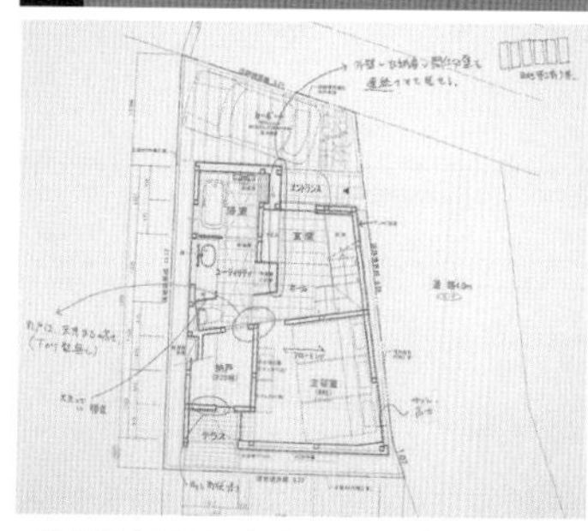

・准备好布局图、各层平面图 2 张（用于粘贴模型）、断面图（用于了解高度关系）、立面图（用于了解采光通风口状况），测量图纸上的尺寸并按部件裁切成需要的大小

❷ 整理模型制作的要点

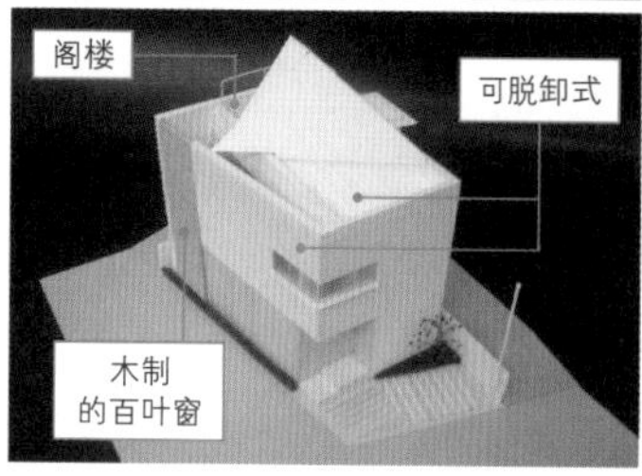

・一边考虑完成之后的整体型态一边整理需要修改的部分。比如制作成可脱卸模型，或者设计一些雾面窗户使想要展示的地方更显眼，并缩短工作时间

❸ 制作施工地基以及前方道路

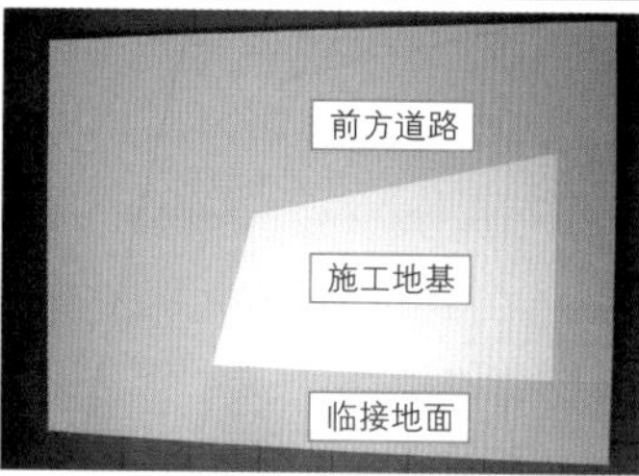

・将聚苯乙烯板裁切成所需要的大小，用于做成施工地基和前方道路、临接地面以及周围部分。这里使用了金雀色、白茶色和银灰色三种颜色的 NT Rasha 纸，使用喷胶 77 来黏结

❹ 制作地面、地板、榻榻米等

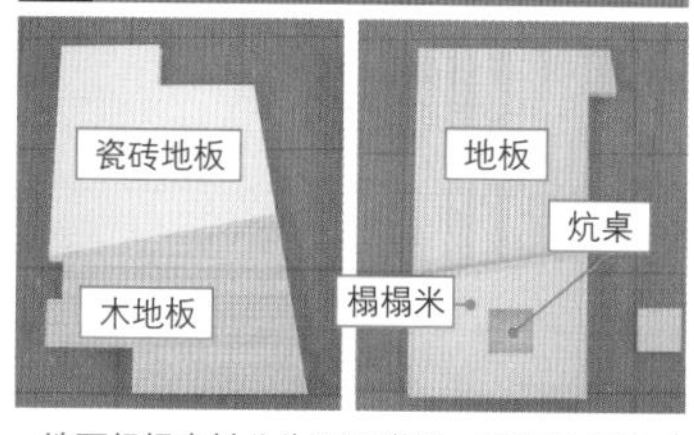

・地面根据素材分为不同类型。下面按照瓷砖地板、木地板、榻榻米的顺序来逐个解说其表现方法

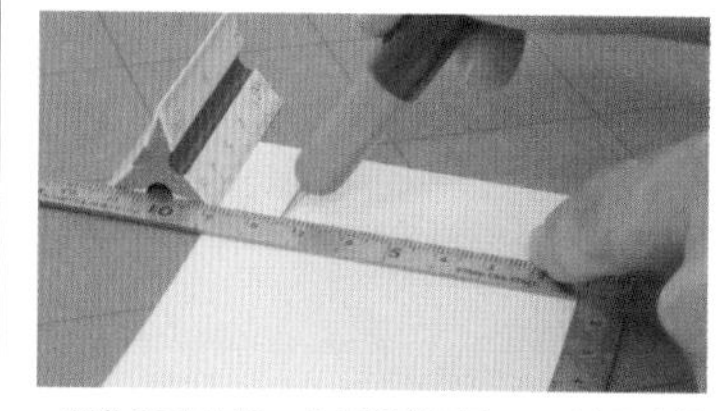

・制作瓷砖地板。为了调整厚度，可以用肯特纸贴在聚苯乙烯板上，并在上面再贴一层厚纸板，使用铁头笔来刻出纹路。将三棱尺沿着双边刻度直角尺平行移动来刻出等距离的纹路

・制作木地板。使用调整过长度的桧木方棒（2mm×0.5mm）来体现。虽然可以使用木工胶和聚苯乙烯胶等来黏结，不过用双面胶的话会更方便快捷

・粘贴完成后从反面把多余的部分切除。在粘贴的时候如果考虑到木纹色彩均衡的话，会更利于真实展现木地板效果

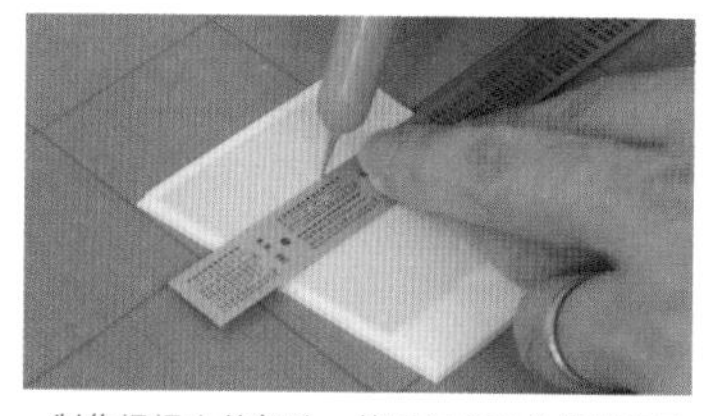

・需要制作不同材质的复杂形状的地板时，可以分别制作各部分后用聚苯乙烯胶来黏合。黏合后再切割时，先要在正面刻上线，然后从反面切割

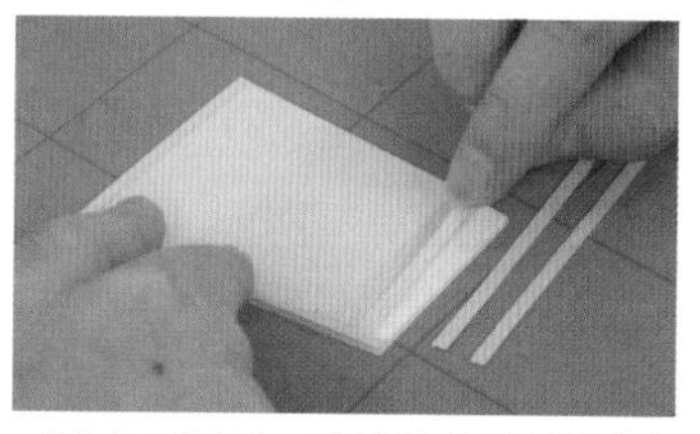

・制作榻榻米的部分。使用绿色系的肯特纸来表现榻榻米的效果。要表现出一块一块的榻榻米效果的时候，需要使用铁头笔，在一张肯特纸上用铁头笔刻出刻线来会比较漂亮。炕桌的部分也刻上刻线

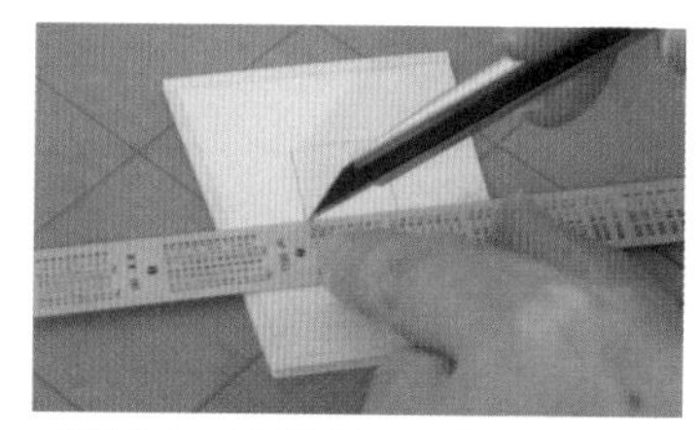

・制作木地板部分。用于制作木地板的方棒会比用于制作榻榻米的肯特纸厚一些。因此为了使高度整齐一些，需要将用于木地板部分制作的聚苯乙烯板的纸张部分剥离再行加工

・制作炕桌。以刻线为标记，使用美工刀切出堀座桌的部分。聚苯乙烯板较厚的时候不要一次性切割完成，可以从正反两面各切割少许来完成

PICK UP 使用模型来讨论该使用何种外墙材料！

在决定外墙材料的时候，需要使用模型来做讨论的事项分为两个阶段：最初的阶段是要对颜色选择做一个讨论；下一个阶段是讨论在模型上要如何表现外墙材料的质感。这里将通过一个在制作写实模型时用到的商讨样本来作介绍：

①最终的外墙效果展现。

②黑色系的镀铝锌铜板色彩的商讨样本。

③白色的镀铝锌铜板商讨样本，用于讨论选定何种用于再现质感的材料时使用的商讨样本。

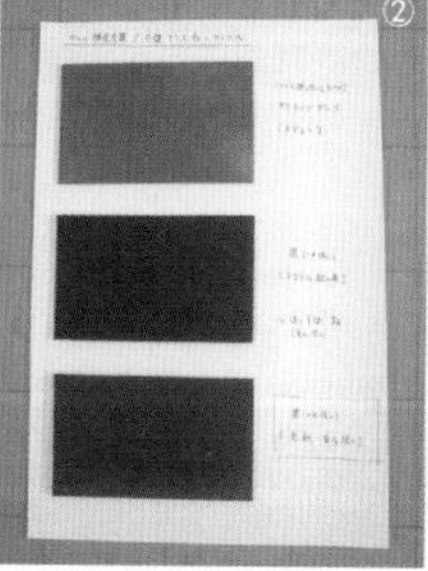

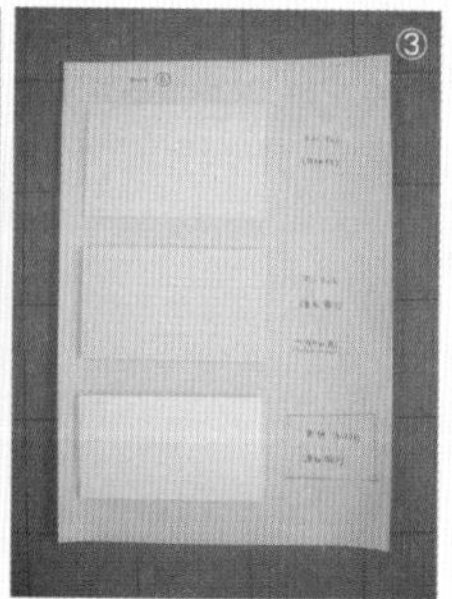

❺ 制作外墙

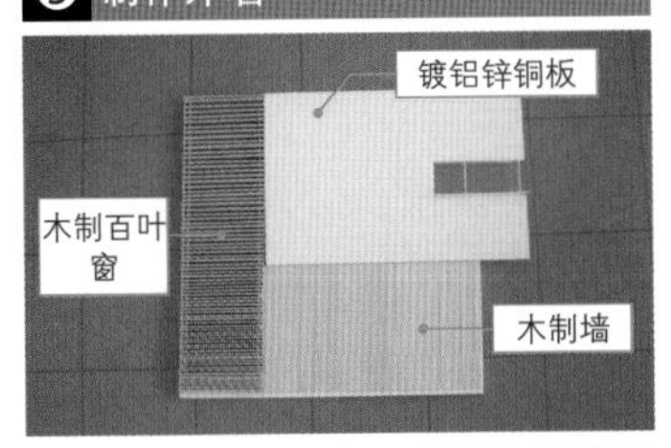

· 通过对外墙的细节深化可以获得和实际的建筑更接近的展现效果。这里将解说一下木制百叶窗、木制墙、镀铝锌铜板（白色）的表现方法

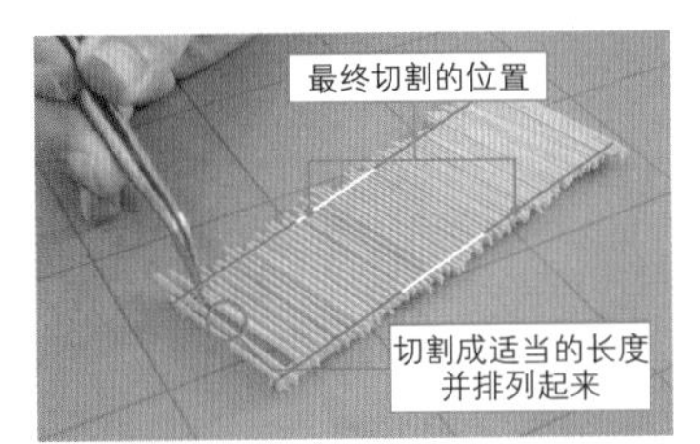

· 制作木制百叶窗。将剪到木制百叶窗高度的桧木方棒（2mm×0.5mm）排列到适宜的位置，在上面用木工胶等间隔地粘上

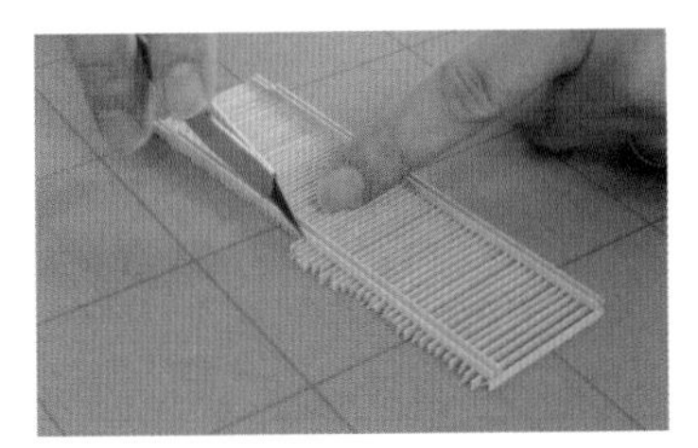

· 待木工胶干透后用美工刀把超出框架部分的方棒切除就算完成了。切断方形材料的时候，在对象的正上方将美工刀垂直切下切口会比较美观

· 制作贴板墙面。在聚苯乙烯板制成的基板上贴上粗略切割过的桧木方（2mm×0.5mm）。这时候将不同颜色的方棒排列一下的话可以增加真实感

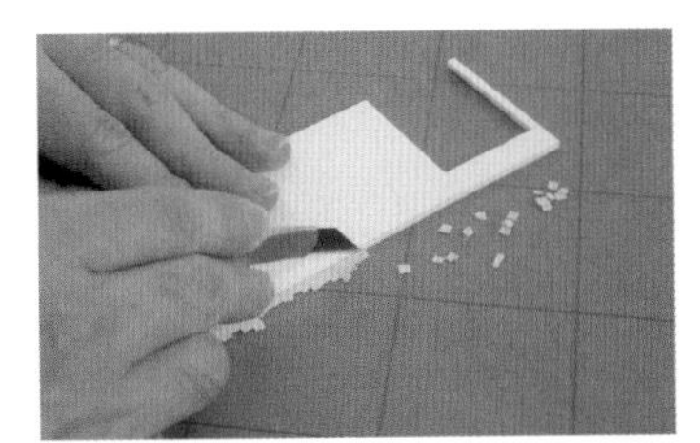

· 将多出聚苯乙烯基板部分的方棒从背面用美工刀切除。这时候不要尝试一次切割完成，可以分 2~3 次来细切方形材料

· 制作外墙使用的镀铝锌铜板（白色）。要再现镀铝锌铜板的材质的时候，需要使用白色的肯特纸。首先将背面贴好双面胶的肯特纸切成 5mm 宽的长条

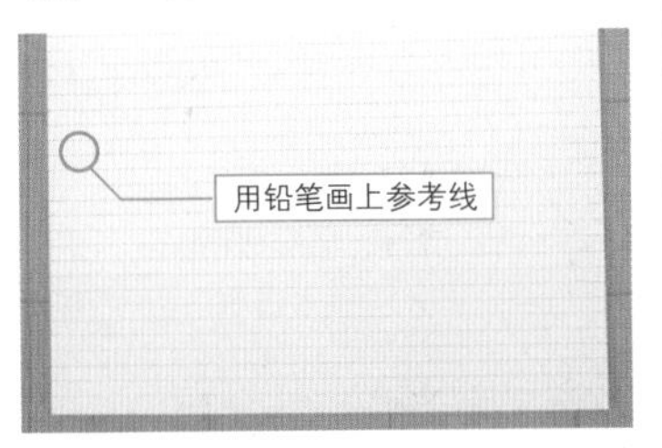

· 在用作于外墙基板的聚苯乙烯板上，用铅笔画出粘贴肯特纸所用的参考线。由于外墙的效果好坏会直接影响人们对模型的整体印象，所以画参考线时请务必慎重（也可以只在两端画上印记）

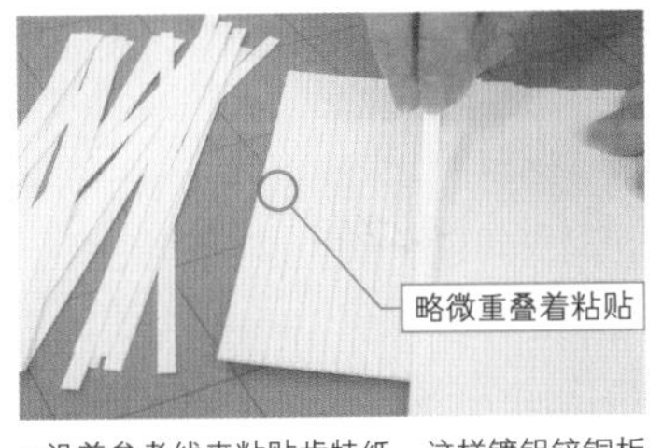

· 沿着参考线来粘贴肯特纸，这样镀铝锌铜板墙就算完成了。白色的外墙上稍微有点污渍就会影响到模型的整体感觉，因此在制作过程中一定要注意不要弄脏

❻ 制作采光通风口、窗户

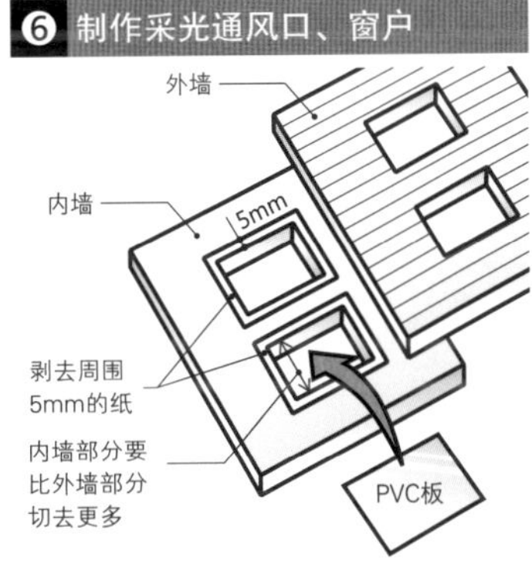

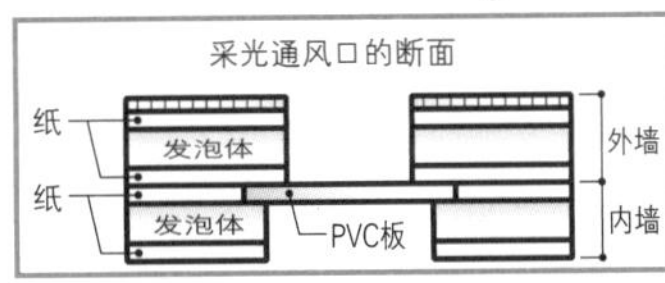

· 外墙需要使用两张聚苯乙烯板贴合来做成。首先剥去内侧采光通风口周围 5mm 的纸，并贴上 PVC 板。这里的 PVC 板切割时需要比采光通风口边框大 5mm，用以填补内侧剥去纸的部分

· 在两张墙的中间夹着 PVC 板并黏合。使用喷胶 77 来作为黏合剂。这里的外墙表面一侧的采光通风口切开得略小一点的话可以有效遮住内侧采光通风口的切割面

· 不想展示内部效果的窗户可以使用半透明的 PVC 板制作。这部分的窗户也可以使用图纸或半透明的丙烯酸树脂板来代替

· 在模型完成后，如需拍摄内部效果以及隔着窗口看到的室内景象时，也可以简化表现，刻意性地在开口部不加工

❼ 组装墙面

· 将步骤④制作的地面粘贴在用作地基的聚苯乙烯板上。粘贴完 1 楼的地面部分后，组装上隔墙和外墙。墙壁可以切割得稍微大一点，在组装的时候可以通过切割来微调

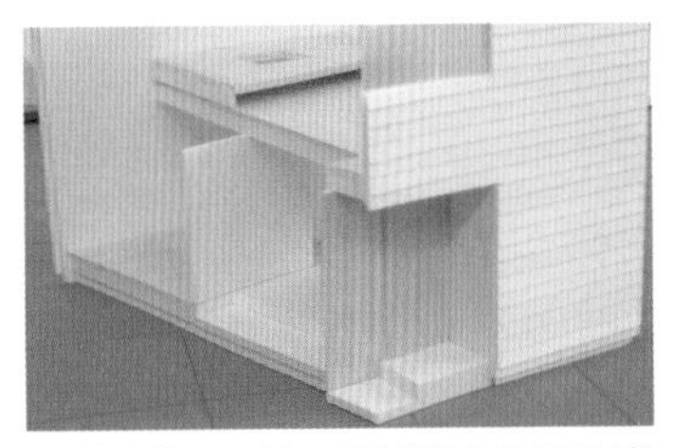

· 2 楼的地面可以在一面墙壁竖立起来后以其为参考安装。门之类的部件在 2 楼的地面安装完成后通过测量模型的房顶高度来安装，这样可以很方便地进行模型尺寸的比例微调

❽ 制作屋顶、阁楼

· 安装压顶。压顶用厚纸板来表现，不要一条边一条边制作，直接一次性做成四边形框

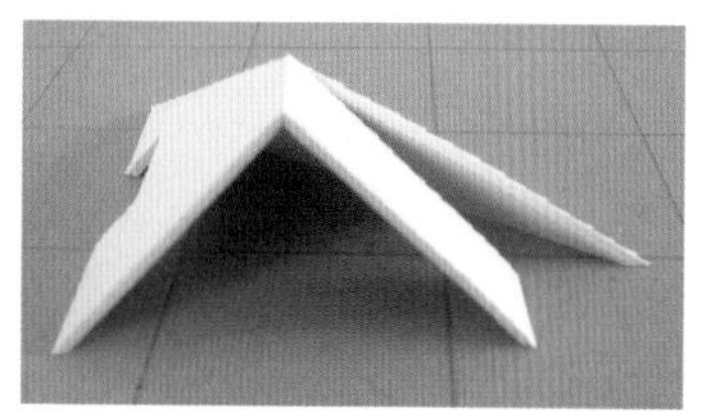

· 制作阁楼部分的屋顶。把到步骤⑦为止所做的模型与根据图纸剪下来的部分叠加在一起，边微调边组装

· 在阁楼部分的屋顶上安装椽子。椽子部分使用桧木方棒（5mm×1mm）制成。预先切出需要的长度然后使用木工胶粘上

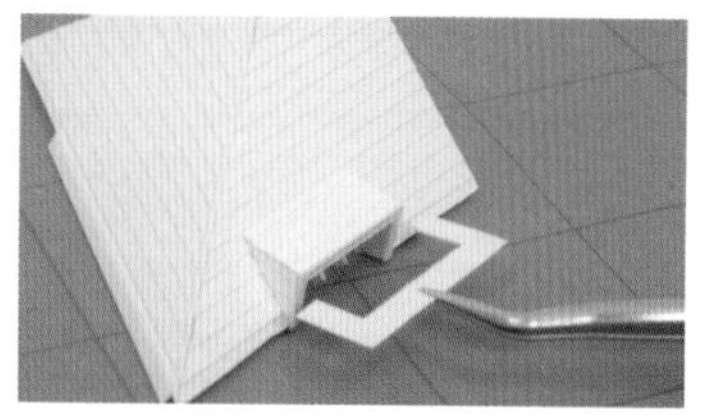

· 在阁楼的屋顶上安装飘窗檐。根据飘窗的大小裁剪出“コ”字形的厚纸板，当做飘窗檐。使用聚苯乙烯胶来黏结

❾ 制作细节部分——台阶、厨房、家居

· 制作台阶。用轻木板按照一级一级台阶的大小精细裁切出来。使用木工胶来黏结。轻木板由于重量比较轻，故可以使用木工胶只黏结一边

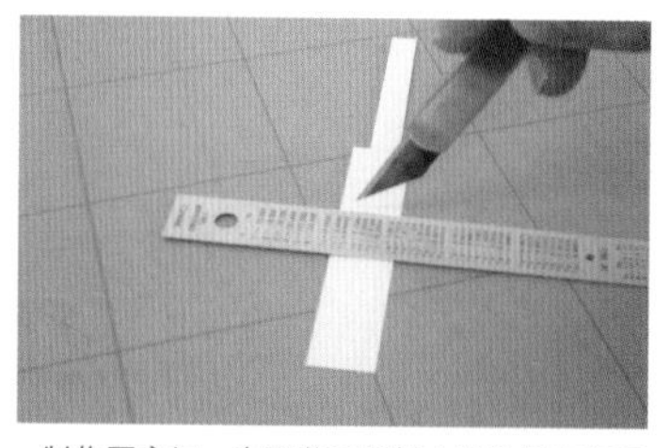

· 制作厨房门。在聚苯乙烯板上粘贴厚纸板用以表现厨房。细节部分使用刀背刻出线条来表现

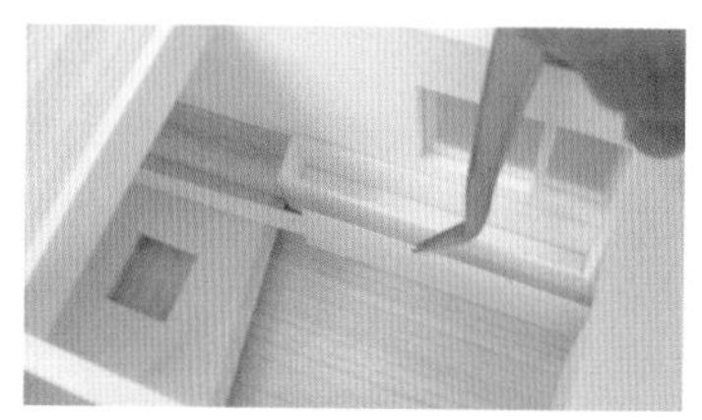

· 安装厨房门的部分。使用聚苯乙烯胶黏结。黏结细节部分的部件时，尖头的镊子十分好用

· 厨房的台板使用轻木板、水槽使用肯特纸，不锈钢的部分使用其他素材。如果再现了原本颜色的话，彩色的部分会变得过于显眼，因此要避免这种情况发生

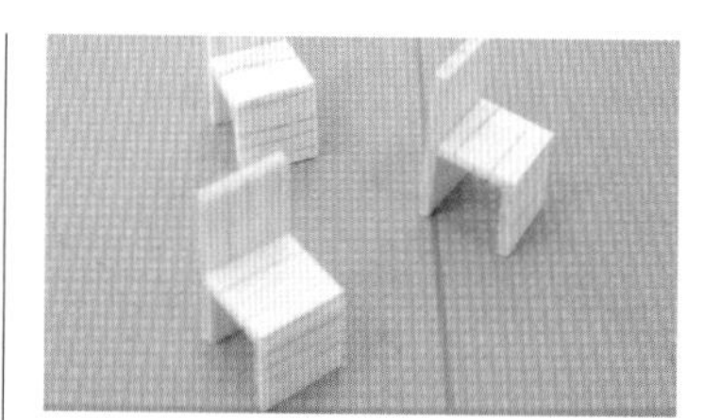

· 制作椅子。使用轻木板（0.5mm 厚）来制作背板、坐垫、支脚，并组装起来。家具需要根据模型的整体印象来选定素材和形状，制作出与各个模型相匹配的款式

· 制作餐桌。台板使用轻木板、桌脚使用桧木方棒（1mm×1mm）做成。通过适当摆放椅子和桌子这类家具也可以体现出模型的比例感来

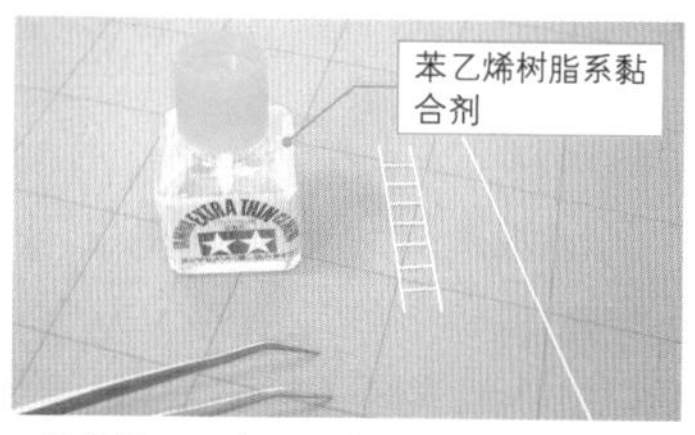

· 制作梯子。金属的梯子可以使用塑料棒（Ø1mm）来制作。没有合适尺寸的塑料棒的时候，使用稍微细一点的材料来制作，也可以表现出明快的感觉。使用快干性的苯乙烯系树脂系黏合剂来黏结

· 制作屋顶扶手。使用塑料棒（Ø1mm）来表现。塑料棒可以用手轻松弯折，因此只需要剪成需要的长度然后弯折即可。使用速效胶接剂来黏结

PICK UP 贴合比例的厚度调整法

图 阁楼部分的断面图

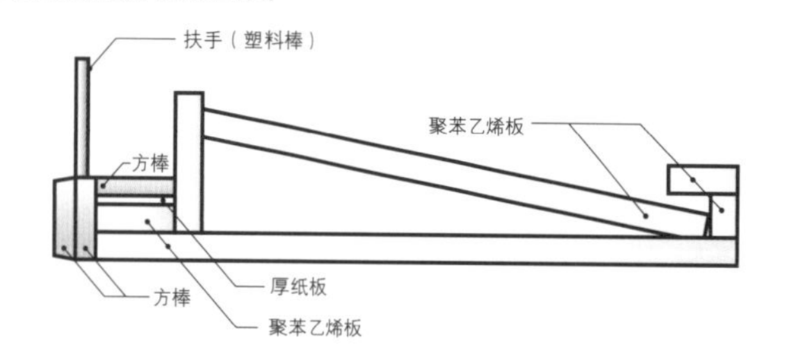

制作是伴随着对模型材料向着比例尺寸无限接近的调整过程进行的。以阁楼部分为例。乍一看方棒和塑料棒是重叠的，但实际上是在两张 3mm 厚的聚苯乙烯板和 1mm 厚的方棒间夹着 0.5mm 厚的厚纸板制成的。厚度的调整像这样可以活用于其他聚苯乙烯板以外的板材来完成。

⑩ 制作外围部分——篱笆、外部构造

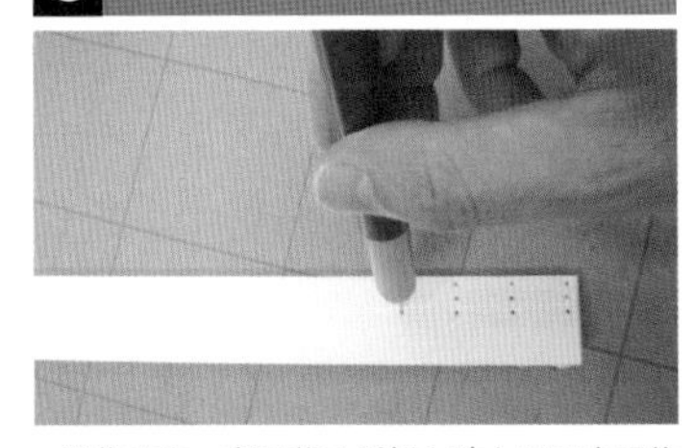

· 制作篱笆。在聚苯乙烯板上贴上用于表现纹理的厚纸板，用铁头笔刻出实际表现篱笆形状的刻线。之后再用锥子钻孔做细节加工

· 将篱笆安装在施工地基和临接地面的边界线部分。使用聚苯乙烯胶黏结

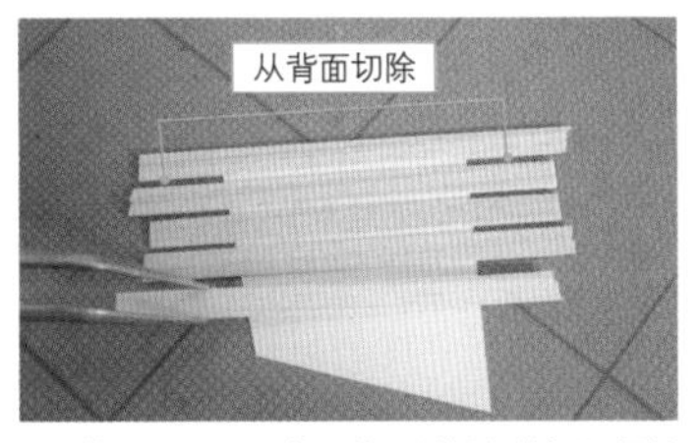

· 制作外部构造。在聚苯乙烯板上等间距摆放桧木方棒（2mm×0.5mm），从背面将多余部分切除。使用聚苯乙烯胶来粘贴的话在干透之前还可以做一些微调，十分方便

· 将篱笆和外部构造都安装到地基上。通过对屋外部分的细节制作，提高了模型的写实度

⑪ 制作植栽——两种灌木

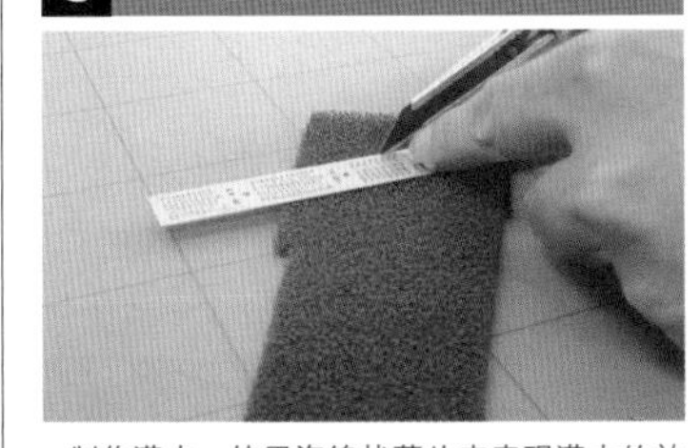

· 制作灌木。使用海绵状薄片来表现灌木的效果。在切断海绵状薄片的时候，将美工刀垂直插入后，一点一点切割效果会比较好。在表现草坪的时候为了降低高度可以使用粉末来制作

· 使用聚苯乙烯胶黏结。在必要的几个地方粘贴上制作好的植栽

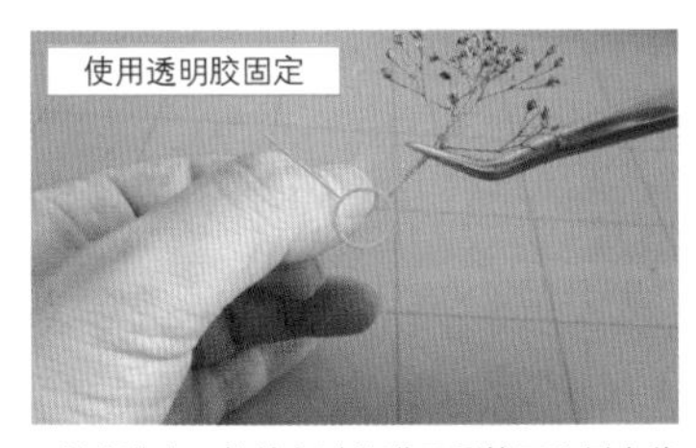

· 制作灌木。将着色过的满天星按照比例来裁切到合适大小，将几根合并在一起并用透明胶带卷住根部固定。配合模型整体的平衡感来对树枝形状作调整

· 在海绵状薄片上用锥子开孔方便灌木固定。在开孔内滴入聚苯乙烯胶，并将树木固定到草坪上，植栽部分就完成了

⑫ 调整相邻地面的高低

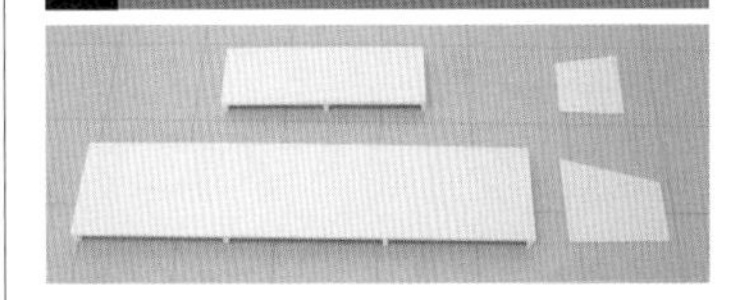

· 在地基上粘贴临接地面的部分。临接地面可以用聚苯乙烯板（2mm 厚）来拔高侧面地面，在内部装入 2 ~ 3 根辅助骨架

· 表现临接地面的高低差。施工地基和临接地面有高低差的时候，不仅要使用和前方道路不同颜色的 Rasha 纸，还要使用聚苯乙烯板来调整高度

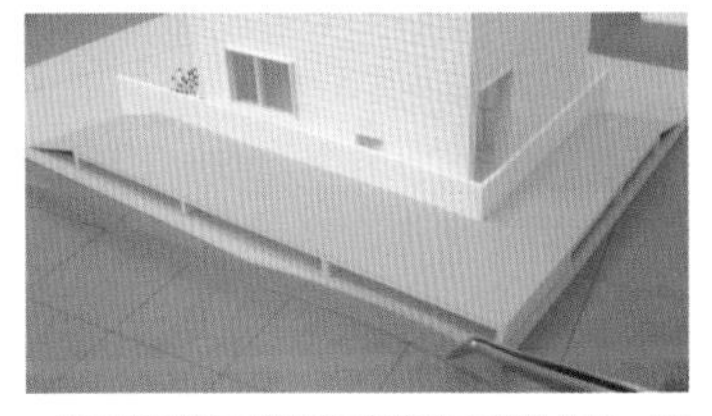

· 用于表现前方道路和临接地面部分的纸，要选择对于模型来说比较收敛的颜色。在比地基高出来一段距离的临接地面侧面所露出来的断面上也要贴上纸来掩盖。主要目的是方便观察临接地面的高度差和形状等

⑬ 完成

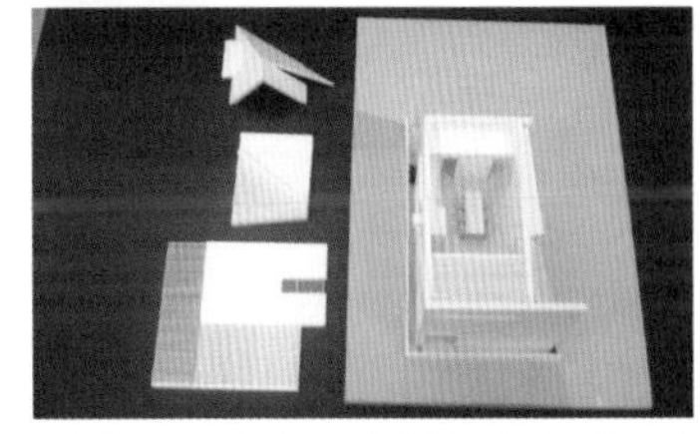

· 完成后要再次确认各部件是否齐全。并且考量各个部分表现效果是否适当，有不妥的地方需要再修整

模型完成时的 Check Point

用于确认是否将原本意图表现出来

- □ 各部件的颜色、材质是否符合模型整体的印象？
- □ 整体效果是否明快？
- □ 接合部是否有明显的缝隙？
- □ 可脱卸部分是否完美加工过？
- □ 有没有忘记制作的部件？
- □ 外墙材料等需要讨论的地方是否经过讨论？

进阶的白模制作技术

**对于模型制作从业人员来说，有效率地制作模型是一项必要的技能。
这一章节将会对不需要施以着色和复杂加工的“白模”制作技术做全面解说，
同时对失败时的修补方法和一些小技巧做详细介绍。**

明确制作目的

制作白模有什么优势？

白模，其字面意思是用于讨论空间构造而制作的无着色模型。不仅仅对于设计者，对于建筑委托方和施工者来说也是一个便于理解建筑实体的有效工具，因此很多设计事务所将制作白模作为设计中很重要的一环。

这次针对细节部分的深化加工，以 1:50 并且 1 楼和 2 楼可以分开的白模为例，讲解一下制作的流程和技术。

简略化的技巧

通过有意识地省略掉素材的质感和色彩部分，从而缩短制作时间这一点也是白模的一个优势。为了提高工作效率，有时候有意识地简略化一些表现手法也是一种重要的技术。

比如即便将用于辨别采光通风口的门和玻璃以及家具类等省略去，也不会对白模整体表现造成大的影响。墙的厚度用板材的厚度来表现也是一种实用手法。通过适当简化几个部分的展现，可以将制作白模的时间压缩到最低。

制作白模的流程

台阶、窗户、天窗等细节部分的深化加工顺序可以根据需要改变。1 楼部分和 2 楼部分如果是可脱卸的话可以把地面和外墙组装起来并虚接合（第⑤步），用以观察整体的形象。没有失误的话，就将地面和外墙重新分开（第⑥步）并按适当的高度把 1 层和 2 层切分开。之后再分别对 1 层和 2 层部分进行安装作业（第⑦步）。

① 准备好图纸、材料
② 制作地基
③ 制作地面
④ 制作墙壁
⑤ 组装地面、墙壁
⑥ 拆分
⑦ 制作 1 楼的内部
⑧ 制作 2 楼的内墙和台阶
⑨ 制作细节部分
⑩ 制作窗户
⑪ 制作屋顶和天窗
⑫ 黏结地基和建筑
⑬ 制作人物和车辆模型
⑭ 完成

准备图纸

・制作白模的时候，先将平面图和布局图粘贴在聚苯乙烯板上，为了方便粘贴需要处理过的图纸

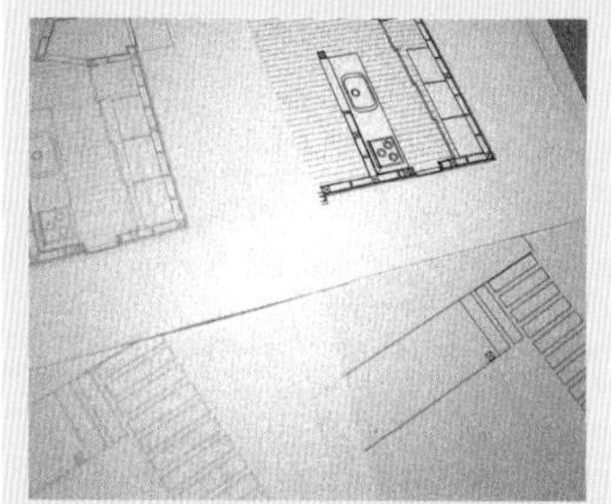

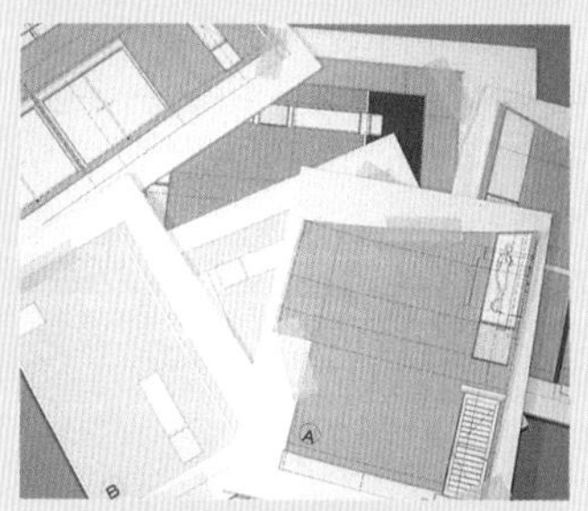

・使用 CAD 处理模型图纸的话，可以预先把不需要的信息都删除。如果担心图纸留下的线会对白模整体印象造成影响，可以将 CAD 里面的线调整透明度来打印

准备道具・材料

道具

美工刀、塑料切割刀、美工垫板、手持式热切割器、直角尺、双边刻度直角尺、刀片折断器、镊子、样板纸、砂纸

材料

聚苯乙烯板：1mm、2mm、3mm、4mm 厚
纸：肯特纸（白色）、复印纸
PVC 板：0.5mm 厚挤塑聚苯乙烯泡沫板
植 栽 类：满天星、用来制作花卉的金属丝
黏合剂类：聚苯乙烯胶、双面胶、胶带纸、喷胶 55、喷胶 77
图 纸 类：布局图、各层平面图、立面图、断面图

❶ 准备好图纸、材料

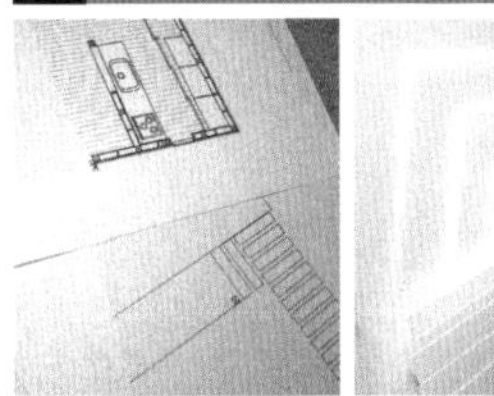

・将平面图和布局图上的文字整理好，删除不需要的信息。确认一下制作白模所需要的部分，准备好需要使用的道具、材料等

❷ 制作地基

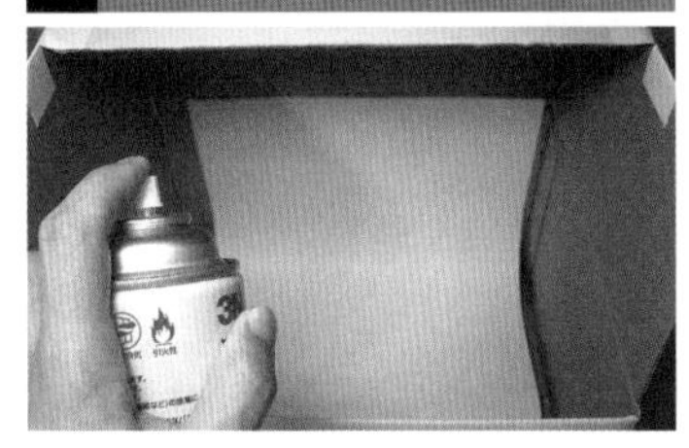

・用喷胶将布局图粘在聚苯乙烯板上。喷胶要从 30cm 外对需要喷涂的对象喷涂。在制作喷涂用的小空间的同时也要注意房间的空气流通

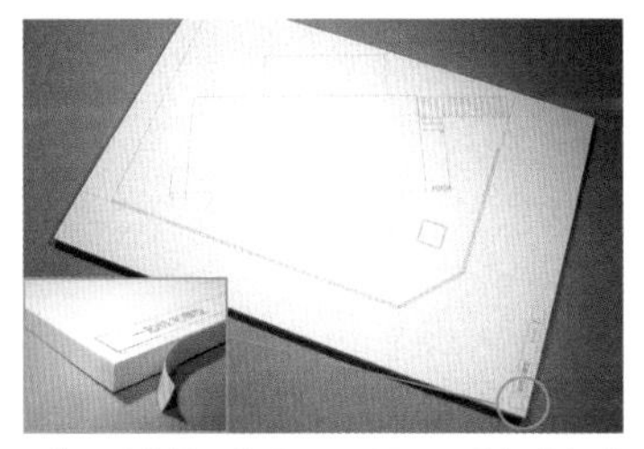

・为了让地基更美观，可以用双面胶把裁切成聚苯乙烯板厚度那样的复印纸条贴在切口处，用以遮蔽地基的侧面（也可以用装订胶带）

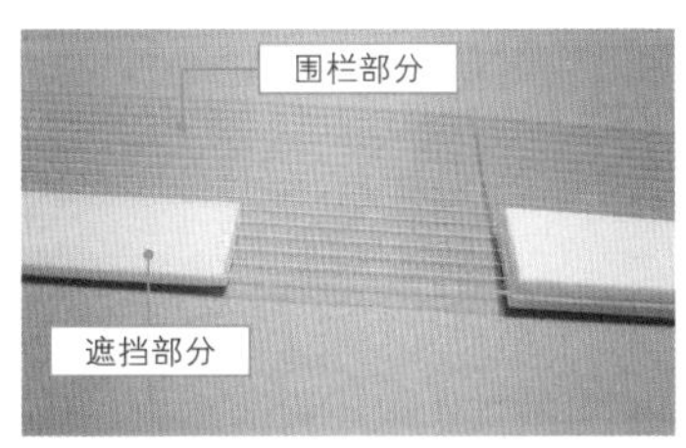

・篱笆的围栏用 PVC 板，遮挡部分用聚苯乙烯来表现。围栏的线条用塑料切割刀在 PVC 板上划线来表现

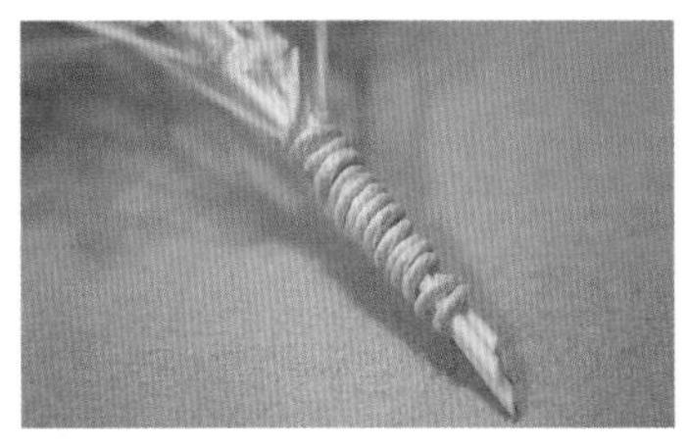

・植栽可以用金属丝把满天星扎起来制成。根据模型的整体效果来调节满天星的数量。根部斜向切割以方便插入地基

❸ 制作地面

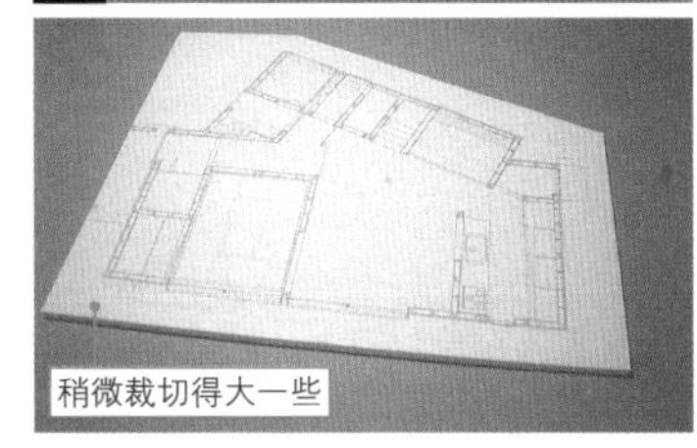

・有时候地面厚度需要 1cm，就不得不把两张 5mm 厚的聚苯乙烯板黏合起来。板材太厚切口可能会不太好看，因此最好一张一张分开来切割

・由于要在地面外侧粘贴墙面，考虑到墙壁的厚度，切割地面的时候要裁小一圈。以作为墙壁使用的聚苯乙烯板作为参考物，切去墙壁厚度的部分

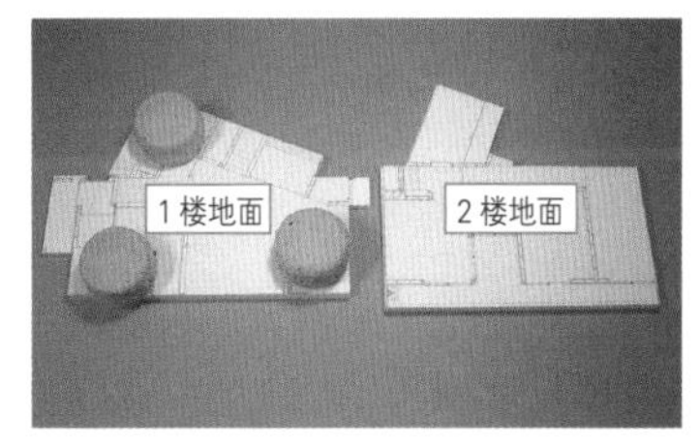

・将切割好的两张地面黏合。使用双面胶的话就不可以作调整了。要注意使用聚苯乙烯胶的话，需要用重物压住静置。否则干透之后板材会翘起来

・观察断面，如果发现聚苯乙烯板的黏合部分有山形凸起的话，需要用锉刀磨平来减少误差

❹ 制作墙壁

・选择和墙壁厚度相近的聚苯乙烯板，用胶带纸（临时粘贴胶带）贴上立面图。一边留意转角部分一边切割出所需形状

・架在地面上的墙壁要切去地面厚度的部分

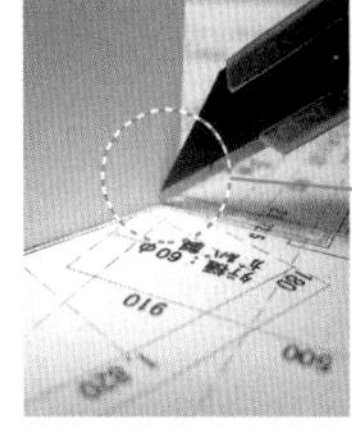
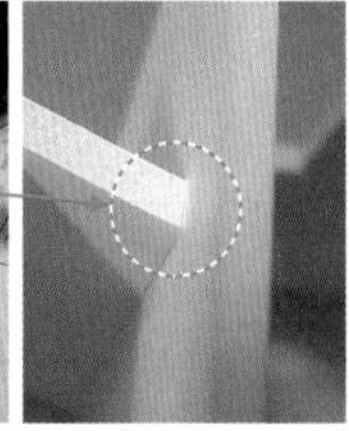

・斜向相交的墙壁和屋顶要照着图纸在内部和外部做好标记后从两面刻入。山形拱起的部分要用锉刀来修整，使得墙壁可以斜向相交接合

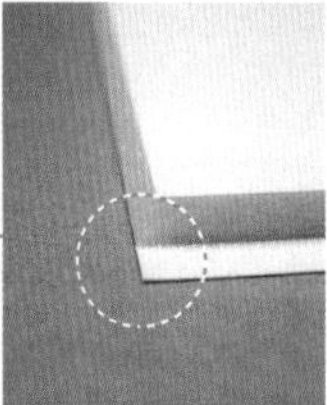

・外角和内角的部分，需要在一侧的聚苯乙烯板留下部分纸（只留一面纸，参考 51 页），这样把另一部分遮起来看上去会比较美观。这时候可以用双面刻度直角尺等的背部刮去纸上残留的聚苯乙烯

❺ 组装地面、墙壁

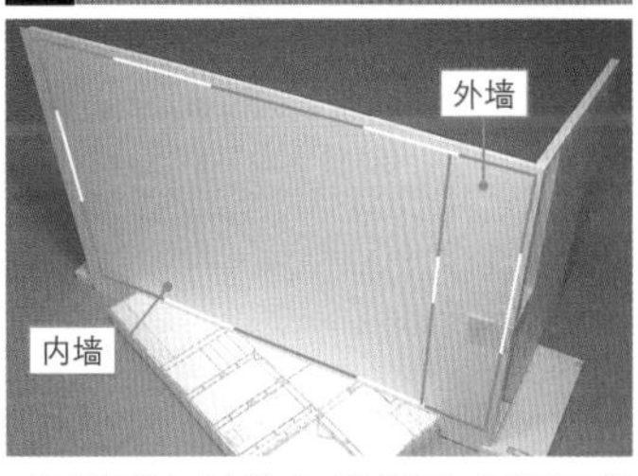

・将步骤④之前制作完成的地面和墙壁部分组装起来，使用胶带纸临时粘贴起来。内墙和外墙连在一起的时候先不要切割，保持临时粘贴的状态

・整体临时粘贴的状态。1 楼和 2 楼部分需要做成可分拆结构的时候，可以一面墙一面墙来切割并依次组合起来看一下模型是否没有问题，之后再将 1 楼和 2 楼部分切分开

❻ 拆分

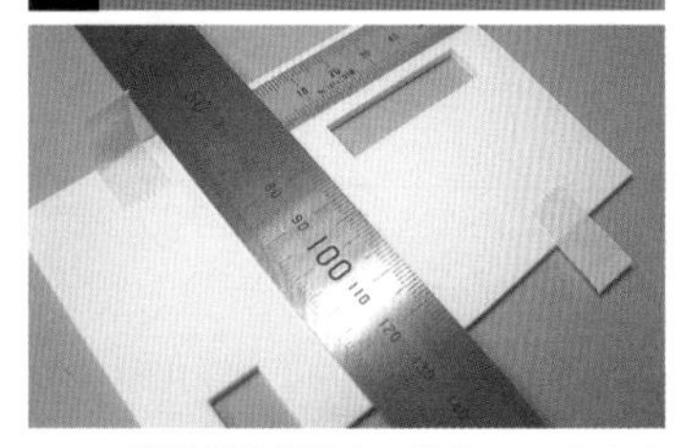

・1、2 楼的拆解线要比 1 楼高 2mm 左右来切割。这样 2 楼的地面就可以镶嵌在 1 楼的墙壁间了

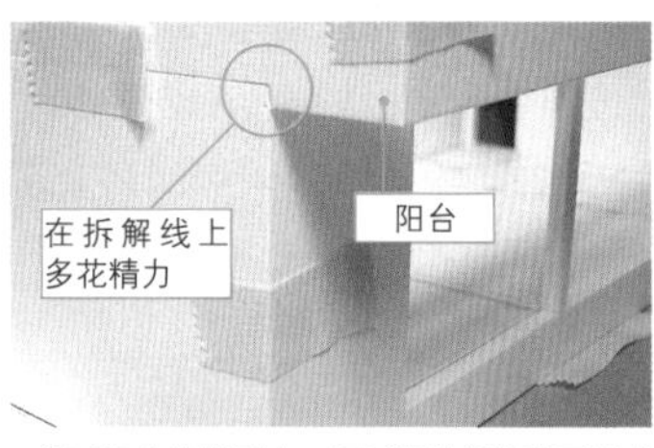

・单面阳台的模型上，通过调整拆接线可以减少外观上多余的切断部分

❼ 制作 1 楼的内部

・准备和隔墙差不多厚的聚苯乙烯板，根据屋顶的高度切割好之后，确认一下隔墙的大小和采光部分的位置来切出各部件

・和外墙一同接合到地面上。外墙可以切割得比实际需要大一点，这样可以在需要减少外墙和隔墙接合部分的缝隙时微调

❽ 制作 2 楼的内墙和台阶

・和 1 楼一样切割出 2 楼高度的部件。屋顶有梯度的时候需要根据立面图制作 2 楼地面以上外墙，并依次切去外墙、屋顶、天花板厚度的聚苯乙烯板

・一面要留意中庭部分和扶手的高度，一面对和外壁连成一体的内壁做加工。同时也要注意为安装楼梯而设置的采光部分和 1 楼顶棚的位置关系

・在聚苯乙烯板上粘贴上厚纸和 1mm 的板材使其接近台阶一级的高度。在内侧贴上双面胶，和内墙一样切割成台阶宽度所需的长细条，留好余量一段一段切割成型

・台阶制作到一半的时候，查看一下高度是否有偏差可以防止失败。按照 1 楼和 2 楼的拆解位置调整台阶的粘贴方式会比较好

❾ 制作细节部分

・需要制作门或者拉门的时候，尽量做成打开的状态使得内外部都可以看得透彻一些

・厨房和浴缸可以用喷胶把准备好的图纸粘贴在高度和宽度调整好的聚苯乙烯板材零件上，放置到模型内。高度可以用聚苯乙烯板重叠粘贴来调整

❿ 制作窗户

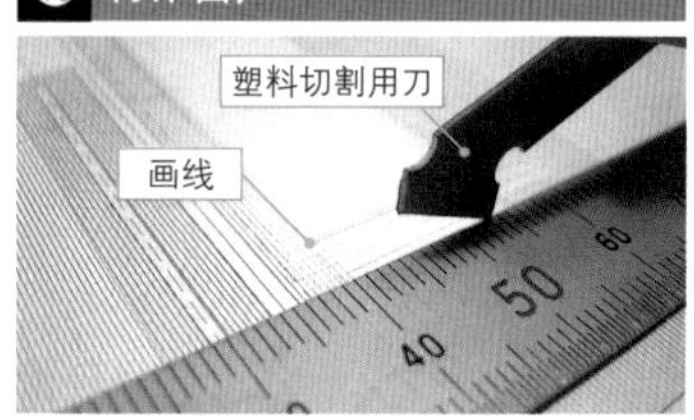

・表现窗户效果可以用 PVC 板。在立面图上贴上弱粘性双面胶，在上面放置 PVC 板，用塑料切割用刀画线来表现出细节

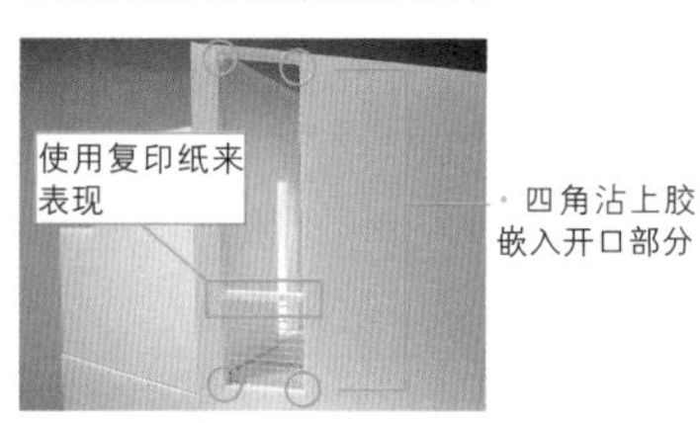

・需要表现出窗扇的时候，可以将贴上双面胶的肯特纸粘在 PVC 板上来表现。要注意在 PVC 板的四角上沾胶时不要太过显眼

PICK UP 需要紧密贴合的地方出现裂缝了——遇上麻烦时的修整技巧

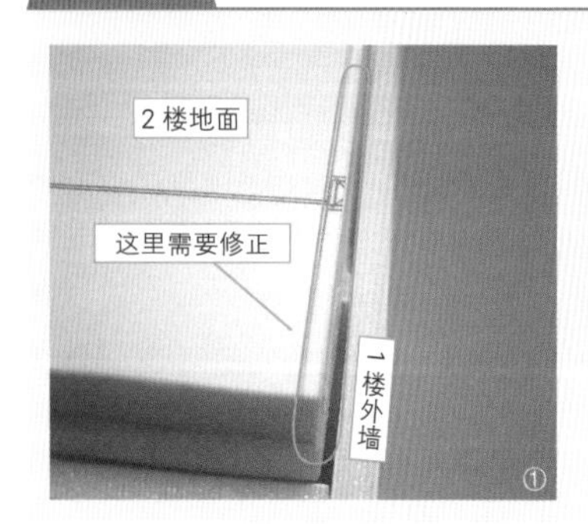

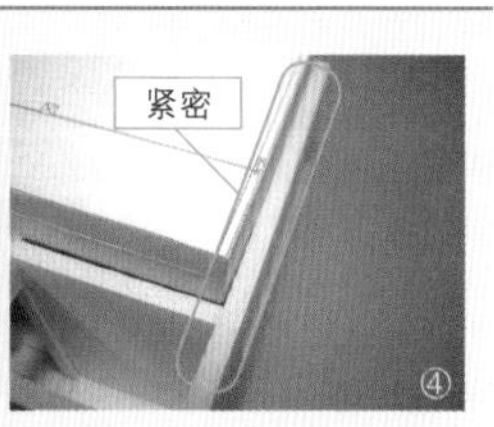

在照片①中，将 2 楼的地面架到 1 楼隔墙上时产生了缝隙而需要修整。在照片②中，在复印纸和肯特纸的内侧贴上双面胶。照片③中将制成的带双面胶的条状复印纸切成地面厚度的大小，贴在产生缝隙的地面的侧面。照片④中贴上的纸能填补缝隙的话就算修整完成了。相反的，如果地面尺寸略大而无法嵌入需要放入的地方时，可以用砂纸来对尺寸做微调。

⑪ 制作屋顶和天窗

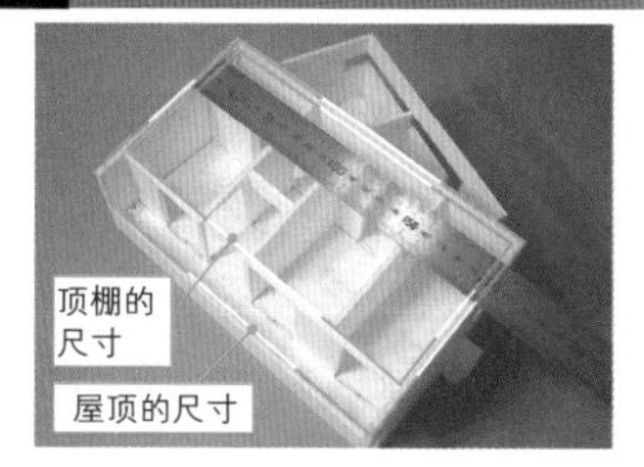

· 根据模型实际测量屋顶的外部大小和顶棚的内部大小并做出调整。檐口板等有角度部分的切割按照步骤④的要领来制作

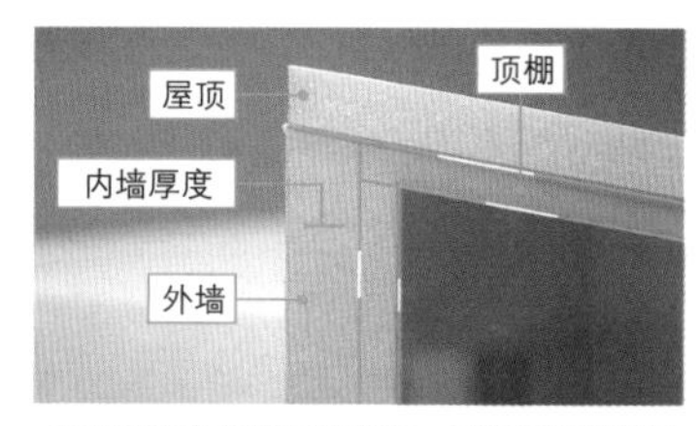

· 由于 2 楼外墙比屋顶要高，屋顶和天花板接合的部分可以嵌入外壁形成牢固的形态

· 开好天窗的状态。根据屋顶框架图来开天窗的时候要注意天窗的切面。一部分也要比图纸上略小，配合顶棚的梯度来斜向切割

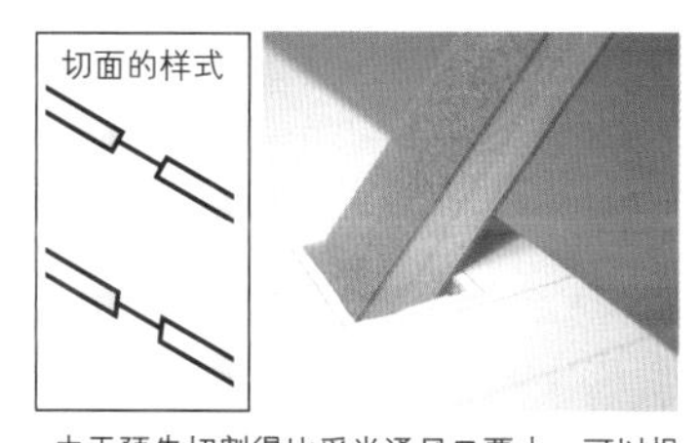

· 由于预先切割得比采光通风口要小，可以根据开口部大小裁切出来聚苯乙烯板，在板上贴上砂纸来打磨并进行尺寸的微调

· 在天窗开孔的侧面，可以将切成聚苯乙烯板厚度的复印纸内侧贴上双面胶粘上。这样可以使得切口部看上去更干净

· 屋顶和天窗就完成了。需要在天窗里放入 PVC 板的时候，可以在 PVC 板外侧用双面胶贴上复印纸来表现窗扇，并在内侧小心贴上双面胶来接合，注意双面胶不要露出到表面

⑫ 黏结地基和建筑

· 将步骤⑩之前完成的外部构造、植栽、建筑等模型都粘合好。地基使用聚苯乙烯胶粘合，但是由于聚苯乙烯胶并非快干胶，因此要用重物压住等到完全干透后使用

⑬ 制作人物和车辆模型

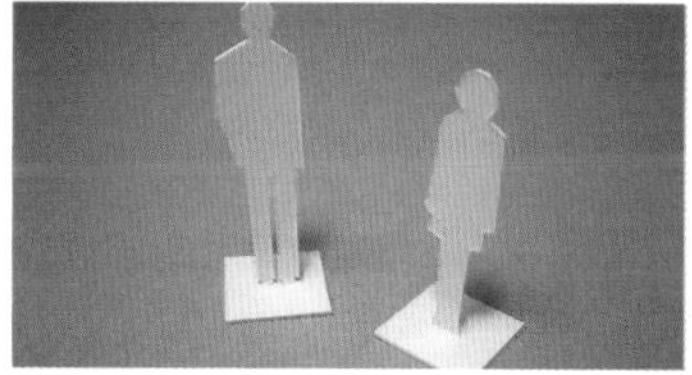

· 使用 CAD 数据来制成人物模型。贴在厚纸上裁切出来。在脚部做一些辅助物可以使其站立

· 车辆使用挤塑聚苯乙烯泡沫板来表现。为了切割挤塑聚苯乙烯泡沫板，要预先准备同种车辆的两张打印图纸

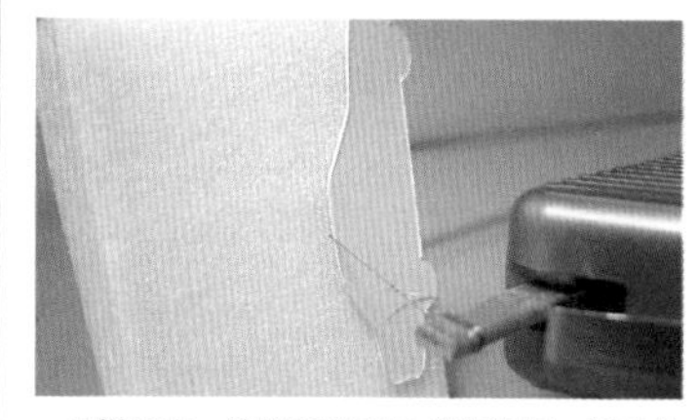

· 用样纸夹一块挤塑聚苯乙烯泡沫板，用手持的热切割器来照着形状切割。认真仔细加工以减少失误。可以一次制作多个模型

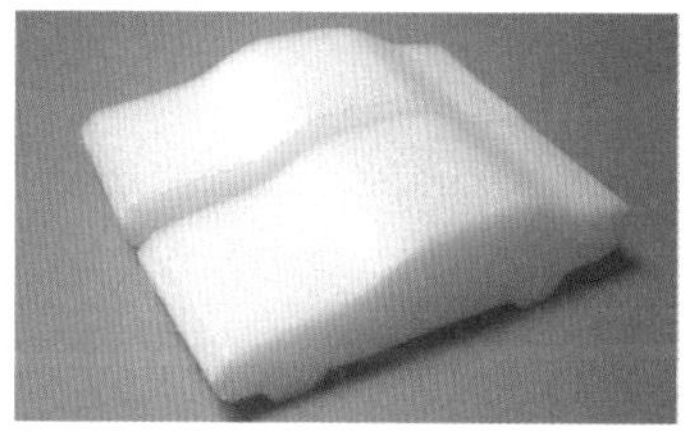

· 车辆模型完成。使用锉刀打磨使其边角圆润会更有真实感。也可以以房主实际拥有的车辆为蓝本制作模型

⑭ 完成

· 白模制作完成。为了体现出比例感，适当搭配人物和车辆模型。观察整体的平衡感，如有需要则再做微调

模型完成时的 Check Point

确认整体的平衡感

- □ 有没有显眼的污渍和切面？
- □ 细节深化和省略部分的选择是否合适？
- □ 设计的矛盾点是否消除？
- □ 是否有制作用于表达比例感的物件：人物、车辆、植栽模型？
- □ 空间构成是否准确无误地传达出来？

模型制作的基本流程全面解说③

框架模型制作技术

无论是从三维的角度全面观察模型构造，还是用于施工现场的说明来提高工作效率，制作框架模型是必不可缺的。
这一章节对省去了关节、支撑件的具体形状和五金部件等，
1:50 的框架模型的制作方法来做详细解说。

框架模型的制作流程

有时候为了提高模型的精度也会先制作楼板骨架，模型的制作顺序也可以按照实际的建筑顺序来调整。按照基础、地基、1 楼地面、1 楼支柱、2 楼地面、2 楼支柱、屋架、椽子的顺序来完成。

① 切割材料
② 制作地基
③ 组装楼板骨架
④ 竖立支柱
⑤ 组装屋架
⑥ 架上椽子
⑦ 完成

准备道具、材料

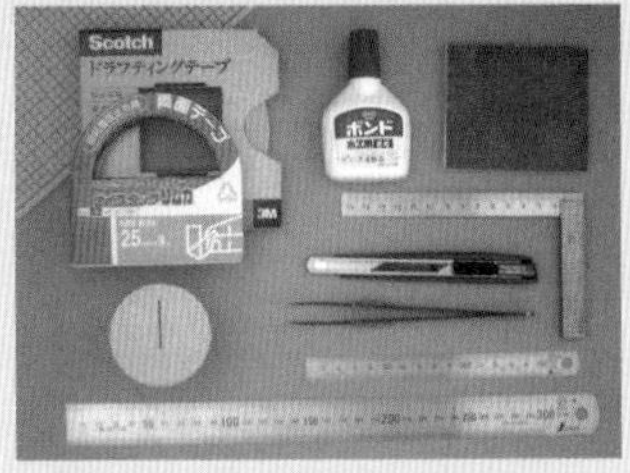

道具

美工刀、美工垫板、直角尺、双边刻度直角尺、刀片折断器、砂纸（粗号）、镊子

材料

聚苯乙烯板（地基用）
桧木方棒： 1mm×2mm、1mm×3mm、2mm×2mm、2mm×3mm、2mm×4mm、2mm×5mm
轻木板： 0.5mm 厚
黏合剂类： 木工胶、双面胶（弱黏合型）、胶带纸
图纸类： 各种框架图（除地基框架图外均翻转打印）、轴组图

得到所需材料的尺寸

· 没有合适尺寸的桧木方棒的时候，可以使用大小相近的其他材料替换。在 1:50 的模型中 120mm 的方柱应当使用 2.4mm×2.4mm 的方棒，也可以使用 2mm×2mm 或 3mm×3mm 的方棒

材料比例变换（mm）

柱・束	105×105 → 2×2
	120×120 → 2×2※
角撑	45×90 → 1×2
梁・地基等	105×150 → 2×3
	105×180 → 2×3※
	105×210 → 2×4
	105×240 → 2×5
	105×270 → 2×5※
	105×300 → 2×6（2×5 + 2×1）
	120×240 → 2×5※
椽子	150×45 → 3×1

※ 使用 0.5mm 的轻木板粘贴调整

使用轻木板调整厚度

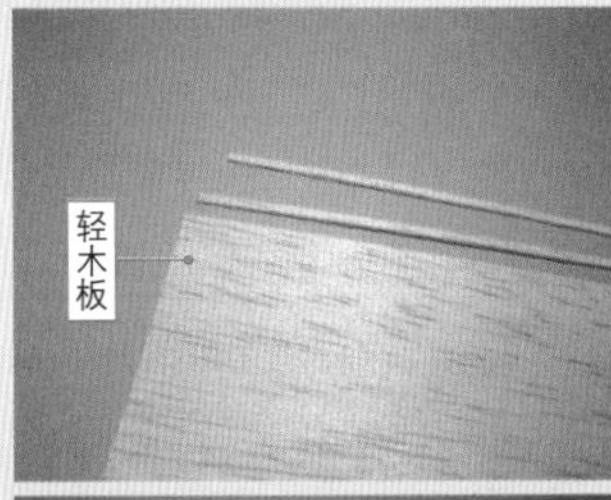

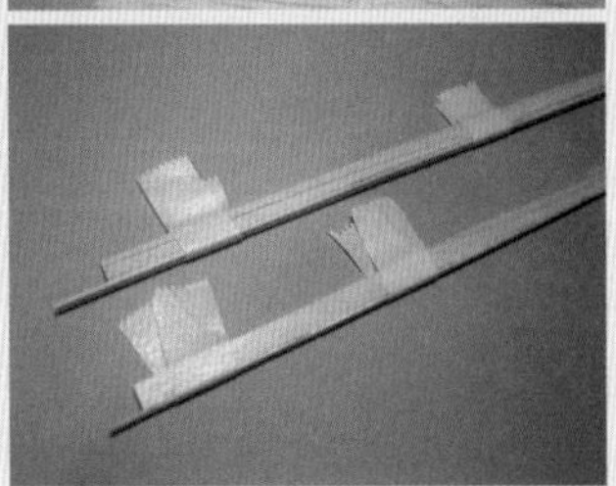

· 需要更高精度的时候，可以切割 0.5mm 厚的轻木板，用木工胶粘上桧木方棒来调整。多出来的胶用湿布擦拭，并用胶带纸粘贴静置

❶ 切割材料

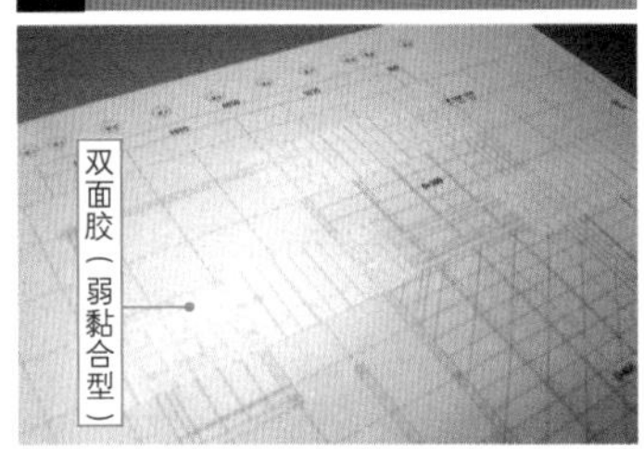

· 在框架图正面贴上弱黏合型双面胶，贴上所需大小的材料并切割。在框架图上放置两端粗细不一样的水平构件后，对齐下方。由于还需要对齐梁的上方，因此在 2 楼以上的框架图要用“底面朝上看得到”状态的翻转过的图纸

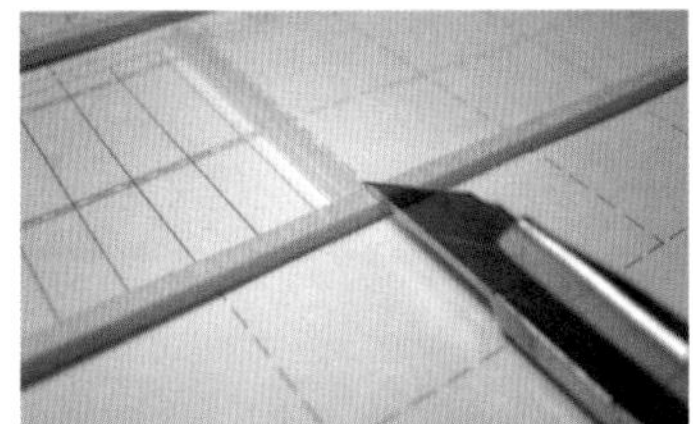

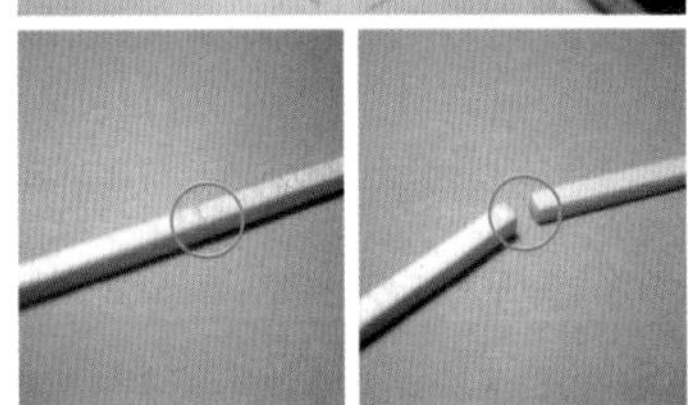

· 切割方棒的时候，先在框架图上用美工刀做好记号，一边翻转一边在四面刻上刻痕然后折断。材料的切面使用砂纸打磨修整

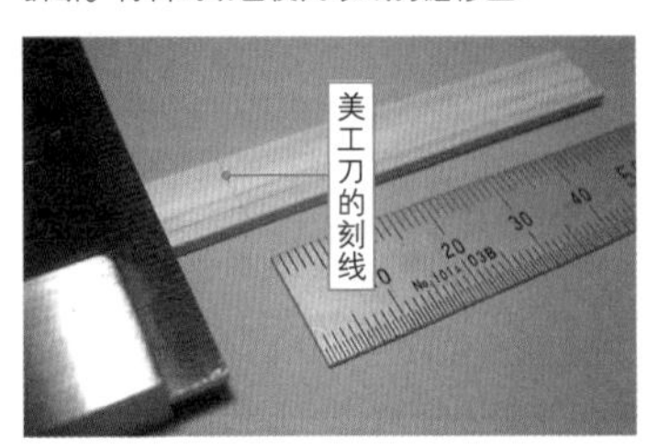

· 用于支柱的材料要尽可能减少误差，因此可以将同样长度的材料放在一起用美工刀刻线后一齐切断

❷ 制作地基

・这次要制作的模型虽然是箱式基础，但不需做成立面。可以使用聚苯乙烯板或者肯特纸来调整厚度，切割成地基框架图的形状并贴到地基的最高处。聚苯乙烯的纸要撕去，然后用喷胶来粘贴。多少会产生一点厚度变化，可以使用双面胶来调整。板材的切口用复印纸来遮蔽

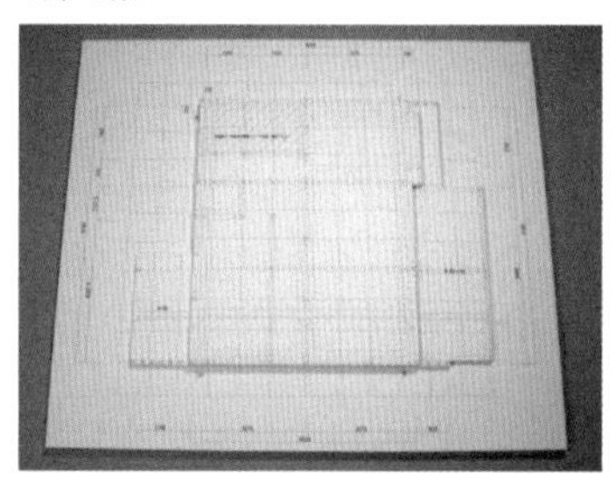

・在贴有地基框架图的聚苯乙烯板上贴上基础立面高度的板材，用作模型的底台

❸ 组装楼板骨架

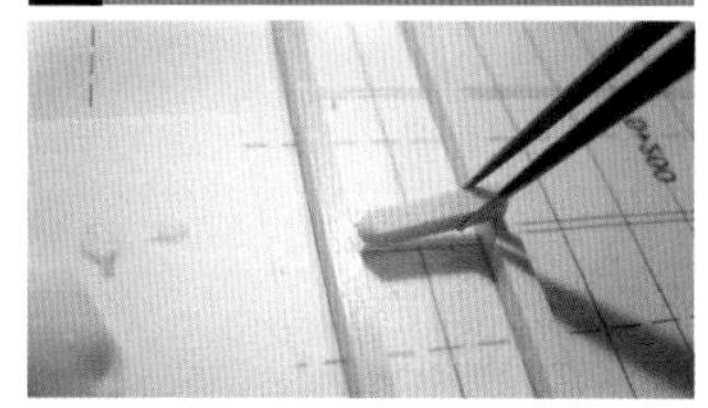

・将贴在地面框架图上的水平构件用木工胶黏合

・木工胶干透后慢慢仔细地从图纸上剥离

❹ 竖立支柱

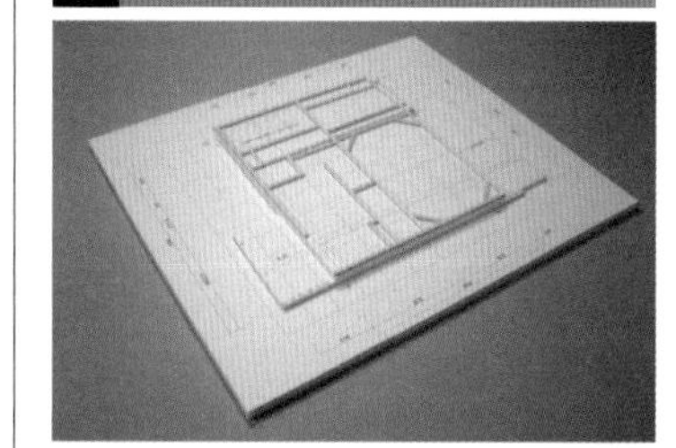

・在地基上贴上 1 楼楼板骨架

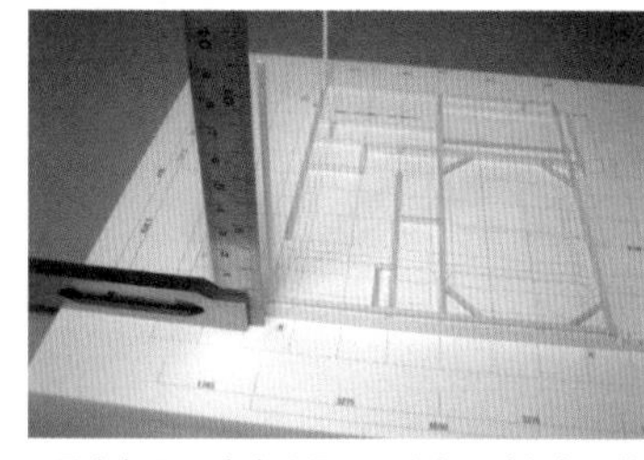

・用直角尺一边确认是否呈直角一边竖起立柱黏合。竖立的顺序为通天柱→管柱

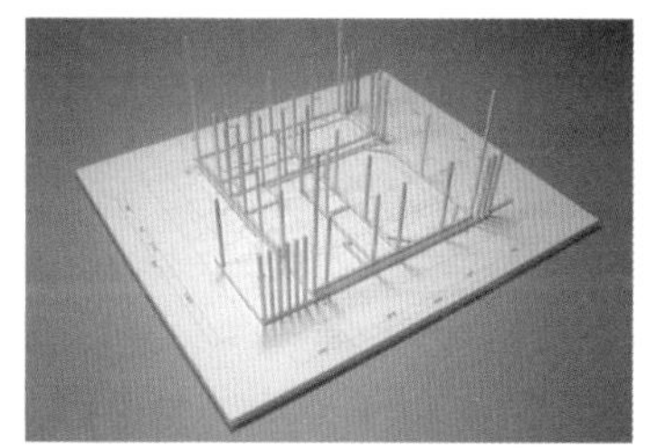

・一边确认 2 楼地面和梁柱没有偏差一边竖立起管柱

・确认好立柱的高度是否合适后，在其顶端点上木工胶，放上 2 楼的楼板骨架。在胶干透前用镊子一根一根调整柱的位置。同 1 楼一样，一边注意梁柱是否偏差一边竖立 2 楼的管柱

❺ 组装屋架

・横梁按照步骤③的要领来组装放置到柱上。束筒、主屋也和柱一样竖立起来

❻ 架上椽子

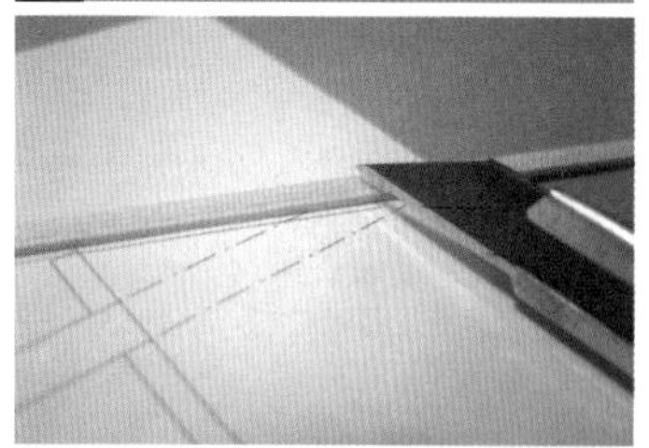

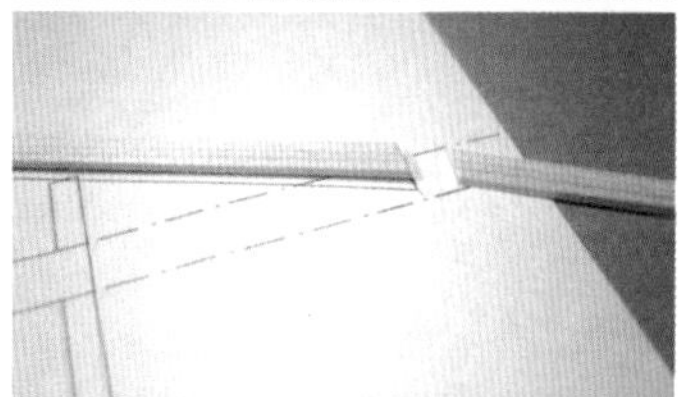

・在框架图上放好用作椽子的材料，比照好角度切割

❼ 完成

・将所有的椽子架上，模型就完成了

PICK UP 表现椽子的缺口

虽然可以将切好的椽子直接架到模型上，但为了接近实际屋顶的高度，需要对椽子做缺口切割加工。

①在纸上贴上双面胶，把椽子整齐排好放在上面，以一根照着框架图加工好缺口的椽子为参考；

②使用锉刀和美工刀将其余的椽子一次切出缺口；

③④一根一根确认缺口是否合适。

模型制作的基本流程全面解说④

简易的丙烯酸树脂模型制作技术

丙烯酸树脂模型相较于聚苯乙烯板等材料制作成的模型牢固度更好。由于丙烯酸树脂模型部件的切割都是委托店家制作的，可以省去很多手工制作小部件的时间。这一章节将会解说 1:50 的丙烯酸树脂模型的制作方法。

丙烯酸树脂模型的优势

工作效率高，完成效果好

使用丙烯酸树脂材料来制作模型有很多优势。比如如果委托店家用激光来加工挖空采光通风口或者刻线等工作，可以大幅减少模型制作前期的准备时间。

只需要组装和涂装就可以完成模型制作

为了能用激光处理，仍需要花费时间预先制作必要的数据，用 JW-CAD、AutoCAD 和 Vector Works 等制图的话都会有原始数据，所以从软件中的立面图和地面框架图上把线条抽取出来就可以了。有时候也会用手绘图纸来生成数据。

丙烯酸树脂模型最后成型非常美观，接合和润色等所花的时间也可以大幅减少，经常被用在采光部分较多的集体住宅模型上。考虑到人工切割所需要的时间和人力，激光切割的费用也并不是那么高。只要有一定的知识和道具，丙烯酸树脂就是非常好处理的材料。44 页中有加工店家的介绍供参考。

制作的流程

用丙烯酸树脂来制作模型的时候，首先要把墙壁、地面、形状复杂的窗户和桁架等精细的部分委托店家加工（步骤①）。成品交付时间按数据状态和店家的繁忙程度需要 1 ~ 10 天。拿到切割好的部件后（步骤②~⑤），施以必要的涂装（步骤⑥~⑧），最后将所有部件组装后就可以了（步骤⑨~⑩）。涂装基本上就是使用市面上贩卖的喷涂颜料，或者将调色后的涂料用喷枪喷涂。掌握涂装技巧后可以用于各式各样的模型上。在了解丙烯酸模型特性的同时，也可以习得涂装技法的基础知识。

① 订购丙烯酸树脂的激光切割服务
② 组装墙壁
③ 加工细节部分
④ 制作地基
⑤ 制作屋顶
⑥ 上底色
⑦ 通过涂装展现出瓦片效果
⑧ 对细节部分润色
⑨ 组装
⑩ 完成

准备道具・材料

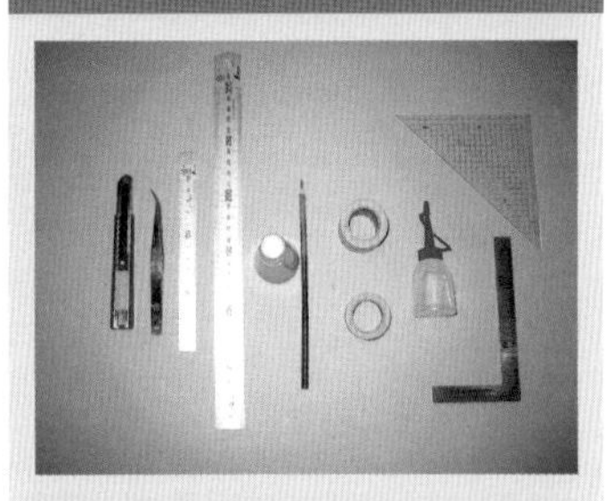

道具

桌上型圆锯盘、美工刀、电钻（用于打磨沟槽等）、美工垫板、直角尺、双边刻度直角尺、三角尺、镊子、喷枪、小型压缩机、面相笔

材料

丙烯酸树脂板： 2mm 厚
PET 板： 1mm 厚
ABS 板： 1mm 厚
塑料棒： 3.2mm×1mm 厚、6.3mm×2mm 厚
其　他： 各种 1mm 厚印花纸
黏合剂类： Acrysunday（丙烯酸树脂用黏合剂）、聚苯乙烯胶、双面胶、遮蔽胶带
涂　　料： 水性涂料
图 纸 类： 平面图、立面图（根据店家选择保存的数据格式）

订购丙烯酸树脂激光切割服务前的准备工作

首先要准备好需要制作的模型图纸数据。基本上只要整理成通常制作模型时同样的数据就可以。由于各店家使用的软件不同，需要预先确认。图纸要方便第三方店家加工使用，因此把没用的数据都删除掉，切割线和纹路线的图层要分开。费用根据加工面积、工程难度、最后加工的方法等不同而不一样。这次的模型加工费用是 5 000 ~ 15 000 日元（含材料费）。

订购的顺序

①准备好基础图纸
平面图、立面图。
②确认数据形式
一般是 dxf 或者 ai 格式。使用的软件有 JW-CAD、AutoCAD、Vector Works、Illustrator 等。
③确认丙烯酸树脂材料
确认加工大小和加工的板材的厚度。
④加工图纸（整理图层）
数据要按照所要做的模型的实际尺寸来制成。删除数据里不需要的线条，切割线和纹路线的图层要分开。
按照丙烯酸树脂板的厚度来保存文件。
⑤确认费用（预算书）
激光切割的费用。根据数据的状况不同费用也有很大差距。最好再确认下物流费用。

❶ 订购丙烯酸树脂的激光切割服务

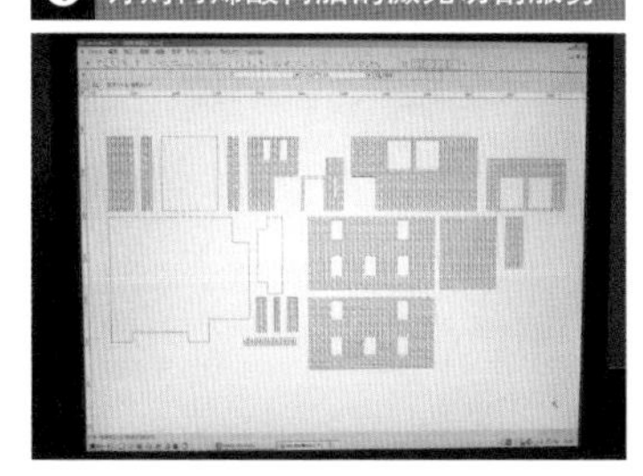

· 制作激光切割所需的数据。由于店家使用的软件有别，需要预先确认。用 CAD 或者 Illustrator 保存的数据一般都没有问题

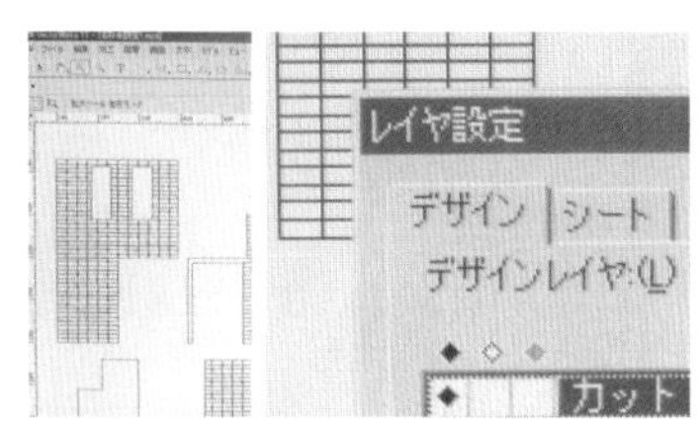

· 指定好丙烯酸树脂板的颜色、厚度后将数据交给店家。切割线和刻线要能一目了然地分色处理，按图层分开

❷ 组装墙壁

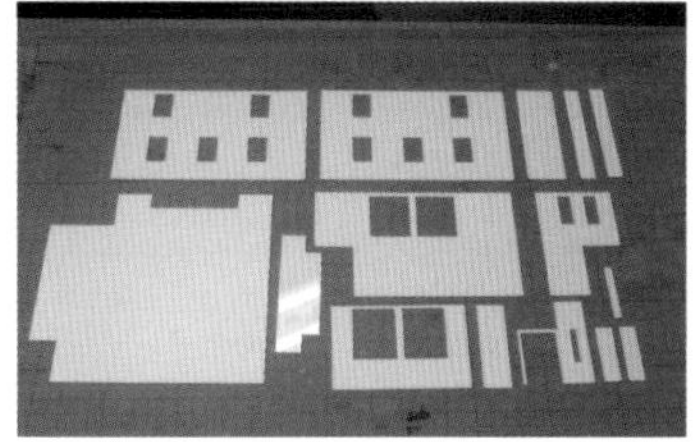

· 这是激光切割加工后按部件切割出来的丙烯酸树脂板。店家交付成品后要确认是否有缺少的部件

· 接合有刻线的丙烯酸树脂板时，要用桌上圆锯盘预先将接合部做 45° 切割后再接合

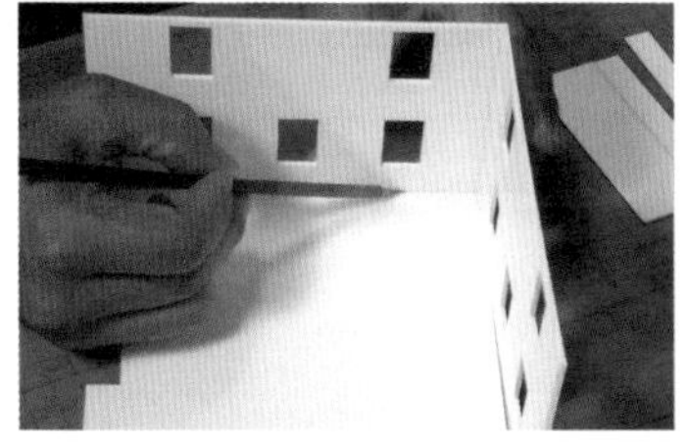

· 使用丙烯酸树脂用的黏合剂把墙面板材粘贴到地面板材上。最初的两张要同时粘贴以确保墙面垂直

· 丙烯酸树脂用的黏合剂从接合开始到完全硬化需要 10 分钟左右的时间。可以利用这段时间调整一下部件的偏差

❸ 加工细节部分

· 在阳台的地面部分加入加强用的辅助板。使用和阳台地面高度一致的长方形板折成屏风状

· 阳台部分的墙面和地面使用丙烯酸树脂，用黏合剂接合

· 在开口部的内侧需要粘贴窗户和门的地方贴上底层方便之后粘贴。这里底层使用切割成适当大小的 ABS 板和塑料板

· 从内部贴上的 ABS 板，作为窗户和门制成之后的底层用于粘贴

❹ 制作地基

· 建筑的地基部分使用市面上贩卖的塑料棒做成。塑料棒有数十种不同的种类，选择适当的尺寸就好

· 塑料棒可以使用美工刀切割，如果比较厚的话，就可以像切割丙烯酸树脂板一样，使用桌上型圆锯盘来切割，切口也更漂亮

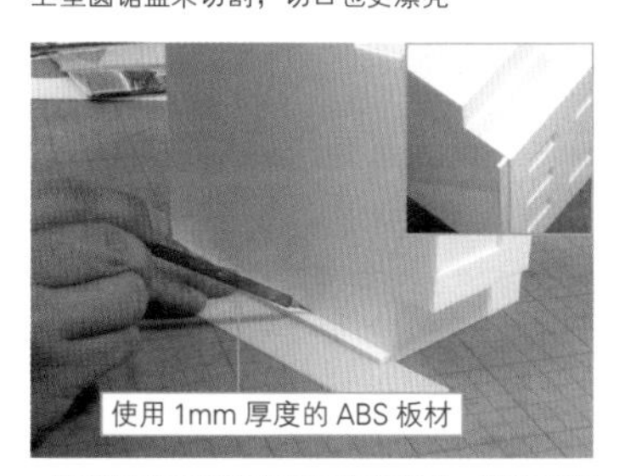

· 地基部分要安装在墙面的内侧时，相较于在多个安装位置测量尺寸，可以将较厚的 ABS 板和塑料板等作为参照物来安装，这样最后更容易准确成型

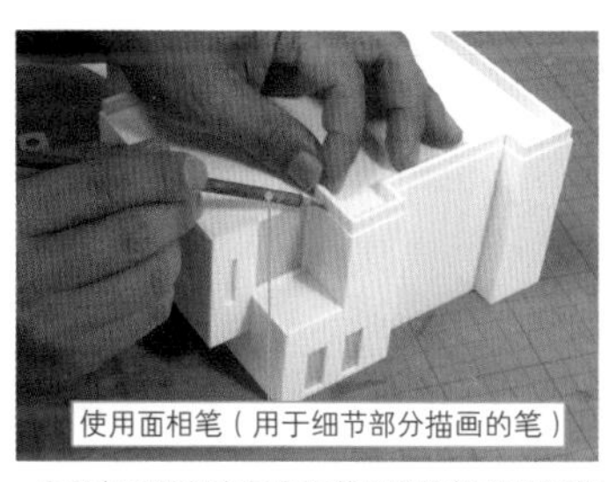

· 玄关部分等拥有复杂形状的地基部分要细节深化制作。没法用 ABS 板等做参考来测量尺寸时，可以实际精确测量尺寸

· 地基制作完成。这是屋顶以外的部分全部组装完成的状态。接下来要解说屋顶的制作方法

❺ 制作屋顶

· 使用 1.5mm 间隔划线的花纹板来制作屋顶。市售的花纹板有许多种类，适当选择使用

· 使用美工刀来切割出部件，需要斜面切口的时候使用美工刀来削，用丙烯酸树脂用黏合剂来黏合四个面

· 在塑料板所切割出来的屋顶基底上，将切割成屋顶形状的印花纸一枚一枚粘合上去

· 屋顶制作完成（未着色组合下的状态）。下面将解说在各部贴上遮蔽胶带的涂装技巧

❻ 上底色

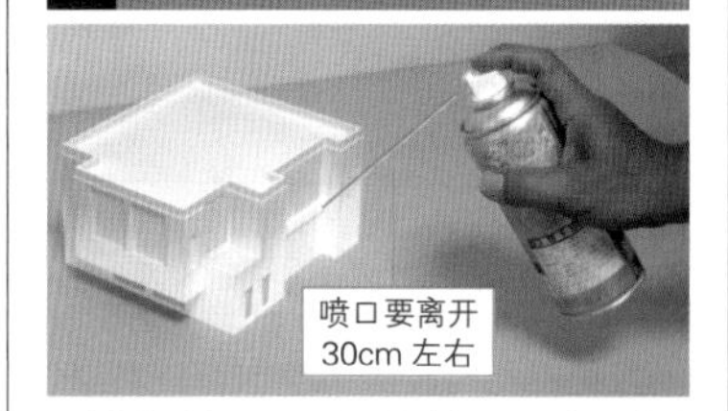

· 涂装基础色。使用喷涂颜料时需要离开喷涂对象 30cm 左右的距离喷涂，减少色彩不均匀情况的发生

· 涂料完全干透后喷涂墙面部分。在这之前要在地基部分贴上遮蔽胶带防止其被上色

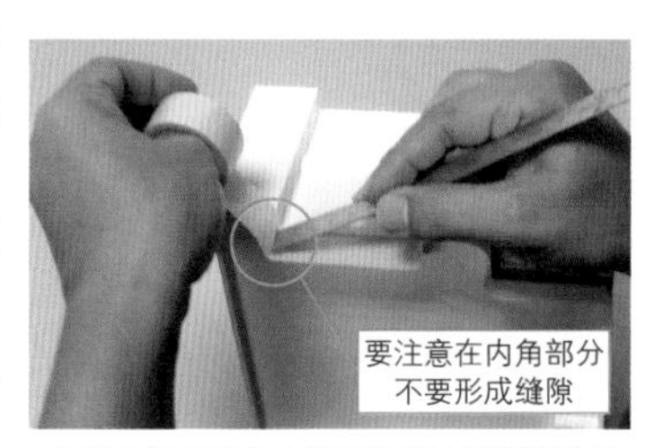

· 转角的部分要在内侧弯折处粘贴遮蔽胶带。内角的部分也要用双边刻度直角尺的背面仔细按压粘贴使其粘贴牢固没有缝隙

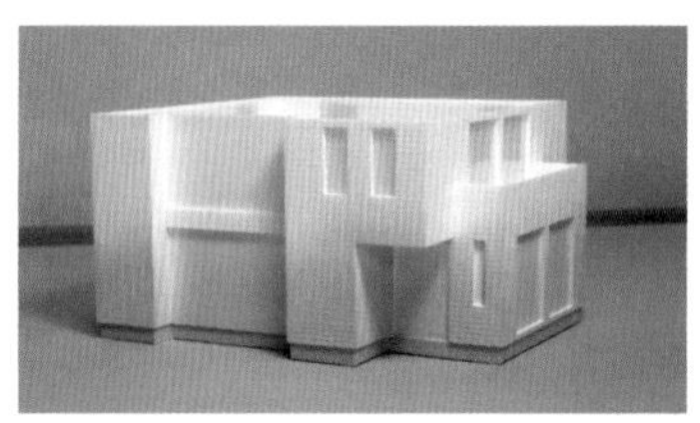

· 地基部分遮蔽完成后的状态。通过遮蔽工作可以使得地基部分不被上色。喷涂的另一个好处就是不会留下笔痕

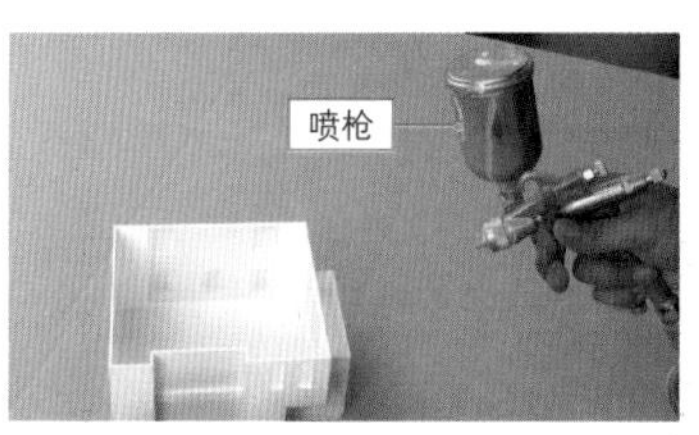

· 涂装墙面的基本底色。如果市售的颜料没有合适底色的话也可以调色后使用喷枪来喷涂。要注意涂料不要喷涂过多

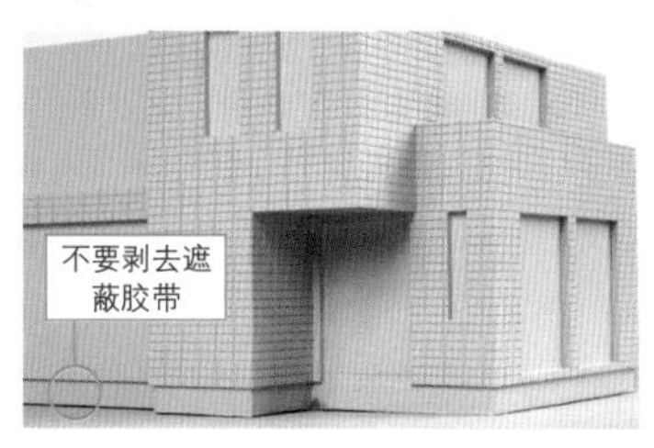

· 涂上底色之后的颜色。地基部分的遮蔽胶带按原样保留

❼ 通过涂装展现出瓦片效果

· 使用喷枪来表现墙面的质感。将喷枪喷射时的空气压减少到比平时低的程度可以表现出斑块状的色彩纹理。使用喷罐的时候可以先在冰箱里冷却减少内部压力来获得同样的表现效果（这种技术也称作散点喷射涂装）

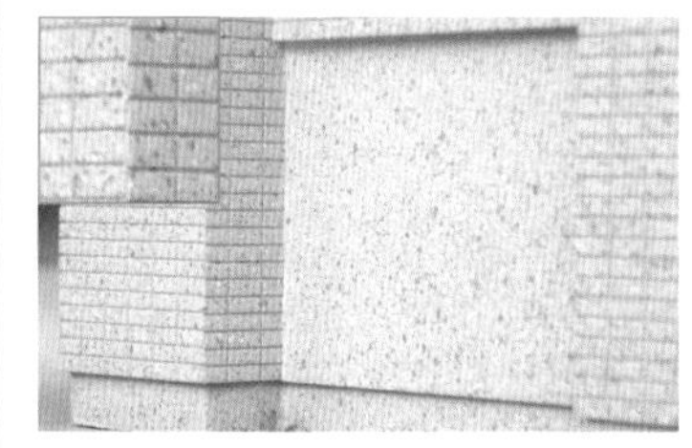

· 散点喷射涂装完成。可以表现出砖瓦的纹理质感。接下来将解说细节部分的上色涂装技巧

PICK UP 数据要这样整理——生成数据时的要点

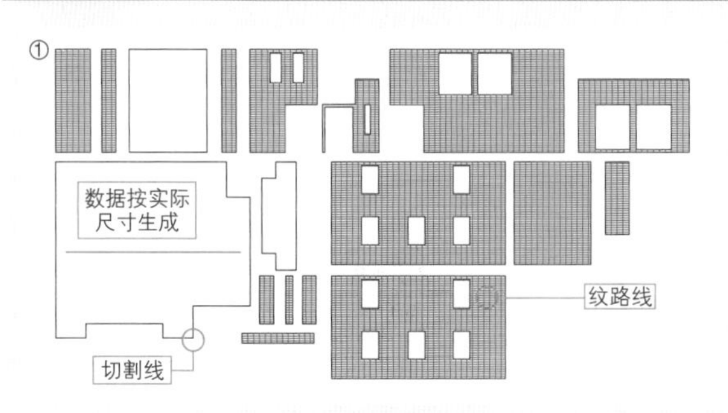

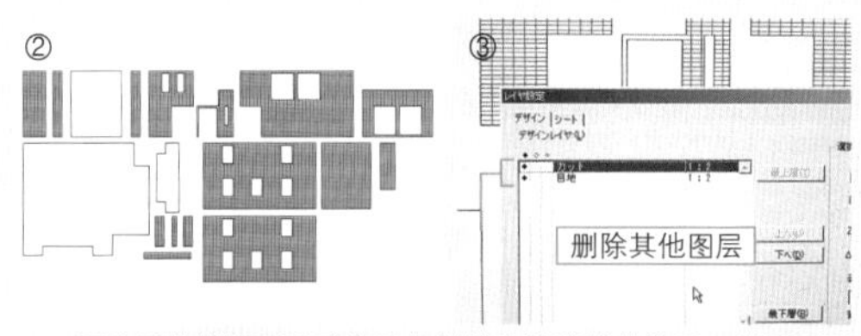

订购用的数据要明确分开切割线和纹路线的位置，并且不要有多余的线条混在里面。①作为模板的数据（格式是 ai）；②生成数据的时候作为原本的图纸数据要预先将必要的数据（切割线、纹路线）保存到图层里；③将不必要的图层删除并保存文件就算完成了。

❽ 对细节部分润色

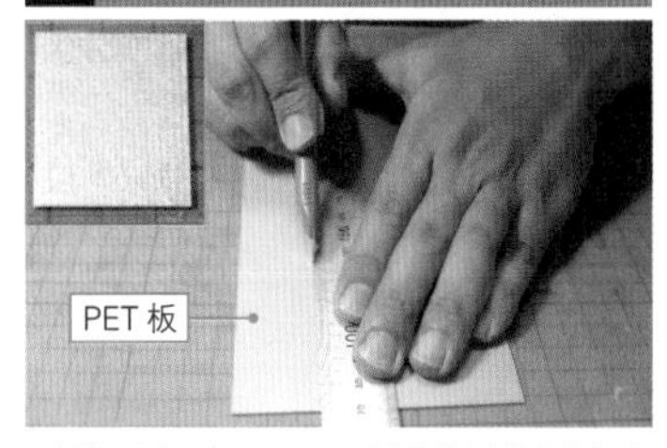

· 制作采光通风口。PET 板的内侧喷涂上任意颜色，切成窗户的大小，外侧全部贴上遮蔽胶带

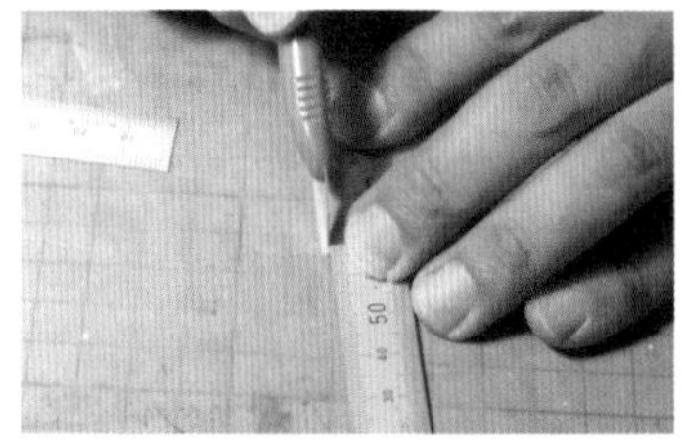

· 需要另外着色的窗扇部分则用美工刀在遮蔽胶带划上痕迹并剥离。这时使用小尺寸的双边刻度直角尺会使作业更方便

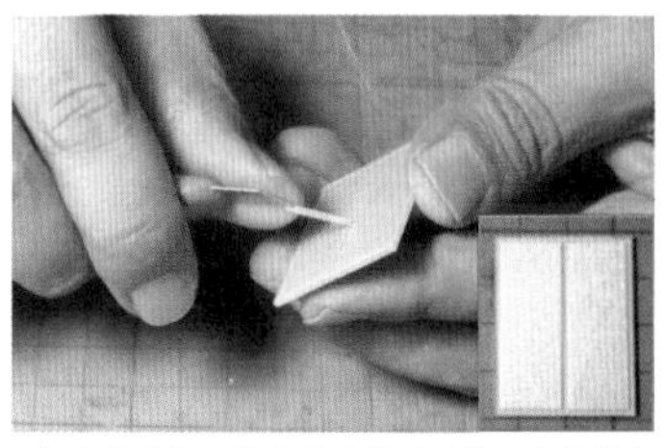

· 撕去窗扇部分的遮蔽胶带后遮蔽工作就算完成了。细节部分的涂装也要一部分一部分遮蔽加工

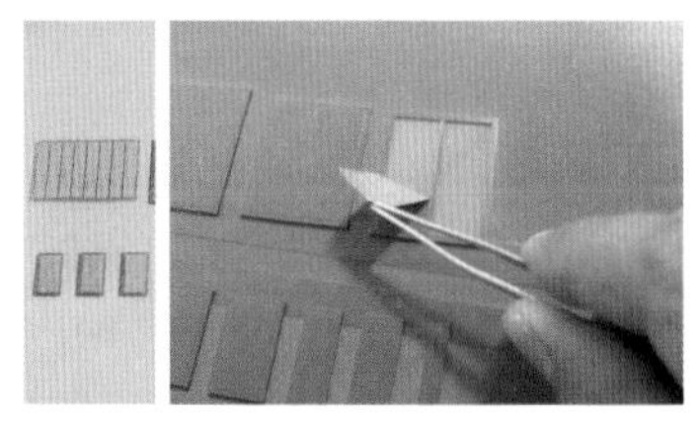

· 窗扇的颜色使用喷涂颜料涂装后，剥去遮蔽胶带，窗户就算完成了。这种涂装方法也可以用于丙烯酸树脂材料以外的模型

❾ 组装

· 在组装前确认模型整体的涂装情况。窗户使用聚苯乙烯胶或双面胶粘贴在采光部分内侧（预先贴好的 ABS 板或塑料板）上

· 黏合屋顶。使用聚苯乙烯胶来黏合涂装好的屋顶。聚苯乙烯胶可以使用酒精来调整黏性并预先注入细口的容器里使用

· 屋顶部分也完成了。最后可以做一些细节上的调整

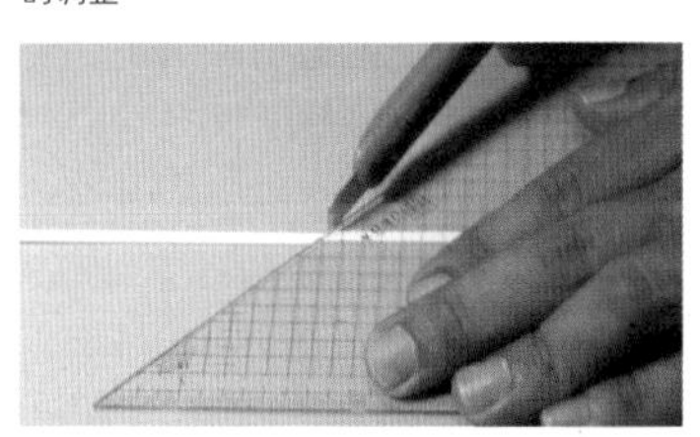

· 制作阳台的压顶。压顶用塑料棒来制作。转角用美工刀进行 45° 切割，并用丙烯酸树脂用黏合剂来黏合

· 使用丙烯酸树脂用黏合剂来接合压顶。在丙烯酸树脂用黏合剂干透前调整形状

· 压顶成型后，用喷枪进行必要的着色，再用聚苯乙烯胶粘贴到定好的位置上

· 玄关的门廊和屋顶一样，使用涂装过的花纹板来制作

❿ 完成

· 进行最终确认后就完成了

模型完成时的 Check Point

不要忘记在组装前确认涂装状况

☐ 有无接合不牢固的地方？
☐ 涂装后有无弄脏的地方？
☐ 有无忘记安装的部件？
☐ 有无聚苯乙烯胶漏出来的地方？

专业摄影师来教你

模型摄影

制作好展示用的模型之后自然想要留下漂亮的照片，
专业拍摄模型的摄影师在此传授令您的摄影技术大增的技巧！

拍摄美照！摄影器材篇

数码单反相机

数码相机相比胶卷相机最大的区别在于可以当场确认拍摄成果。其优势是在拍摄后可以通过屏幕对角度、曝光度等进行确认，如果有打印机的话自己就可以直接完成从拍摄到打印的整个流程。当然，使用数码相机的话也有没法表现出纤细色彩层次之类的缺点。然而从总体来看数码相机的易用性更高。

如果正在考虑购买相机的话，建议购买可以在屏幕上设定网格显示的相机以方便垂直、水平方向的正确拍摄。

照片提供方：尼康

12~24mm 镜头

60mm 镜头

照片提供方：尼康

镜头

虽然只要一枚 35mm 镜头就可以进行拍摄，但最好准备广角的 12~24mm 镜头、60mm 或 50mm 的微距镜头。

12~24mm 镜头在拍摄模型内部的装潢时使用。需要拍摄细节部分时可以使用微距镜头。虽然每个镜头都有自己固有的开放光圈值（光圈值越小越明亮，并且价格更高），但是拍摄模型时并不需要太高。由于拍摄模型照片有一定的景深要求，因此镜头光圈不用全开，可以收缩一点进行拍摄。

使用同样的镜头时，数码相机会比胶片相机的焦距延长 1.5 倍左右，拍摄范围会变狭小。比如在数码相机上使用 12mm 的镜头时，大致和在胶片相机上使用 18mm 的镜头拍摄效果相同。

光源

两个 500W 的钨丝灯和一个夹在背景纸上的 500W 钨丝灯。在胶片相机上使用钨丝灯需要配合专用的胶卷，实际上是要经常配合日光光源使用的。由于使用数码相机的时候可以调整色温，因此要选择更耐用的闪光灯作为光源。

摄影灯架

准备两台有 2m 左右伸缩范围和一台用于对背景纸打光的低角度灯光架。如果有带夹子的插座的话，也可以将灯固定在棚架上代替灯架。

的秘术

快门线

远距离操作时按快门用的工具。可有效防止按快门时产生的抖动。各厂家均有快门线贩卖，选择适合机身使用的产品即可。根据相机种类不同，也可以选择使用无线的遥控器。

三脚架

在模型摄影中经常需要用到慢速快门，因此最好有稳固一点的三脚架。撑开后的高度有 1.5m 左右较好。

背景纸

白、黑、水蓝色的纸张，可以从相机或家电等卖场买到。

反光板

通过反射光线来调整阴影强弱的板材。可以使用聚苯乙烯板或贴了白纸的厚板等。

记忆卡

数码相机保存图像需要用CF 卡或 SD 卡等记忆卡。现在高速卡（通常 8MB/ 秒，高速型号则超过 20MB/ 秒）成了主流，在不是特别需要高速摄影的时候，一般的记忆卡也没问题。

其他

测量放置模型的桌面以及相机水平与否的水平仪、裁切背景纸的剪刀、修整植栽等细小部分的镊子、在墙面上粘贴背景纸用的黑色普马斯胶带（撕下后也不留痕迹的摄影用胶带，也可以使用胶带纸）、粘取垃圾的玻璃胶带、刷子等。由于吹气刷会将垃圾以外的细小部件等也一并吹走，因此不推荐使用。

专业摄影师来教你

解决模型照片中的烦恼［摄影篇］

在照片和拍摄方式上稍微下一点功夫
就可以令模型写真的最终效果大幅提升。
这一章节将会对数码相机拍摄模型照片的技术做详细介绍。

case-1

如何布置拍摄环境？

优秀的基本设定案例

· 500W 的钨丝灯。通过屋顶反射形成间接光源。如果屋顶有颜色的话可以使用白板来反射

· 摄影用的房间隔断外部光源是很重要的。房间的墙面和屋顶的色彩以白色为好。光源如果可以经过多次反射，最终通过屋顶反射回来的话，也可以不使用反光板

· 500W 的钨丝灯。也可以使用一般的家用灯泡。这时候快门速度也会相应放慢，要注意预防抖动

· 背景纸的颜色可以根据需要拍摄的模型的颜色来选择。基本上是用眼平取景角度拍摄，使用水蓝色的纸张制造出蓝天的印象。使用俯瞰视角之类从一定高处角度拍摄的时候可以用黑色的纸张。背景纸可以用普马斯胶带（撕下后也不留痕迹的摄影用胶带）粘贴在屋顶或墙壁上

· 台面（桌面等）的深度最好是模型本体的 2 倍左右。并且台面和背景纸最少也要有 1m 左右的间隙。台面和背景纸太近的话，水蓝色的纸会造成渐变色，黑色的纸则会引起色彩斑纹发生。但是也要注意台面离开背景纸太远的话会拍到过多本体和背景之间的台面

将背景做成蓝天的效果

· 使用水蓝色的背景纸来制造出蓝天效果的时候，在桌子下面放一盏日光灯打在背景纸上制造色阶，效果会更好。没有低角度用的灯座的话可以用夹子夹在较低的椅子上来固定

· 从正面看的话会有这样的色阶效果

case-2

只有一个光源的时候该怎么办？

使用反光板（聚苯乙烯板）来制造间接光源

①只有直接光源的时候

・直接光源照射正左侧，不用反光板（聚苯乙烯板等白色的反射板）时候的拍下来的情形。不使用反光板时会有强烈的阴影，迎着光源的部分会被强调出来。需要强调模型的某个部分的时候可以增强周边的阴影让目光向着主体部分移动过去

・直接光源照射正左侧，在正右侧约 70cm 的距离放置反光板时的效果。看上去阴影稍微变得柔和了

・正右侧约 40cm 的距离放置反光板时候的效果。光源非直射一侧（右侧）的阴影变得相当弱。需要对模型整体做说明时用的照片，尽量不要使受光面和阴影面对比太强烈

・也可以只用反射的间接光源来进行拍摄。这时光会散射开使阴影更柔和，从而给模型整体以柔和的印象

框架模型的摄影

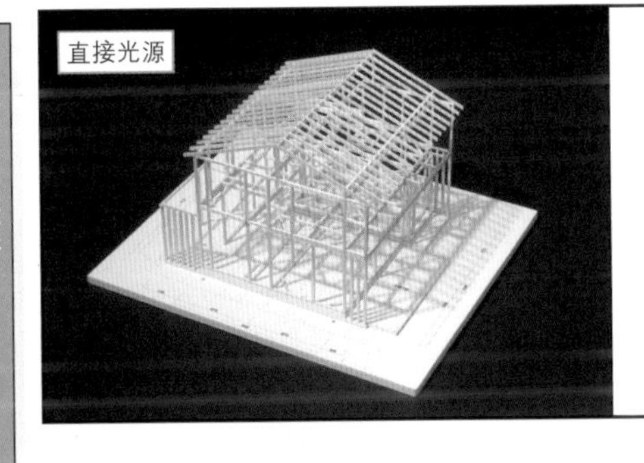

・只使用直接光源拍摄的框架模型。想要简洁明快表现骨架结构的时候，直接光会使照片中阴影过重而不易于观察。这时候就要使用间接光来做光源

・只使用间接光源拍摄出来的光影柔和的照片。阴影柔和，易于观察。反射光的位置要避开相机的正上方，从左或者右侧任选一个方向45°投射光源会显出模型的立体感

摄影的小技巧① 简单的手动摄影技术

即便光源设置得当，但有的时候使用全自动模式拍摄也得不到想要的效果。这里就来解说一下简单的手动摄影步骤：

①ISO 感光度设置到 200。

②白平衡设置到灯泡色温的 3200。设定为自动的话会根据背景的颜色来调节使得照片泛红。

③镜头的光圈值固定到f11～f16中的任意位置。模型摄影中需要较大的景深，因此要尽可能收缩光圈（较大的 f 值）来拍摄。

④快门速度根据相机内置的测光仪来选择适当的速度即可。测光范围内物体偏向白色的话就放慢快门速度，偏向黑色的话就加快快门速度。

⑤手动对焦。最初虽然会觉得有点难，多拍几张观察一下就可以了。

有效利用透视来摄影！

case-3

广角镜头的拍摄方法·内部景观

· 想要拍摄模型内部的时候，使用标准镜头仅能够拍摄出微距效果。使用 12~24 mm 镜头（按 35mm 胶片换算相当于 18~35 mm）的 12mm 端的话，可以得到超广角镜头特有的透视效果。保持水平和垂直线位置就可以防止影像歪曲。使用间接光源可以得到自然的影像

· 这是使用直接光源拍摄出的效果。阴影太强烈而显得有些奇怪

广角镜头的拍摄方法·外部景观

· 想要更强烈表现出透视效果的话，就需要使用 12~24mm（按 35mm 胶片换算相当于 18~35mm）的广角镜头。这是使用 20mm 镜头拍摄的效果。可以看到透视效果非常明显。广角镜头与标准镜头相比因为可以拍到更多的背景，所以背景纸要布置得足够广

· 使用 35mm 镜头拍摄到的照片。和上面照片中的模型保持着同一个距离拍摄下来却缺少了张力

摄影的小技巧② 家用数码相机的选择方法·使用方法

选择机器种类的要点

各路厂家相继发布了高性能的家用数码相机。然而其中多数是用于拍摄快照的以全自动拍摄为主要功能而设计出来的，很少有可以进行细微设定来适用于模型摄影的产品。

如果正在考虑购买家用数码相机的话，以下几点可以作为参考：

①是否可以手动设定 ISO 感光度。
②是否具有光学防抖功能。
③是否可以将白平衡设定为灯泡色温。
④是否可以显示参考方格线。
⑤是否可以安装三脚架。
⑥是否可以安装广角转换器。
⑦是否可以选择光圈优先模式。

具有以上所有功能的话就算完美了。

摄影的要点

摄影时的注意点是：

①不要使用内置闪光灯。在正面打闪光的话会得到没有阴影的毫无张力的照片。
②拍摄设计事务所经常制作的白模时，要把曝光补偿设置到 +1.5 ~ +2.0。
③把相机放在桌子上设置为自拍模式。没有三脚架的时候这样也可以减少相当多的抖动状况。
④设置到最低感光度摄影。特别是家用数码相机设定到高感光度后画面质量会下降。

屏幕显示会根据各厂家和机型区别而发生对比度、色彩等的偏差。最好先进行试拍观察。

笔者推荐右边两种机型。

Powershot G10（佳能）

Coolpix P6000（尼康）

专业摄影师来教你

解决模型照片中的烦恼［加工篇］

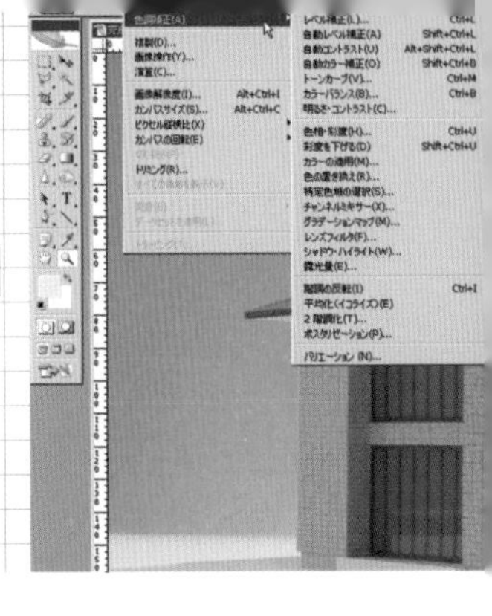

使用图像处理来使模型照片更美观，并在一定程度上修补拍摄中的失误。这一章节将会介绍使用图像处理软件来进行简单照片加工的方法。

case-1 如何修整歪斜图像？

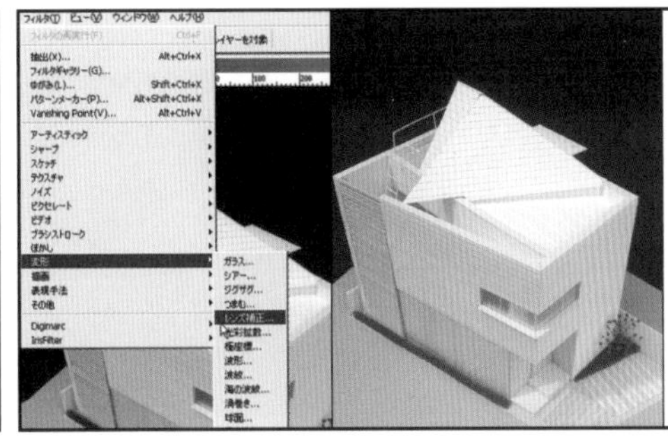

・打开需要修整的图像，依次选择[滤镜]→[变形]→[镜头修整]

・这里虽然使用了Adobe Photoshop CS2，但是相对便宜的1.5万日元的Photoshop Elements也可以进行同样的加工

・出现了镜头修整的画面。在右侧变形的框中选中垂直方向的远近法的拖动条向右侧滑动来进行修整。由于修整过度也会看上去不自然，因此要一边看着预览图一边修整

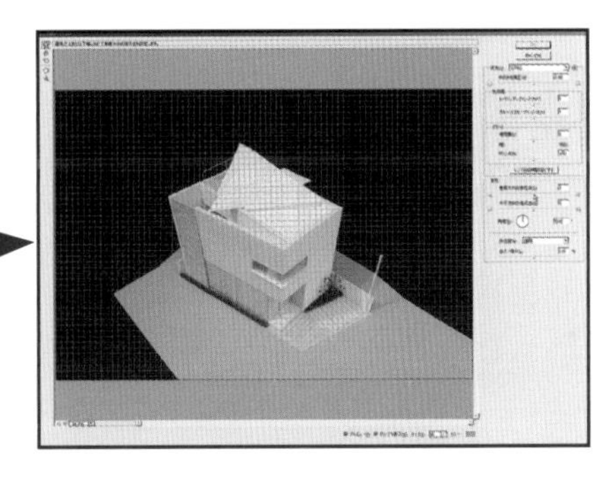

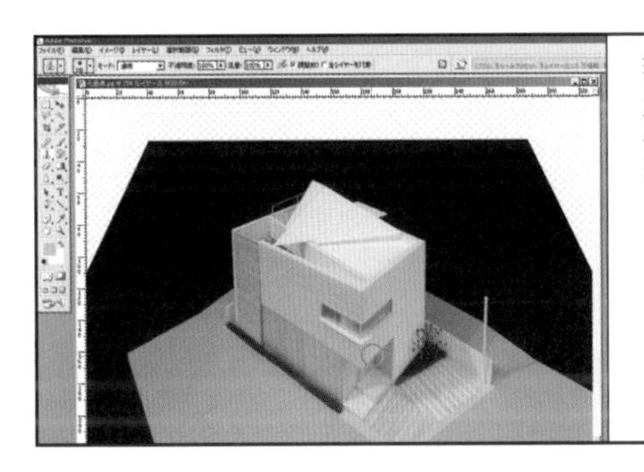

・按下OK后修整就完成了。这样修整过后背景会发生割裂，建筑周围部分拍下比较多的照片会比较易于修整

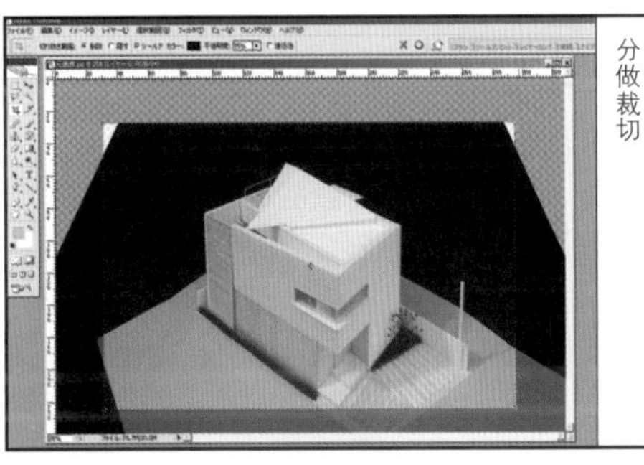

・根据修整结果对背景残缺的部分做裁切

・裁切后对余下的部分使用印章工具进行拷贝

・完成。通过同样的方法也可以对从下往上拍的照片进行修整。照片出现歪斜很多是由于被摄体跟相机没有放置到平行位置引起的。使用水平仪确保水平的话可以减少歪斜发生

case-2 如何去掉不需要的部分？

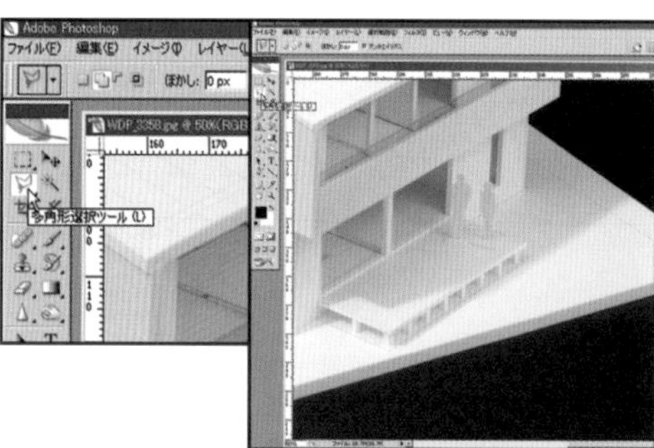

·这里试着抹去模型底台的小切口部分。使用多边形选择工具来选中想要修整的几个部分

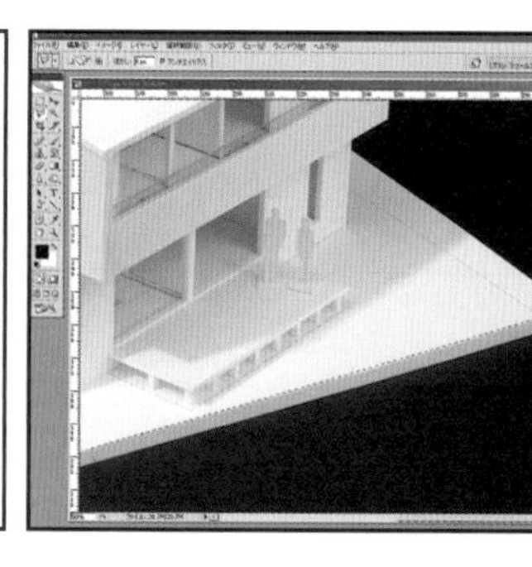

·黑色部分大致选中即可

·选中复制印章工具按住键盘上的Alt键使用光标选中黑色部分。像这样将光标移动到需要修整的几个地方，然后放开Alt键，按下右键粘贴上黑色部分

·完成。使用同样的方法可以对沾上杂物的部分进行修整

·同样的也可以对窗户的映射做修整。使用多边形选择工具选中需要修整的部分。在上方的工具栏中选中选择范围，勾上增加的确认框有多个范围的选择可用

·在想要修整几个地方使用印章工具来拷贝涂抹

case-3 如何消除边界线？

·使用多边形选择工具选中阴影部分，使用鼠标右键虚化边界线。这里要把虚化半径设置为3个像素

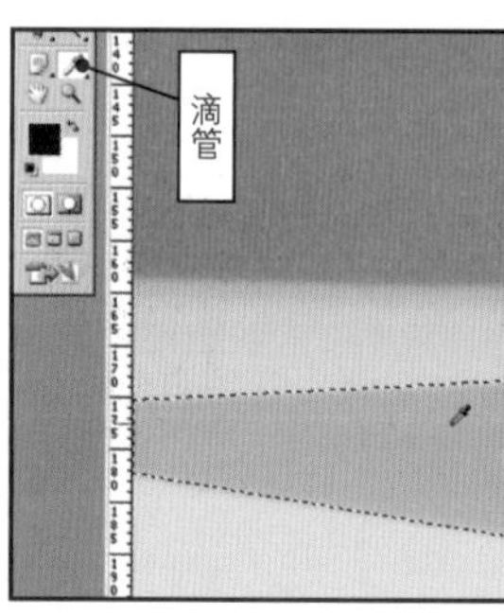

·使用滴管工具选中阴影的颜色

刷子

·一边考虑平衡感一边用刷子涂上颜色。要注意刷子太小会造成色彩斑痕出现

·完成了指定范围内的阴影后，使用右键翻转选取范围并修整其他部分。要注意看着整体效果防止出现色彩斑痕

实践篇

建筑模型制作的细节深化术

模型制作的实况转播①

建筑模型的基本知识

在正式制作建筑模型前
先介绍一下关于费用、时间、存放及运送方法等
需要知道的基本知识。
在制作前要认真做好计划。

Check Point

①制作模型的事项需要在合同书中明确记载，使客户能更好理解设计事务所的业务。
②要预先掌握好模型制作所需的费用及时间。
③除了白模外，对于模型上使用的材质也要预先做好研究。
④展示及竞赛用的模型运输时以委托搬运为主。也要考虑好大小和易分割性。
⑤搬运时使用完好的箱子并小心行动。

模型还是计算机模型透视图？模型的作用

通过CAD软件来进行设计可以凸显工作的连续性，有利于整体探讨。这使得三维计算机模型成为一个固然的趋势。即便如此，制作模型的意义依然没有消失的最大理由是通过它可以一举掌握模型的整体感觉。虽然计算机模型也可以轻松进行回转、缩放等操作，但是远观比例关系，近察内里详细的感觉是不同的。拿在手中的真实观感及触感是和修整过倾角以及视角的计算机模型不一样的。

然而计算机模型比较容易施以素材的质感，放上环境照片作成背景展现出完成时的效果，这是其优势。模型和计算机模型也应当可以相辅相成的。

设计事务所在最初展示时一般会使用建筑模型。如果要给建筑委托方以周围环境的平衡感并可以切实感受建筑效果的时候，立体模型拥有更直接更亲切的效果。模型的最终方案也可以原样转交给施工单位查看，方便其直观地理解设计中比较难的细节部分。

模型的费用是否写入合同？

有很多事务所会把模型的制作也写入设计监理合同中。在最初展示时提交第一个模型（1:100），在基本设计阶段会完成其修订版，并在实施设计完成时提交和完成模型相近的第二个模型。这样的流程在合同中最少要写上两个模型的制作项目。最初的模型几天即可完成，第二个模型（第三、第四个也一样）由于是为了展示模型的细节方面而制作的，因此要在实施设计期间一边修改一边进行作业。这个阶段也可能会制作对结构系统和空间的决定起重要作用的结构模型。

结构模型制作阶段主要会用到聚苯乙烯板、塑料板、丙烯酸树脂板和挤塑聚苯乙烯泡沫板等素材。制作费用不会太高，大约几万日元的材料费。制作能表现素材质感的竣工模型的话，就不得不考虑到相应的预算（10万日元左右）了（**照片1**）。

照片1 竣工模型。为了使内部清晰可见，屋顶使用了丙烯酸树脂来制作，并装在丙烯酸树脂盒中

表 模型的比例和细节制作程度

比例	内容
通用事项	人物模型的比例要根据模型整体比例精细调整，并添置上可以表现比例感的车和布景
1:100	主要用于展示采光部分等基本构成用的模型。材料的厚度有时候和实际的墙面厚度并不合
1:50	深化制作钢材的断面和细节的比例。墙面和板面的厚度需要通过材料的组合来正确展现
1:20	如果需要对建筑的内装部分进行讨论的话就需要将家具也展现出来。同时可以再现装饰所用材料质感
1:2、1:1	如采光部分的枢轴和不锈钢部分等，在实施设计过程中比较在意以及不能决定下来的部分也要毫不犹豫地制作出模型来讨论以防后患

图 不同比例模型的表现方式·探讨案例制作的流程

① 1:100 的模型以俯瞰视角为主，但也会探讨到平行的视角

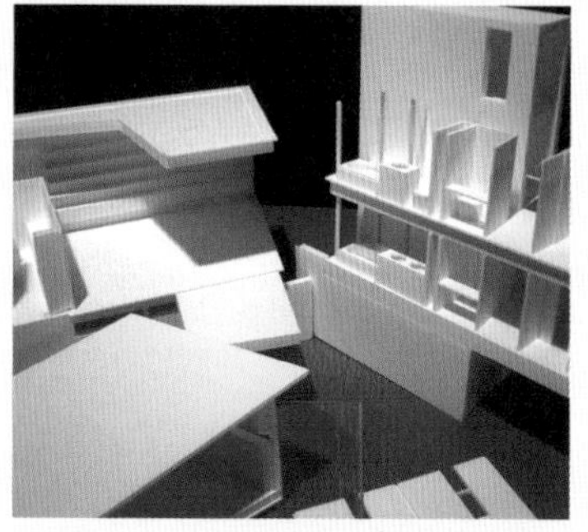
② 1:50 的细节深化模型。大致的部分已经可以充分展现了。同时也可以深入观察其大小，因此用于平视视角的探讨也很方便

③ 1:30 的模型可以从各个角度进行观察。根据项目来对 1:30 的模型做细节深化后可以从各种视点来做探讨

④ 1:20 的模型主要用于对内部装潢进行探讨。也有可能用于细节和家居的细节深化表现等

从哪里做起？比例以及素材

首先要准备好地基。可以说不能在一定程度上再现周边环境的模型是没有意义的。一般会通过体块来表现周围的建筑，树木等也会按照比例制作来增加真实感。根据项目内容，模型的制作方法也各式各样，住宅的话一般按1:100的比例制作研究用模型，基本设计时提交1:50的模型，竣工时提交 1:50、1:30 或者 1:20 等适当大小的模型（**表格·图**）。

模型的素材部分也要提前研究好。近年来运用玻璃材质的项目比较多，因此有必要研究一下其表现手法。将模型的立面图印刷在丙烯酸树脂板的表面、对窗户枢轴进行加工都是很有必要的（**照片 2**）。相反的，在较大比例的模型上，将素材实物的缩小彩图贴上即可，有时候也会用到日用品和建筑材料等相关实物素材。

大小是否合适？保存和运输

运输模型的时候需要制作运输用的箱体。基体的尺寸一般需要使用系统化的基本尺寸。最好在模型制作前就做好分割计划。同时也要预先了解自己事务所的门、运输车的门和卡车的尺寸以及最终放置的场所的情况。

如果是装入箱子运输的话，放置的方法就很重要了。可以适当使用隔断材料来包裹固定住模型。在箱子上标上不可倒置和小心轻放（FRAGILE）的标记用以提醒他人。飞机托运到海外的时候也会发生上下颠倒、踩踏等情况。因此考虑到模型损坏情况的发生最好准备一套修补件。

若是比较重要的模型，一方面需要包装完好，另一方面要在内部接触的素材间填充挤塑聚苯乙烯泡沫板或者麂皮来增加稳固性，这时可考虑使用木箱来包装。因此要系统化地制订计划，考虑到往返运输时的各种情况，返程时的保存难易度也做好考量。包装箱太贵重的话会有被盗窃的危险，因此要十分注意。

· **照片 2** 玻璃材料的表现案例。玻璃周围的表现因为其纤细性而较为困难。玻璃幕墙的细节可以使用膜版印刷来完成

可以说在大都市圈以外的地方想要接触到贩卖模型材料的画具材料店几乎是不太可能的。

这时候就有必要使用自己的想象力和感觉来利用好一般的店铺里贩卖的各种材料了（表格）。接下来就介绍一下在这些店里可以买到并能有效用于表现的材料。

TOPICS 1

在模型材料店以外也可以买到

用于模型制作的生活用品·常见材料

管材·应力材料的表现

(1) 用聚氨酯橡胶充当弹性材料

需要表现建筑模型中线材或者管材等应力材料的时候，通常可以使用黄铜棒、铝棒以及钢琴线等代替。然而这些材料的粗细不同，可以承受的拉力有限，因此经常没法表现出应力材料的感觉（紧张感）。欧洲的很多建筑家的高技术模型中常见的也不是棒状材料，而是使用纤维材料来展现效果。也就是常说的橡皮绳，从普通的黄颜色橡胶到用纤维保护着的聚氨酯橡胶，有许多种类（照片 1）。

聚氨酯橡胶很常用，一般的造型方法有直接穿过细管材或吸管的，也有在塑料棒等棒状材料上做一个切口或者设置一个小孔固定的。这里需要注意的是一定要预先接合看一下效果，否则可能会因为张力的不平衡导致固定之后发生变形。固定方法也多种多样，比如在临时接合的状态下，可以将线材的胶套或者铝合金管折断后固定上去，或者使用黏合剂或热熔胶来固定（照片 2·图）。

(2) 渔具上使用的金属线以及羊肠线

制作对真实性有要求的应力结构和扶手等时，就需要用到纤细的线材。在渔具店中贩卖的用于钓条石鲷鱼和带鱼时用到的钩线即可。专门固定用的套筒也有贩卖，粗细有 0.05 ~ 0.3mm 不同种类，10m 售价约 400 日元。其他的比如碳素仿羊肠线（有无色、黑色、荧光色等各种颜色可选）以及一般的羊肠线也可以使用。用于表现临接地边界时，相较于线带和麻绳等，由于其单股线的特性以及延展性使其表现力更佳。

表　模型材料的购买地方

①手工艺用品店	县级城市的手工艺用品店也会贩卖除丝线布料等服装材料以外的多种多样的手工艺材料
②家庭购物中心	虽然只有较小尺寸的素材，但为了买到这些素材，花费一些时间也是值得的。店的规模大小和经营范围虽然会有差异，但是可以说家庭购物中心是遍布各处的
③小商品市场	有不少简单的工具和素材，把小商品市场的成品拆开，使用其中有用的部分，这样就更便宜省时了
④渔具店	从大型连锁店到个人商店规模各不相同。可以买到不锈钢丝和碳素丝等细线状材料、手工制作诱饵用的树脂材料以及各种形状有趣的材料

随手可得的平面材料

(1) 使用竹炭片来表现瓦片

使用肯特纸、Muse 纸、Canson 纸等有纹理和色彩的纸片贴在模型上使其更能表现出效果已经是很多人实践过的方法。而竹炭片和砂纸作为随处可以得到的材料也有着很高的利用价值，下面就做一个介绍（照片 3）。竹炭片一般用来消除橱柜里的气味，这里用于表现熏瓦的效果。砂纸中的水砂纸品种则可以用于表现石材的纹理。

这里要非常注意的地方是美工刀的刀口很容易磨损，要勤换刀头使其保持锋利。切口的效果对整个模型的外形起到决定性的作用。

(2) 使用洗衣网来表现通透效果

在白模上用以表现通透性的时候

图　橡胶材料的固定方法

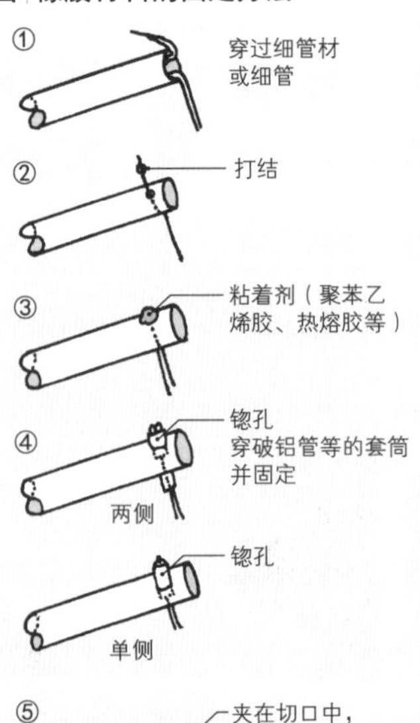

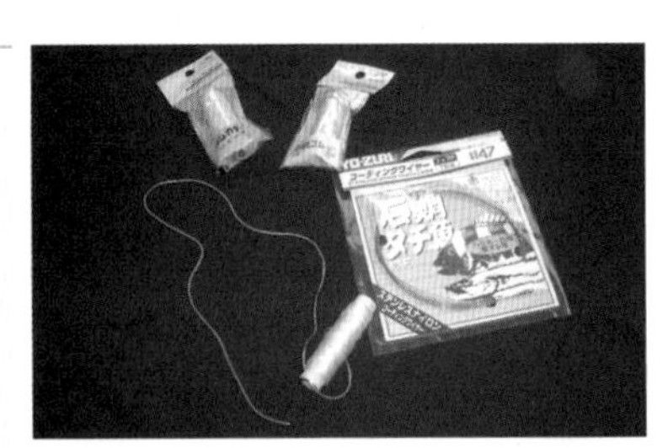

· 照片 1　聚氨酯橡胶。在手工艺商品店里摆放串珠的货架找一下的话也应该可以找到橡胶材料以外的许多素材

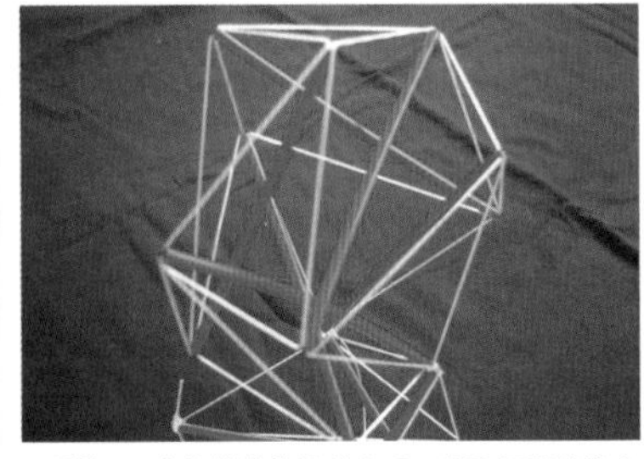

· 照片 2　张拉整体结构的表现。将聚氨酯橡胶穿过吸管、使用热熔胶固定

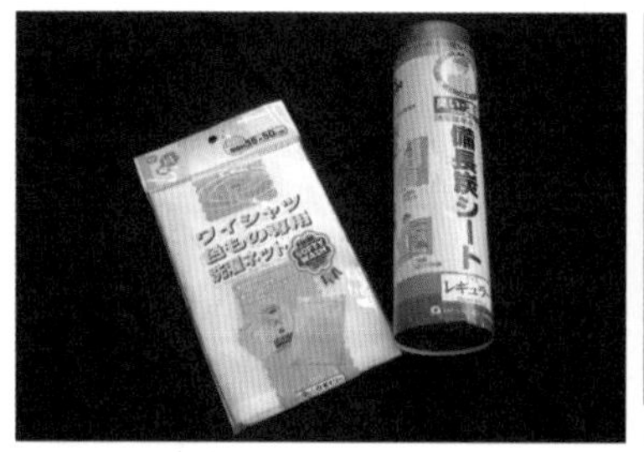

· **照片 3** 竹炭片。材料的切口要尽量切得干净，否则成型后会有粗糙感

· **照片 4** 网状素材。手工艺用品店虽然价格比百元店要高，但因为成卷贩卖的缘故褶皱相对少，看上去较为干净

· **照片 5** 边缘胶带。材质种类的话像椴木、橡树等家具材料一般都很齐全

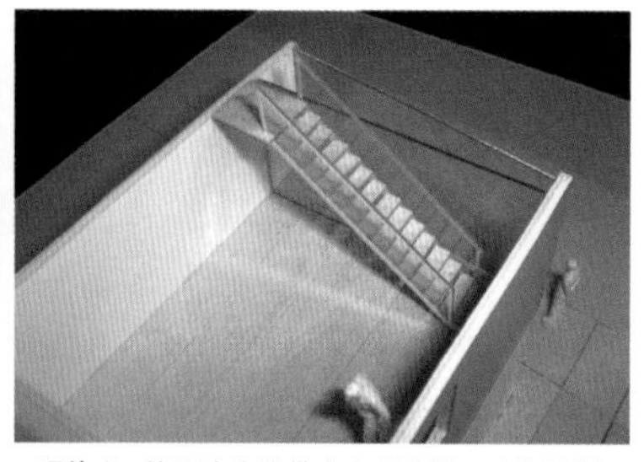

· **照片 6** 使用边缘胶带来表现阶梯。边缘胶带因为只有 0.4mm，相当薄，因此可以有出色的表现效果

会用到描图纸和半透明树脂材料等，这些与其说是类似网孔或冲网还不如说是更接近玻璃。铝制冲网材料以及不锈钢网孔会有过于强烈的金属感。使用洗衣网（在手工艺用品店售价为宽 1 120mm 的洗衣网 1 000 日元 /m 左右）或婚纱裙的头纱等所用的半透明平纹织布素材（无色、宽 1 120mm 的素材 500 日元 /m 左右）等,可以保持和白模的协调感并有不错的通透性（**照片 4**）。

造型方法是用聚苯乙烯板类和透明树脂材料板材做成边框或者直接裱装起来用。

使用身边的材料来表现木材

一般在市面上的模型用的木质材料大多是桧木棒材和轻木材料。厚度在 1mm 左右，轻木板材料使用美工刀切割的话边角会破损，因此要用薄剃刀等切割。在 1:100 的模型上阶梯如果只用一张板（仅仅斜向放置一张板材）来表现会缺乏表现力，需要使用木质材料表现阶梯的踏板的时候，板材厚度就成为问题了。这里就来介绍一下如何克服这些问题。

(1) 用于粘贴家具边缘的胶带

本来是用于处理夹板和装饰木板边缘的胶带，在家庭购物中心可以买到(**照片 5・6**)。材质为天然木材，宽度为 25mm 左右，厚度 0.4mm。木材的内侧贴有黏合剂和剥离纸，撕去剥离纸之后就可以贴在纸或者树脂片上，还可以用于表现木制的阶梯和木地板，也可用于染色使用。

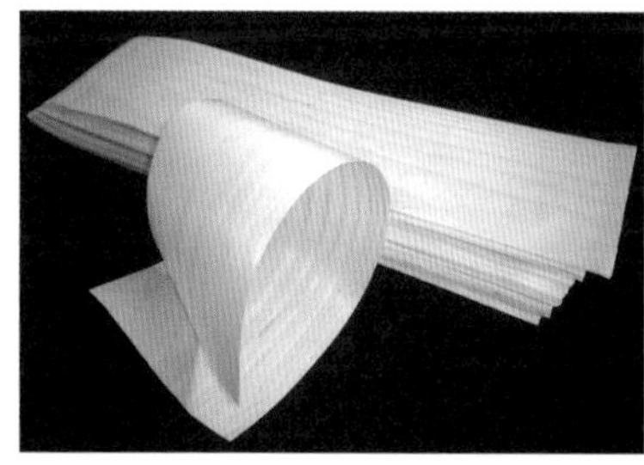

· **照片 7** 薄木片。以前常用于食品包装，可以用于表现各种各样的木质材料

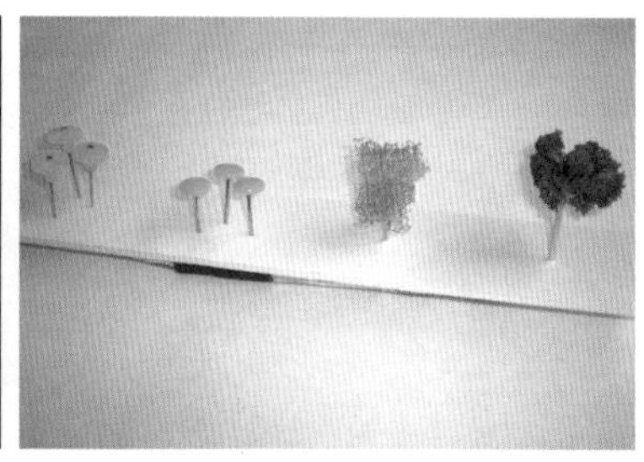

· **照片 8** 各种各样的植栽的表现。从左至右为假钉、地毯钉、过滤网、芹菜

(2) 薄木片

薄木片是针叶树直木纹的极薄片实木材（**照片 7**）。可以在面向饮食业的器具店里买到，宽 120mm、长 420mm、厚 0.1mm，100 片大约是 700 日元，这种材料直接使用的话可以表现出奢华的效果，一般是作为装裱材料使用的。用聚苯乙烯板作为基底，稍微在接合处和粘贴处下功夫后就可以作为墙板和镶板等使用。使用透明水彩或者淡墨汁来染色可以更真实地表现效果。

植栽材料的精细加工

植栽材料可以是真实的材料，也可以是抽象概念的东西，可使用的材料没有限制。海绵类或者满天星的干花等经常被用于制作植栽（**参照 136 页**），这里来介绍一些其他的材料。

(1) 手工制作干花

将鲜花干燥之后就制成了干花。在空罐中投入干燥器和鲜花并密封，过三天左右就成了干花。没有时间的话也可以使用微波炉加热来加快干燥。关于干燥时间，不要求一次性干燥完成，要一边看着状况一边调整，直到完全干燥。留下的水分太多的话几天之后就会枯萎。材料不光可以使用鲜花，也可以使用蔬菜。芹菜就比较像樟树（**照片 8**）。

(2) 空调用的无纺布过滤网

树脂系的材料一般会使用海绵，海绵会因为密度过高显得过于厚重不够通透。这时候空调排气扇用的无纺布过滤网就可以根据要求作出各种各样的表现效果。推荐使用网孔较大的滤网。上色可以使用非溶解型的彩色喷涂颜料。稍微着色并裁切成适当大小后固定在细棒上就可以制成通透性较高的树木了。树干可以使用电线来表现（**参照 67 页**）。

模型制作实况转播②

面向设计者的快速模型制作技术

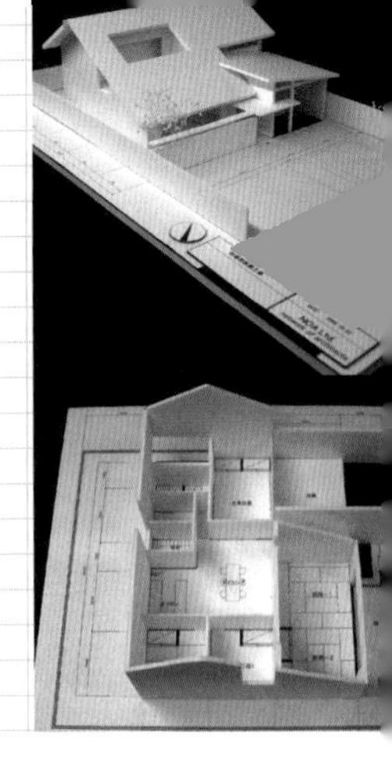

制作模型对于设计者来说是必不可少的工作，
相当费时间是一大烦恼。
这一章节介绍一下3小时就可以完成的省时省事的研究用住宅模型的制作手法。

一般来说制作模型会比较费时间，但是仅仅制作研究和简单展示用的住宅模型的话可以将时间控制在3个小时内。这一章节就介绍一下以追求速度为主的模型制作的基本技巧。

(1) 研究用住宅模型所需的精度

最重要的是比例。1:100的模型中1mm的误差实际就是10cm。不用说是在展示模型上，就算在用于研究的模型上也有必要将误差控制在0.5mm以内。然而材料一块一块切割接合的话0.5mm的误差是很容易发生的。这时候将同样大小的部件尽可能同时切割出来就很重要了。尽量避免使用太粗的笔，换用美工刀来做记号。把握住以上的要点，才能制作出大小准确的模型来。

(2) 关于制作的比例

住宅模型最终需要做成1:50大小。制作方法基本上和1:100的模型是一样的。虽然比1:100的模型大一倍，将地面高低差和阶梯、细节概念抽象化做出来添加上去即可。添加的要素多少发生一些误差也无妨。

材料・道具

材料

聚苯乙烯板： 1mm、2mm、3mm、5mm厚
P V C 板： 0.35～0.5mm厚
厚 纸 张： 防滑垫
聚苯乙烯胶： 预先注入尖头容器里。如果不顺手可以用注射器替代
酒　　精： 燃料酒精。在药店可以买到
喷　　胶： 55（住友3M）或Design Bond
挤塑聚苯乙烯泡沫板： 需要制作临近建筑的时候使用

道具

裁 切 刀 具： 刀刃30°的品种。准备好替换刀片
金属直尺×2： 15cm、30cm两种刻度
直　角　尺： 注意不要使用直角不准的产品
美工垫板、镊子、大头针
废弃刀刃保存器： 可以利用塑料瓶来代替
热 切 割 器： 需要制作临近建筑的时候使用

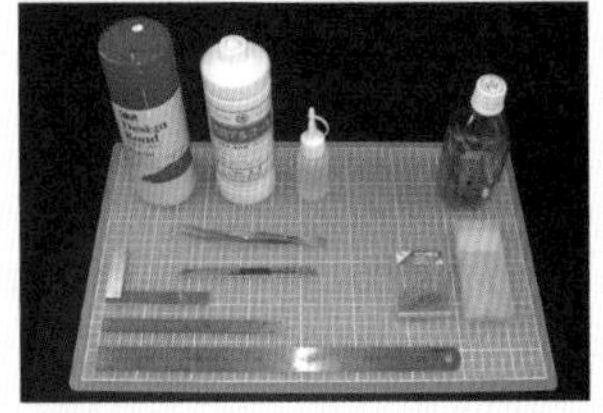

图纸

布局图
各层平面图2张： 粘贴在模型上使用
断面图： 用于了解高度关系
立面图： 用于了解采光通风口的位置

Check Point

直角尺
检查这一面
直角三角尺等
确认好直角尺是否为直角后再购买
检查这一面

钢直尺
直角尺
这一面预先切割好弄平整
小直尺

■工作前需要准备的事项

①聚苯乙烯胶注入尖头容器里，加入少量的酒精，调整到倒置容器时顶端的聚苯乙烯胶正好挂住的浓度。这样使用的话可以使工作速度显著加快。
②预先确认好直角尺的角度。在购买的时候带好直角三角尺。因为模型的精度是由此来确定的，所以非常重要。
③预先充分理解建筑物的断面结构。

■制作时的要点

①最大限度活用直角尺。直角结构稍微偏移就能轻易画出平行线。
②聚苯乙烯板必须先把一条边切出，用直尺抵住的那一面要时常做角度调整。作为直尺的那一面调整好后用直角尺抵住，像图示一样用小直尺取好刻度并平行移动进行切割。
③为了保持模型切口干净利落，要经常折断钝化的刀刃。
④聚苯乙烯胶要一点一点涂抹。

制作聚苯乙烯板模型的实况转播（S=1:50）

❶ 制作地基和前方道路

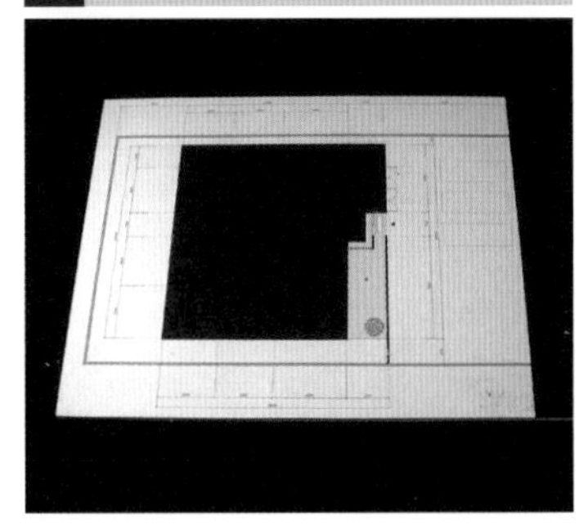

・打印出布局图，使用 Design Bond 粘贴在聚苯乙烯板上。建筑部分要预先刻线剥离。地基不平坦的时候要先将地基模型做成盒状，沿着外墙切下建筑的部分

❷ 制作 1 楼地面

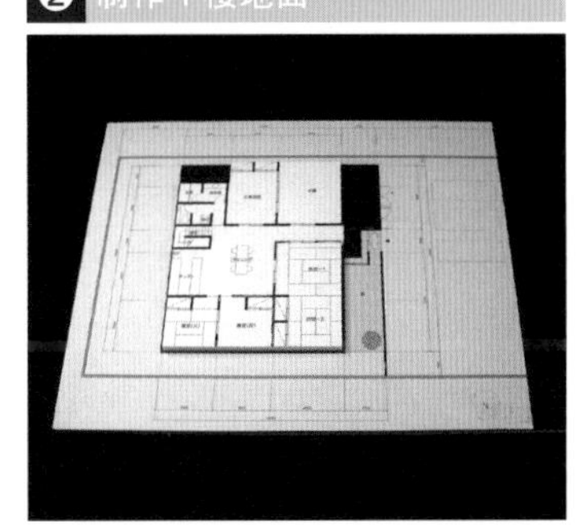

①聚苯乙烯板粘合至 1 楼地面的厚度。然后贴上平面图并把建筑外沿的部分切去。这时候也要沿着直尺切割一边，其他部分要尽量活用直角尺

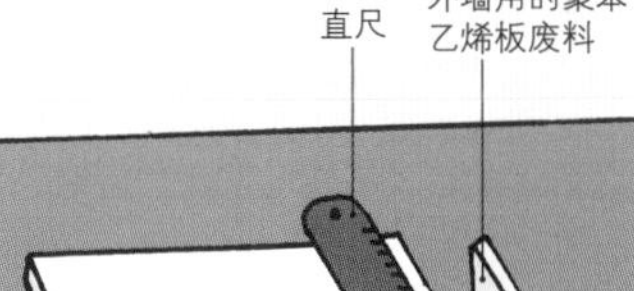

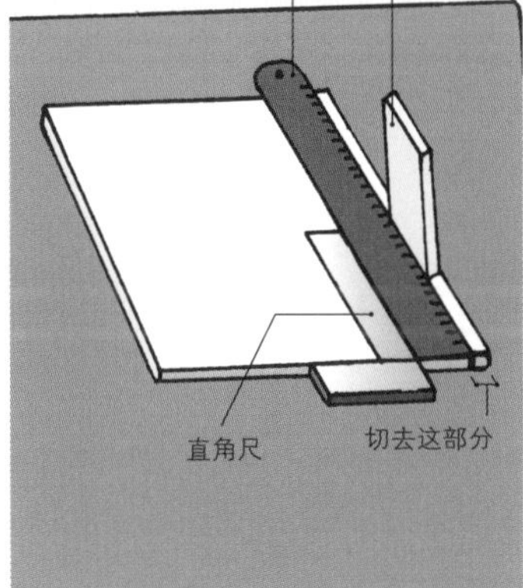

②实际制作过程中，制作外墙多出来的聚苯乙烯※可以当做小直尺使用，用以切割出外墙的厚度部分。用这样的方法可以减少大小偏差的情况发生。测量尺寸可以像这样使用实物，而不是直尺。然后将切割下来的地面部分贴在平面图上。地基不平坦的时候，要在步骤①中切下来的地基模型上，垫上预留好放置地面部分的垫材（用以调整高度的填充物）

❸ 制作 1 楼的隔墙

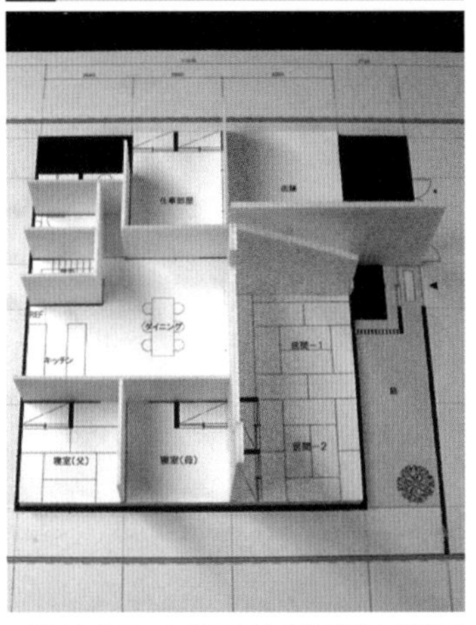

・活用直角尺，切出屋顶高度的聚苯乙烯板材长条。然后切成隔墙的长度安装上。这样高度就非常整齐了

❹ 制作 2 楼地面・隔墙

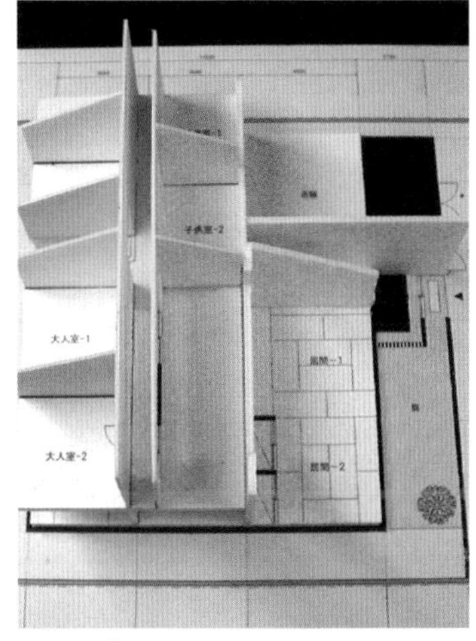

・和步骤③一样在各层的地面上安装上隔墙

❺ 制作外墙

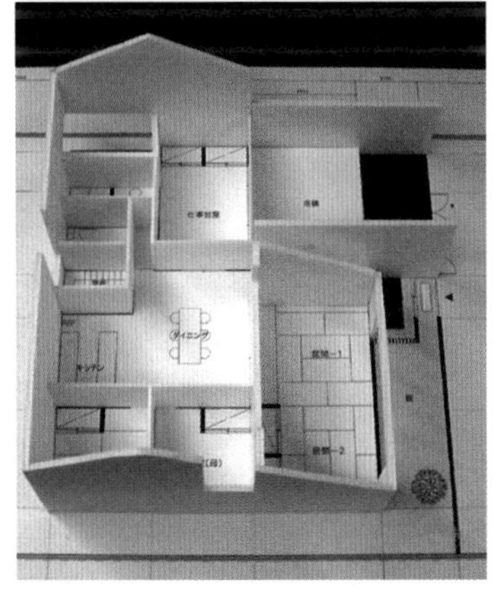

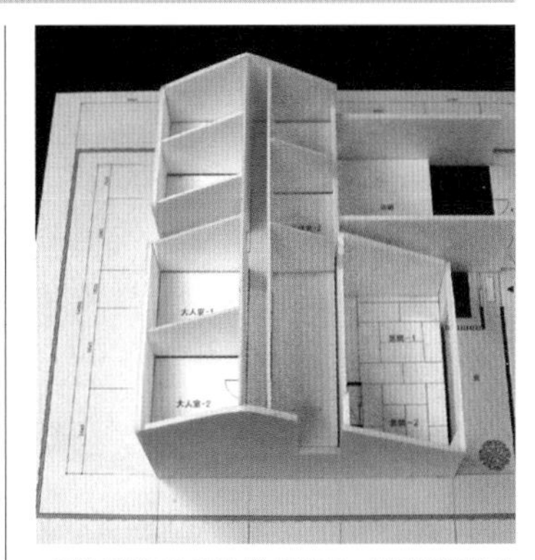

・到这里终于开始制作外墙了。外墙要连接地面层到护栏（斜面屋顶时要到檐底板的位置）。有地下室的时候连接地下室再往上即可。墙角部分一侧的墙面去除发泡部分，只留纸的部分。这样外墙就不会有多余的结合线产生。这里和步骤②一样用直尺抵住需要切割的一端并用美工刀沿着小直尺切下

❻ 制作屋顶

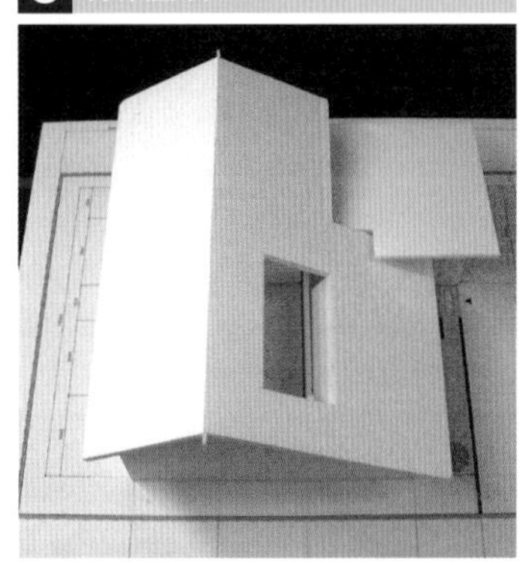

・制作虽然简单，但因为是决定了住宅整体比例的重要部分之一，所以请充分利用模型来进行探讨

❼ 制作外部结构

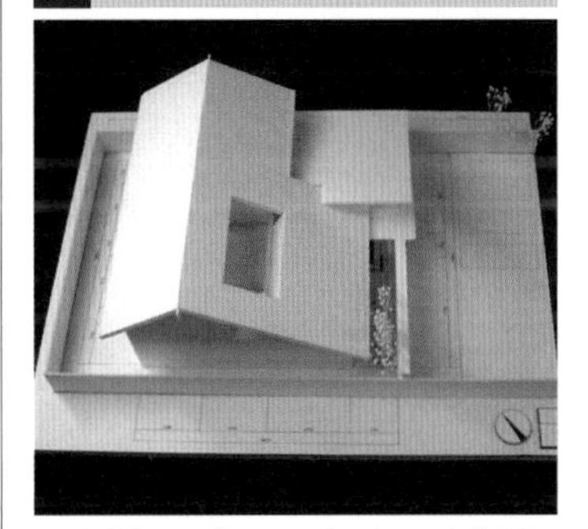

・制作篱笆和植栽。这里使用满天星制作植栽。可以先将草坪和植栽部分染上绿色。然后标上项目名和项目方针。除此之外，用挤塑聚苯乙烯泡沫板制作临近的建筑物，安装上去后则可以帮助了解附近环境对采光的影响，以及从建筑物这边可以看到的景色等

※ 有地下室的时候要在 1 楼地面之前先做好地下室的工程。要领虽然和 1 楼的工程基本一致，但是将地基做成盒状后，要沿着地下室的外墙面切去地基中间的部分

模型制作的实况转播③

制作聚苯乙烯纸模型

相比白模更容易制作的是聚苯乙烯纸模型。
在此传授 1 天内即可完成并能恰当表现出纹理效果的制作秘诀。

使用模型向委托方做展示的时候，用白模的情况比较多。白模一般用于初期的展示中尚未定下最后润色效果的时候，或者刻意想要向委托方展示空间效果而不是最后完成效果的时候。然而上过色、能再现出纹理效果的模型可以传达更多的信息。可防止因实物和委托方的印象有差距而引起的麻烦。

这一章节就介绍一下 1 天就可以制作完成的上色模型的制作方法。由于这里使用粘贴纸张等方式表现纹理，因此使用聚苯乙烯纸来实现。

材料・道具

材料

聚苯乙烯板：3mm、5mm厚
聚苯乙烯板：3mm厚
PVC板・丙烯酸树脂板：0.5～1mm厚，透明OHP片材，透明薄膜标签
纸：根据纹理及颜色分类的各种纸
黏合剂类：喷胶55、聚苯乙烯胶、双面胶、木工胶、固色剂或者无色喷涂颜料、风景造型粉末、纱网

道具

美工刀：30°、45°
直　尺：大小两把镊子
彩色铅笔：黄、橙、赤等
锉刀、打孔器

Check Point

①活用双面胶。相比黏合剂虽然有一定的厚度，但是不会使材料弯曲。

②使用彩色铅笔刻画出纹理深度。用电脑虽然也可以做出来，但是彩色铅笔有独特的粗糙感显得更自然。

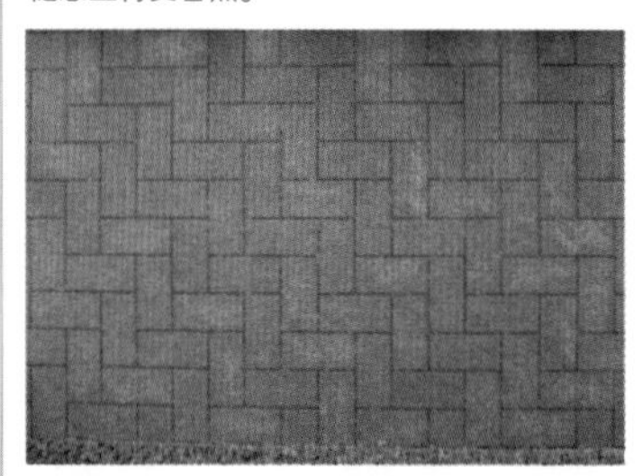

・表现层叠砖瓦效果时，需要使用黄、橙、赤三种彩色铅笔

・需要表现阳台的扶手木纹效果时，使用黄颜色的彩色铅笔

③活用喷墨打印机。需要在透明胶片上印刷的时候，要将图纸反转印在内侧。

④要熟练“斜接”工序，避免板材厚度比例的调整和不必要的贴纸工作。

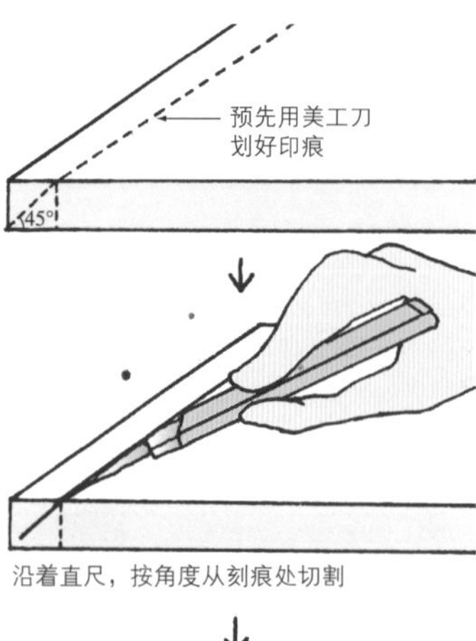

沿着直尺，按角度从刻痕处切割

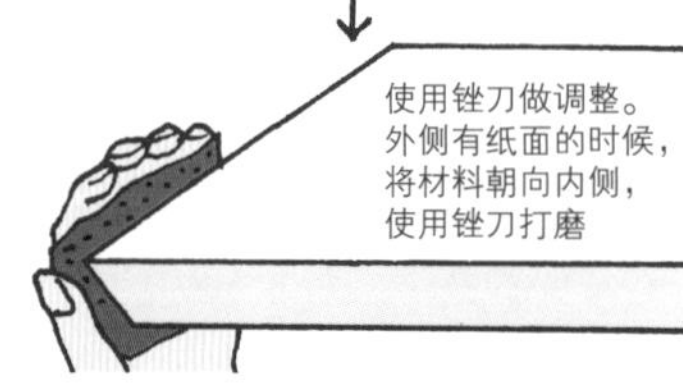

⑤需要将纸粘贴在聚苯乙烯纸上的时候，要喷两次喷胶（间隔 2 分钟），稍后再贴到聚苯乙烯板上。太着急粘贴的话喷胶可能会失效并导致纸张卷曲。

喷胶55可以在撕下之后进行再次粘贴。

⑥聚苯乙烯胶涂抹在需粘贴的两边上，要注意聚苯乙烯胶半干后如果没有马上去粘贴的话会粘不牢。

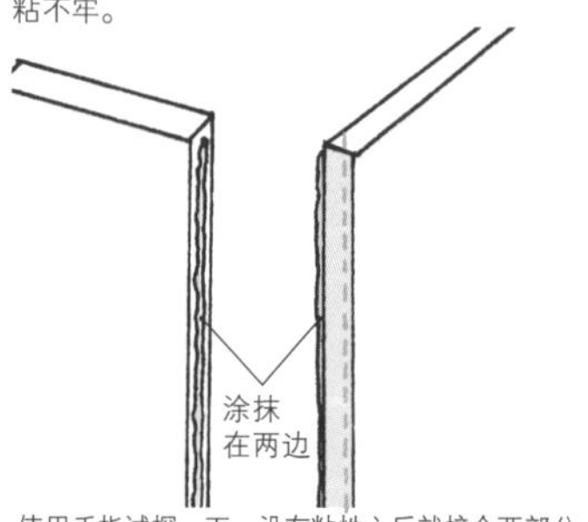

使用手指试探一下，没有粘性之后就接合两部分

使用聚苯乙烯板制作上色模型的实况转播（S=1:50）

❶ 制作模型用的图纸

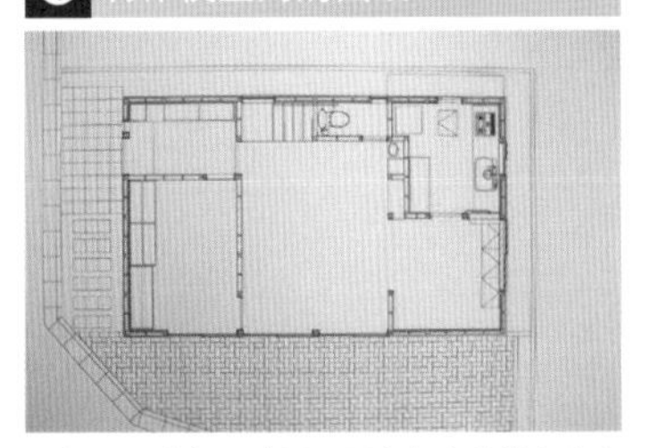

• 在 CAD 中把原本平面图上多余的线和文字去掉，要追求更高真实度时需要对排水沟、路沿石、层叠砖瓦等精细刻画。决定模型底座的大小后，以此为基础准备好 a. 标明道路位置的图纸；b. 标明排水沟的位置及大小的图纸；c. 标明施工地面大小、所制作的底座大小、地基的位置的图纸

❷ 制作施工地面

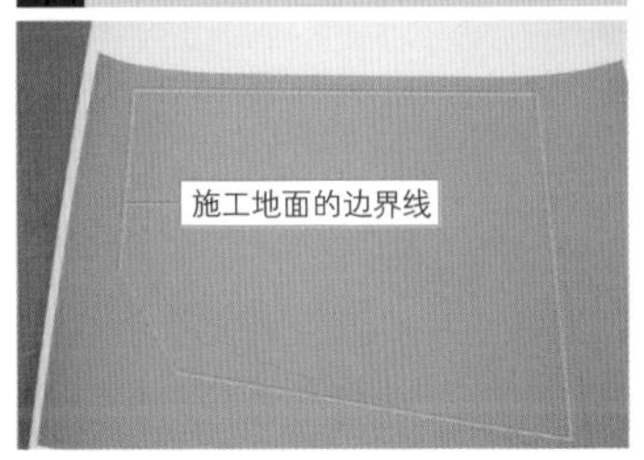

①将用于制作道路的深灰色纸一张一张放入复印机中，复印步骤①中的 a 图纸。太厚的纸张可能会卡住，因此比复印用纸稍厚的 0.3mm 左右的色纸即可

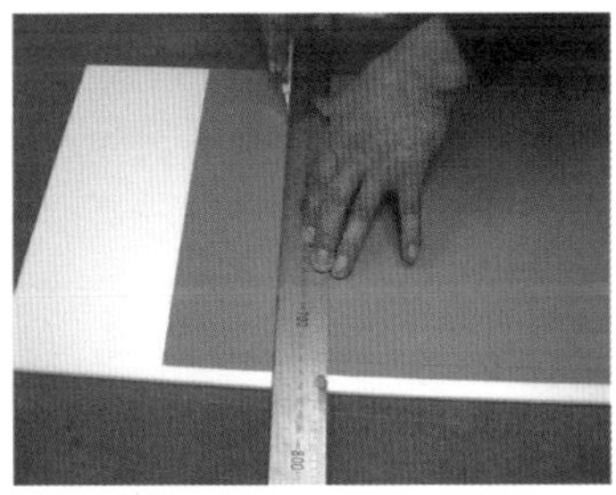

②在先前复印好的纸张背后喷上喷胶 55，2 分钟后再喷一次，稍微静置后贴在聚苯乙烯纸上。急着粘贴的话会没有足够的黏性并且可能导致卷曲。以后“使用喷胶来粘贴”一概以此方法进行

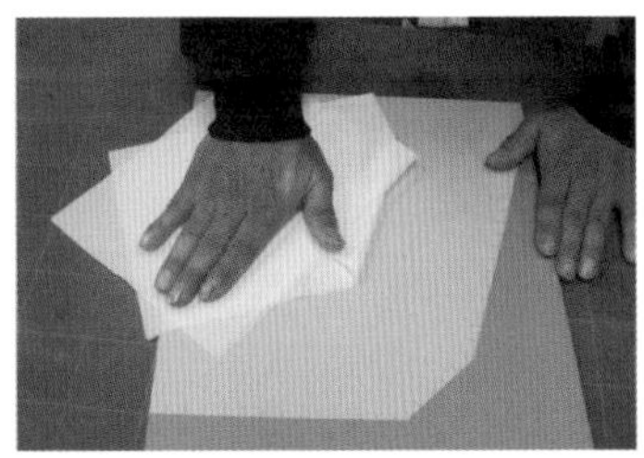

③在用于制作成施工地面的淡灰色纸上（与混凝土相近的颜色）复印步骤①中的 c 图纸，裁切成施工地面的大小，在内侧喷上喷胶后认真粘贴。不要使用硬物按压或摩擦，垫上纸巾后注意不要弄脏，然后从上方按压

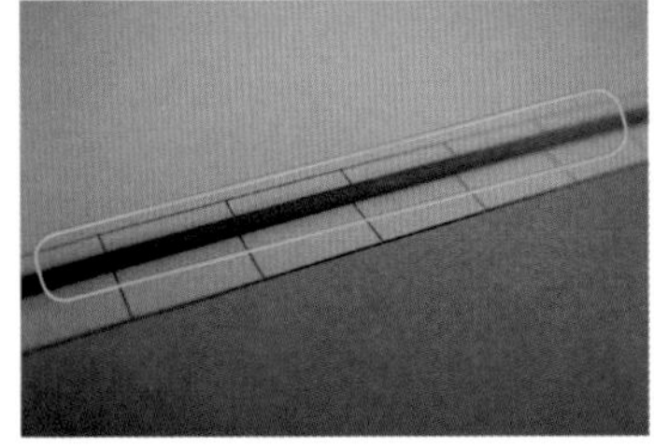

④将步骤①中的 b 图纸复印在淡灰色纸上，用喷胶粘贴到 2mm 的聚苯乙烯纸上，按照施工地面的大小裁切后，为使切口和排水沟颜色统一，用灰色的马克笔上色。在聚苯乙烯纸的内侧贴上双面胶，对齐下方的纸张后贴合

❸ 制作层叠砖瓦

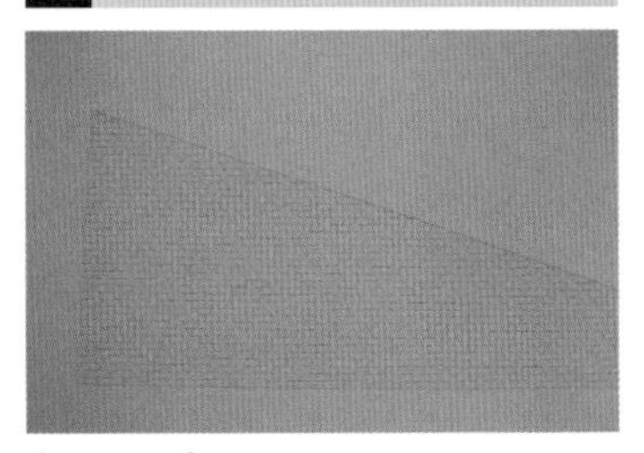

①取出步骤①中画好的层叠砖瓦部分，复印到淡茶色的纸上

②使用三种颜色（黄、橙、红）的彩色铅笔在纸上涂色，并用固色剂固定住。也可以使用无色透明的喷漆来代替固色剂

③使用喷胶粘贴在步骤②制作的施工地面上

❹ 制作建筑的部件

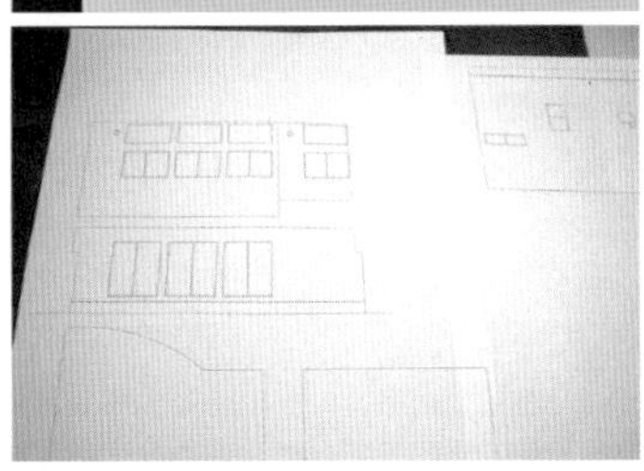

①在 CAD 中将立面图上多余的线和文字删除，做成方便切割以供模型使用的样式，并根据前后关系将每个部件分开。处理好的立面图复印到奶白色的纸上（这里需要营造出泥灰的效果，所以使用 Tanto Y-8 纸）

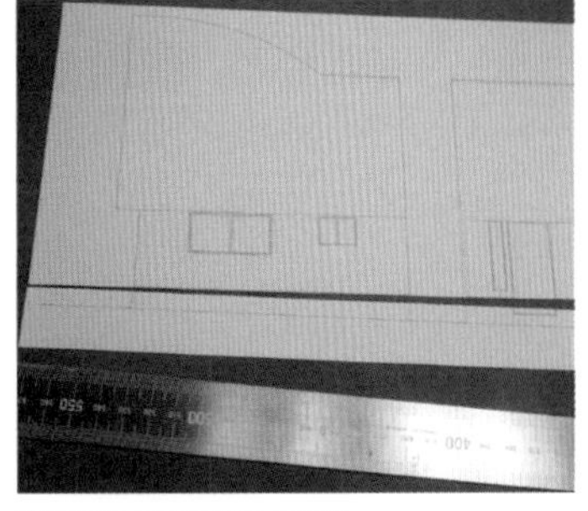

②裁切分开地基和外墙部分

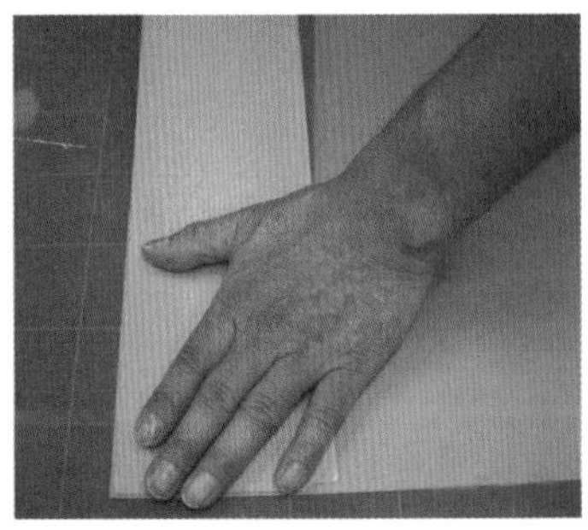

③在用于制作地基的灰色纸张的内侧贴上双面胶。没有足够宽度的双面胶时可以使用喷胶代替。这时候为了防止粘性太低，要在裁切后再喷涂。然后按照地基的宽度来裁切

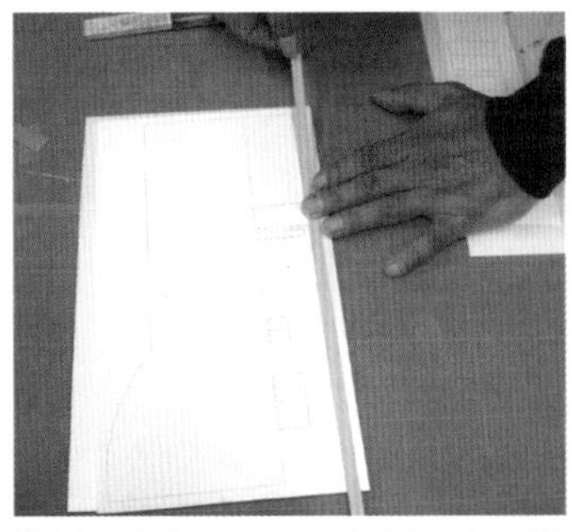

④将复印有建筑立面图纸的奶白色纸张用喷胶粘贴在稍微大一圈的聚苯乙烯纸上。按照地基的部分再贴上灰色纸张

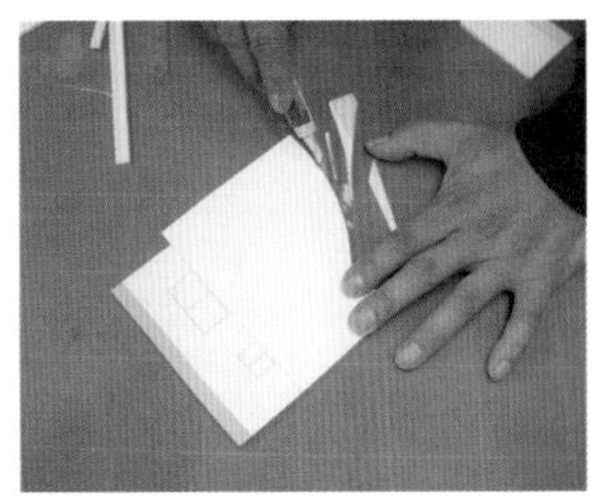

⑤按照图纸裁切建筑立面图纸。裁切的时候要注意屋顶部分的线不要露出来

⑥之后用锉刀沿着线条打磨一下。打磨时最好不要让外侧的纸向内侧翻卷

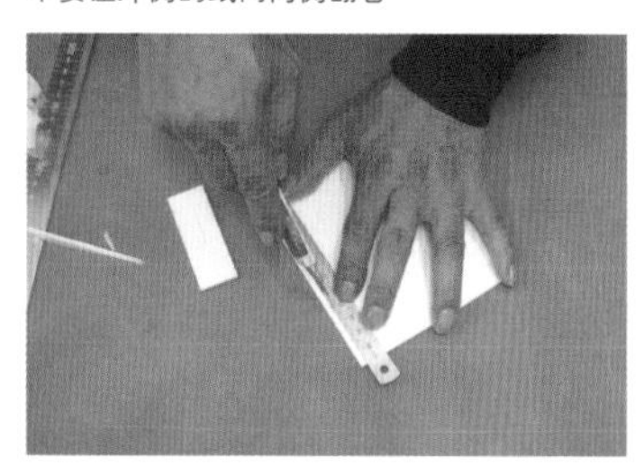

⑦由于边角按照 45° 角裁切，因此要用美工刀轻轻划上痕迹。这里的切割斜面组合成直角与使用两根完整木棍钉成直角不一样，不用在意材料的厚度直接切割出部件即可，如果一开始就能切割出 45° 角的话，之后就不用贴上纸张进行处理了，可以节省时间

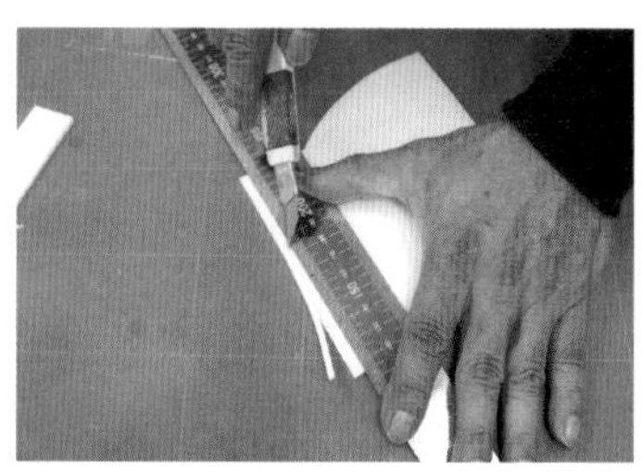

⑧使得刻痕和下面的角能连接而稍微移开一点直尺，做45° 切割。美工刀要使用30° 的刀刃，切不动的时候需要立刻更换刀片

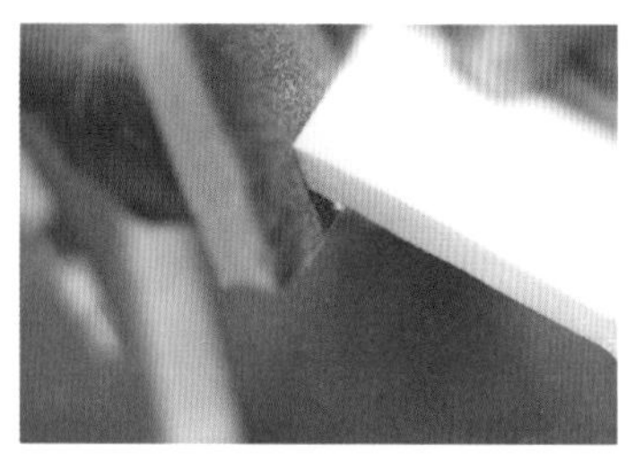

⑨切好之后使用锉刀进一步调整。并要确认外侧表面的纸是否有翻到内侧去，内翻的话就要用锉刀打磨

❺ 制作墙面、地面

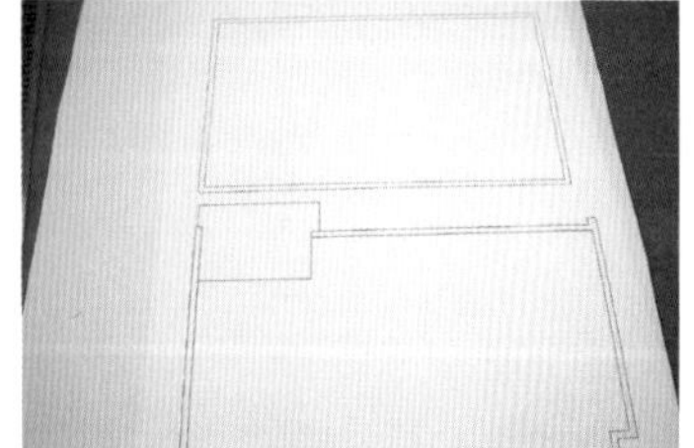

① 1 楼和 2 楼的图纸复印后贴在聚苯乙烯纸上并裁切

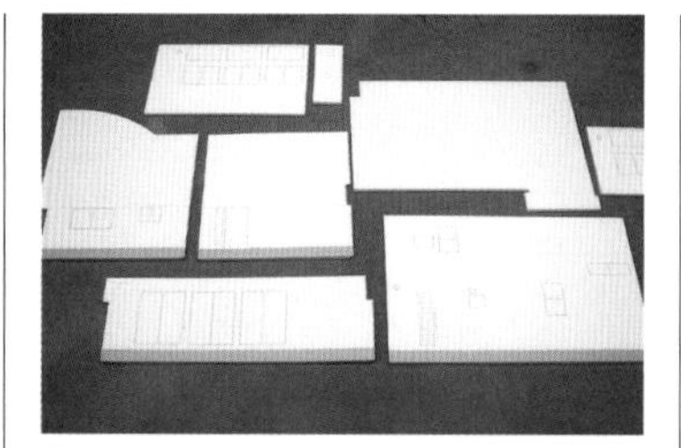

②切割出来的部件。按照组合顺序预先涂好聚苯乙烯胶。聚苯乙烯胶需要分别涂抹在粘贴的两面，等半干之后再粘贴才能粘牢

③聚苯乙烯胶半干之后，将各个部件按照 1 楼的基准组合起来

④粘贴好 2 楼的地面后就粘贴上 2 楼的墙面。阳台部分用喷胶粘贴上灰色的纸

❻ 制作屋顶

①制作曲面的屋顶。这里使用了聚苯乙烯板并剥去了两面的纸张。这是为了要利用聚苯乙烯板易于弯曲的特性

②剥去纸张后沿着一个方向卷曲。放一个筒状物进去后进行弯折

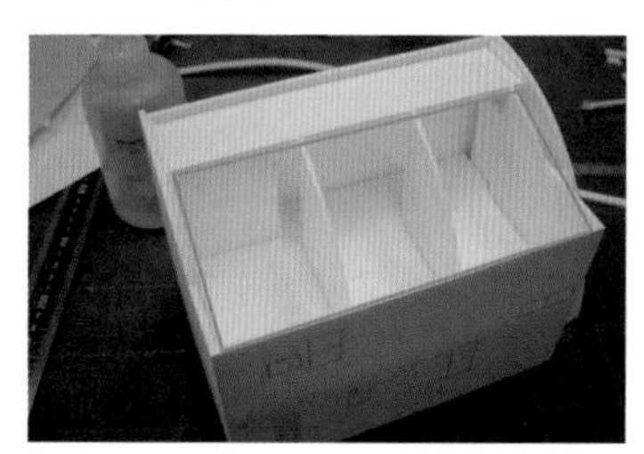

③屋顶的基础件是减去屋顶厚度 3mm 后切割出来的辅助材料

④在墙壁内侧使用聚苯乙烯胶，粘贴上屋顶材料，屋顶的基础件就制作完成了

⑤使用锉刀打磨屋顶和墙壁

⑥使用聚苯乙烯纸来制作屋顶上的底面材料，并在上面粘贴灰色的纸张。护栏可以使用在103页步骤④中制作地基时作成的贴有双面胶的纸片，依着高度贴上

⑦制作屋顶的金属板。依照屋顶的颜色及纹理，将CAD中绘制好的图（用于表现波纹板、方波纹效果等）复印在彩色纸张上并喷上固色剂。没有固色剂的时候可以用无色透明喷漆代替

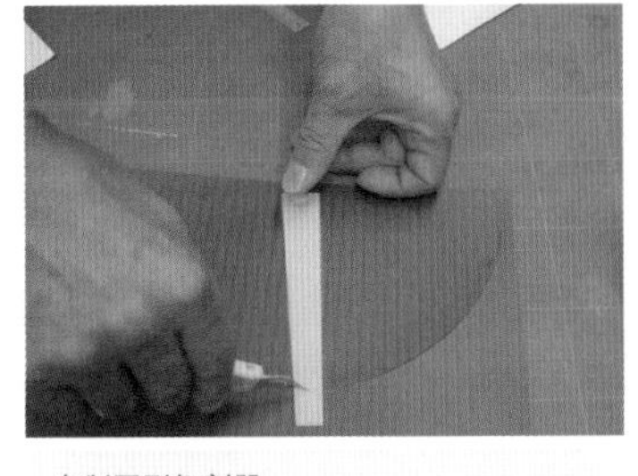

自制圆形切割器

图钉

1mm厚的
ABS板或PVC板

用美工刀转
一圈进行切割

⑧屋顶从侧面开始制作。使用自制的圆形切割器和刻度尺来切割拱形屋顶

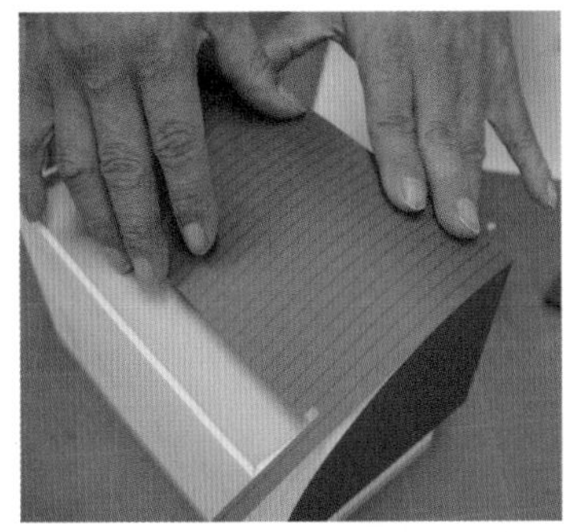

⑨制作曲面的屋顶。这里使用了聚苯乙烯板并剥去了两面的纸张。这是为了要利用聚苯乙烯板易于弯曲的特性

❼ 制作更多细小部件

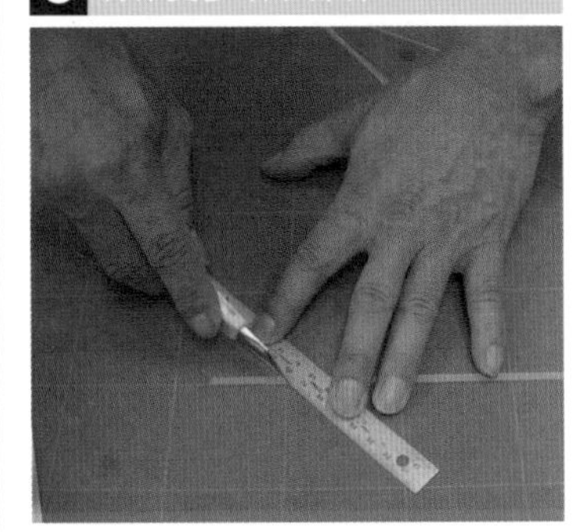

①制作压顶和地基的防倒灌槽。按照宽度裁剪贴有双面胶的纸带。压顶的转角要按45°裁切。以切割台的方格为参考，配合直尺来切割出45°角

②先粘贴好屋顶，再粘贴压顶。用屋顶材料稍微遮住一点会显得更美观

③粘贴防倒灌槽材料。粘贴细小材料的时候，可以先轻轻贴上然后用直尺一边调整一边粘贴固定

❽ 制作窗户

①在CAD上分开窗扇和玻璃部分，在玻璃部分用涂抹工具抹上深灰色。窗扇因为需要后着色因此这里先不要涂抹。印刷面应作为背面使用，因此要在印刷前翻转图像。然后使用喷墨打印机打印到透明的OHP薄片上

②窗扇部分涂成银色。油性颜料会引起变色和染色等问题，因此喷墨要使用水性喷罐。先稍微喷涂一次，等干了之后再喷涂一次。干透后在涂装的一面（背面）贴上双面胶，从正面切割出来。这里玄关门的颜色也改了一下

③窗户材料根据图样贴合。按压太重可能发生偏移，因此轻轻按上就可以了

❾ 制作阳台的扶手

①使用CAD制作扶手的展开图，然后在茶色的纸张上打印两份，背面使用双面胶粘贴。使用彩色铅笔（黄色）描画好木纹后，涂上固色剂并从背面粘贴起来，再切割成各部件

②三个面做好后用木工胶粘贴上。实际上板材和板材间是有空隙的。但是要作空隙的话制作就要超过 1 小时，因此这样就可以了

⑩ 制作玄关前的地砖

①将 CAD 数据打印到有地砖纹理的纸上，并涂上固色剂

②将两张 2mm 的聚苯乙烯纸重叠起来制成台阶。使用喷胶从侧面粘贴。并使用木工胶加固边角。顶板在最后粘贴

③这样地砖就制作完成了

⑪ 制作草坪

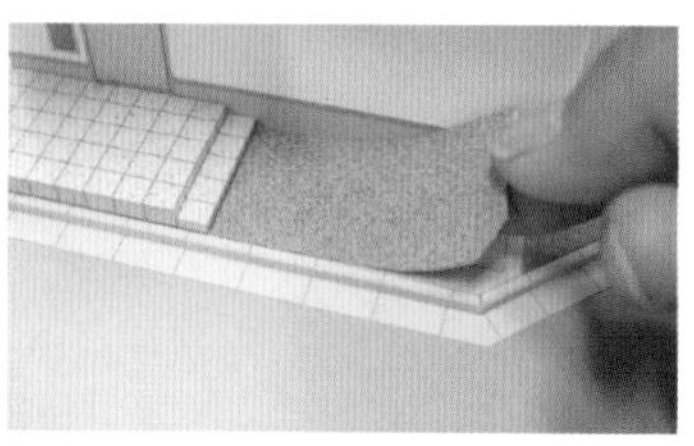

①将宽幅面的双面胶胶面朝上，用胶带固定好

②使用滤茶器将造型粉洒在胶面上

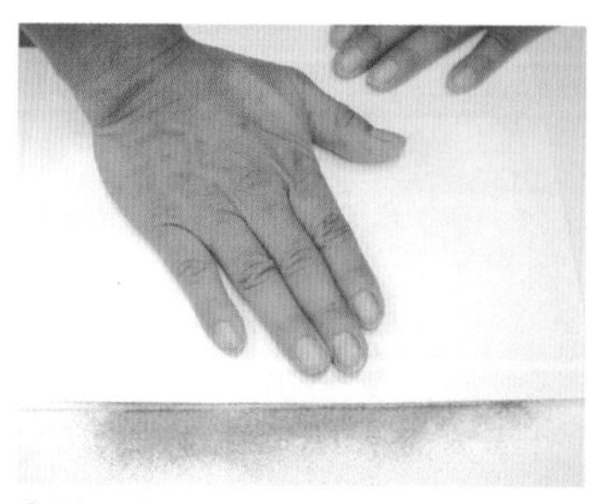

③垫好纸张等从上方按压

④多余的粉末竖向撒上。然后将木工胶按 1:1 的比例滴入中性洗涤液并等待溶化。之后使用滴管滴上。

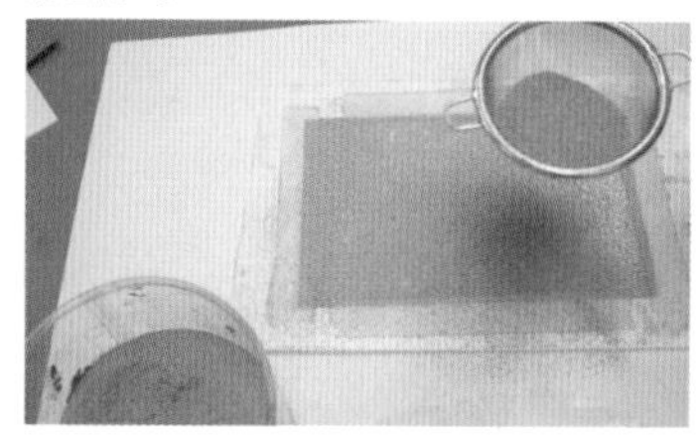

⑤再一次用滤茶器均匀洒下造型粉。并且马上把多余的粉末去掉。然后放到通风良好的地方干燥

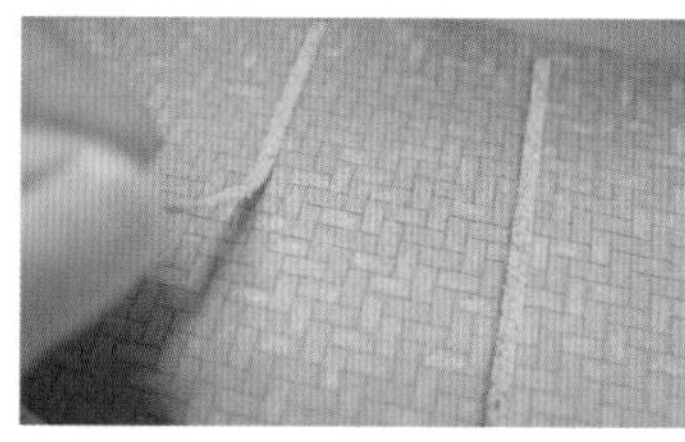

⑥按照大小切割好之后剥去背面的纸张粘贴上

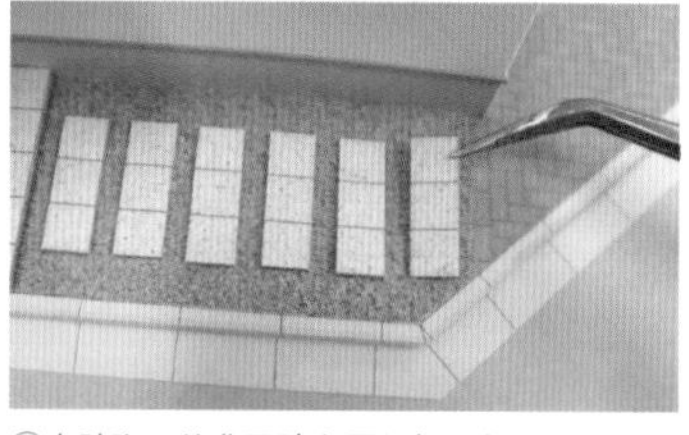

⑦沟槽里的草丛要切成细条粘贴上

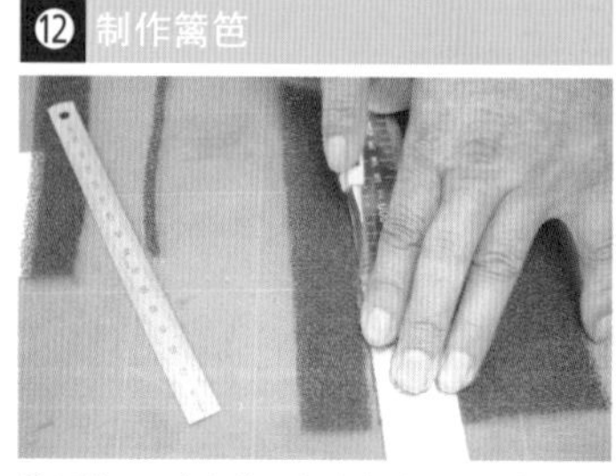

⑧在踏脚石的背面贴上厚纸板，加厚了的踏脚石用双面胶贴在草坪上，这样就能防止弯曲

⑫ 制作篱笆

①用美工刀或者剪刀将绒布滤网裁切成 5mm 宽的条

②如需制作修剪好的篱笆，这样长方形的就可以

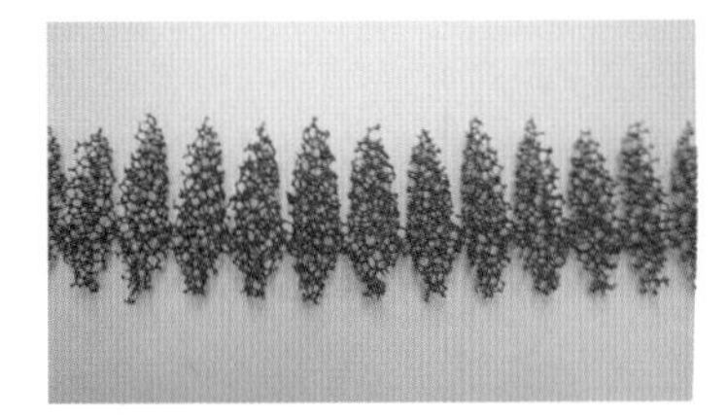

③制作独立的树丛的话，可以将滤网像图片中那样用剪刀裁剪，连接着的状态会更利于制作

④用刷毛将步骤⑪中使用的胶水涂上去

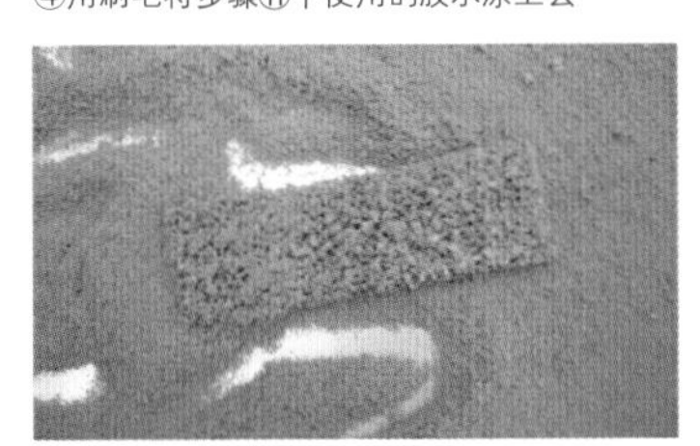

⑤放入盛有造型粉的盒子等容器中翻转着粘上造型粉。独立的树丛也用一样的方法制作

⑥抖去多余的粉末后静置干燥

⑬ 制作围栏

使用喷墨打印机打印出围栏的图案

①将 CAD 中制作好的围栏图案用喷墨打印机打印在透明胶片条上，做成透明的可粘贴 PVC 薄片的效果

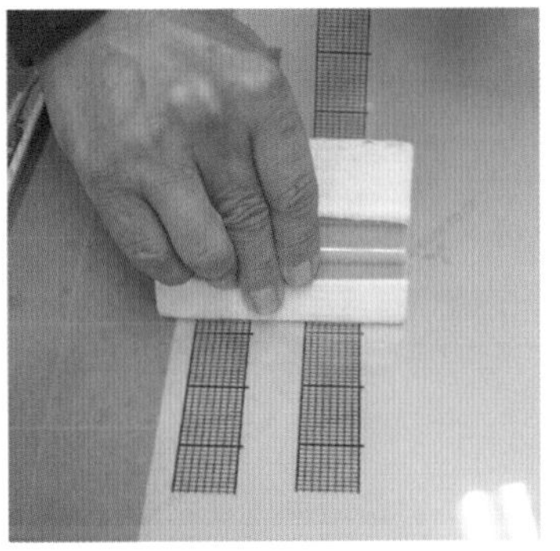

②将透明胶片条背后的保护纸剥去，一边用刮刀刮并注意顶端不要进空气，一边粘贴到 0.5mm 厚的丙烯酸树脂板或 PVC 板上。注意不能像可粘贴 PVC 薄片一样沾水使用

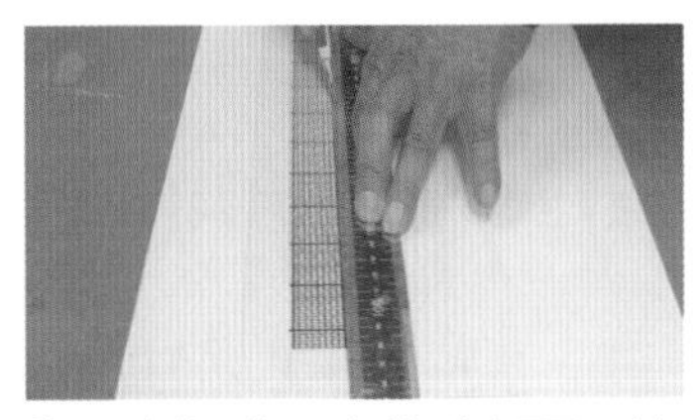

③ PVC 板使用美工刀切割，注意不要一次切割完成，可以分 2~3 次沿着直尺慢慢切割。丙烯酸树脂用丙烯酸树脂切割用刀，分 2 次左右划上刻痕然后掰折切开

④用木工胶粘贴住围栏下边。只要涂抹柱子部分就可以。如果有卷曲的情况发生就要预先反向卷曲来作出惯性拉直。由于使用喷墨打印机制作的缘故，因此也可以做成彩色的围栏

⑤这次的换气孔是圆形的，因此可以用打孔器在贴有双面胶的厚纸上冲打出来。这里使用双层银色纸张来制作

⑭ 完成

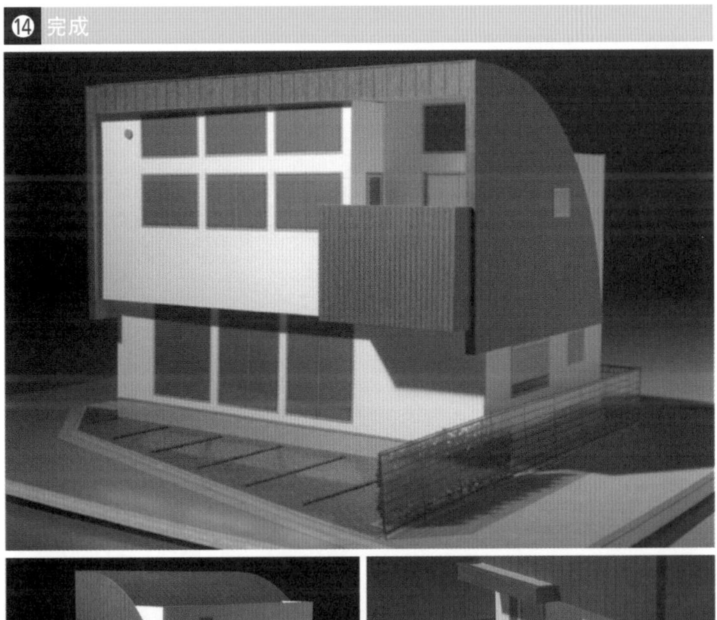

模型制作的实况转播④

使用挤塑聚苯乙烯泡沫板来制作精致的模型

常用于制作模型的挤塑聚苯乙烯泡沫板作为耐压耐水且易加工的材质，可以使用热切割器等轻松加工，也可以使用颜料来着色。

挤塑聚苯乙烯泡沫板通常用作于制作研究用的体积模型、周边建筑模型等呈"大块状的模型"。然而由于其易加工以及具有一定厚度的特性，也可用于切削出复杂的形状来。

这次使用挤塑聚苯乙烯泡沫板来制作模型。泡沫板表面可以加工得很漂亮。并且其原本的基底色彩是淡蓝色，所以可以通过涂装作为白模使用（图）。在模型中先用喷罐喷上底漆，然后用锉刀打磨，最后用毛刷涂上钛白色的 Liquitex 颜料来完成上色。

接下来就介绍一下用挤塑聚苯乙烯泡沫板来制作贝壳顶模型的方法。

图 挤塑聚苯乙烯泡沫板根据底漆处理或涂装方法不同效果也不同

底漆：无。着色：无	底漆：NJOY COLOR01・岩石灰（Nippe）。无着色	底漆：Mr.White Surfacer 1000（GSI Creos）。无着色
底漆：无。着色：喷涂颜料・Hands Select Spray（57）亚光白（东急 Hands）	底漆：NJOY COLOR01・岩石灰。着色：喷涂颜料・Hands Select Spray（57）亚光白	底漆：Mr.White Surfacer 1000。着色：喷涂颜料・Hands Select Spray（57）亚光白
底漆：无。着色：刷毛涂色・Liquitex・钛白色（Bonny）	底漆：NJOY COLOR01・岩石灰。着色：刷毛涂色・Liquitex・钛白色	底漆：MR.HOBBY・Mr.White Surfacer 1000。着色：刷毛涂色・Liquitex・钛白色

Check Point

①先要理解球面的制作方法（和地球仪的地图一样的制作方法）。要像分蜜柑一样分片制作出来然后粘在一起，而不是直接制作成一整个球体。

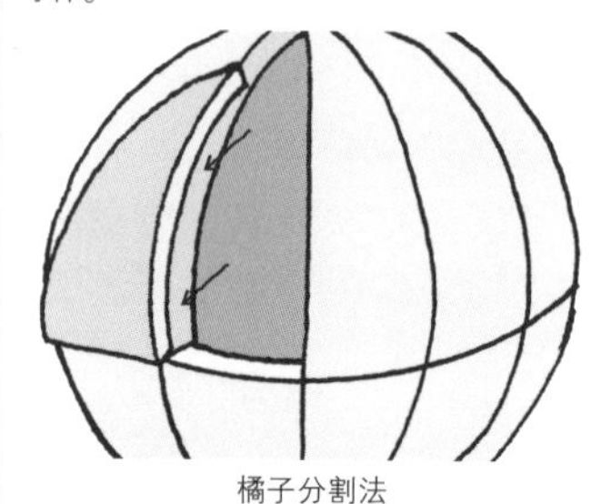

橘子分割法

②切割后多出来的材料也可以作为参照物使用，因此切割时要注意切口干净利落。

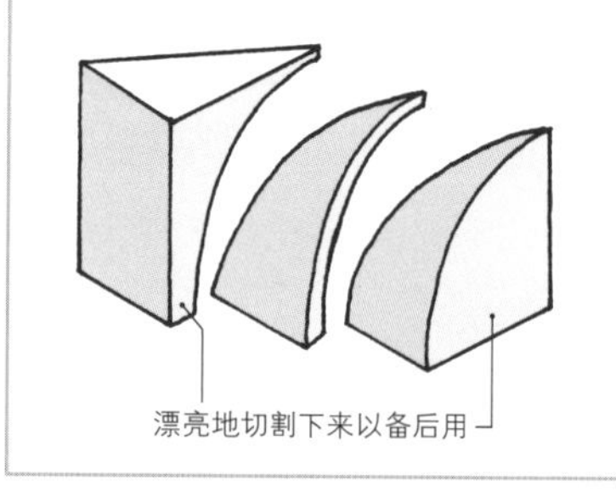

材料・道具

材料

挤塑聚苯乙烯泡沫板： 100mm厚
聚苯乙烯板： 2mm、5mm、7mm厚
透明丙烯酸树脂板・PVC板： 0.5mm厚
纸张类： 彩色卡纸、肯特纸、NT Rasha、遮蔽胶带
颜料类： Mr.White Surfacer 10000、Liquitex・钛白色
黏合剂： 木工胶、喷胶55、喷胶77

道具

热切割器： Profoam Cutter
美 工 刀： 30°、45°
砂　　纸： #180、#240、#320
尺　　类： 直角尺、钢直尺

挤塑聚苯乙烯泡沫板贝壳顶 + 聚苯乙烯板模型制作的实况转播（S=1:50）

❶ 外墙的半球部分——用橘子分割法来制作挤塑聚苯乙烯泡沫板的贝壳顶

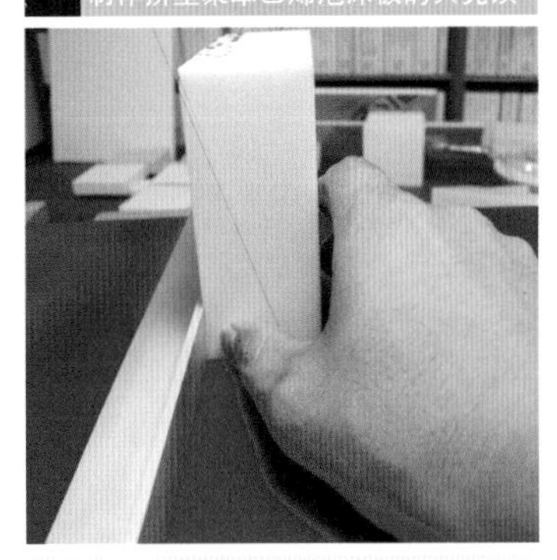

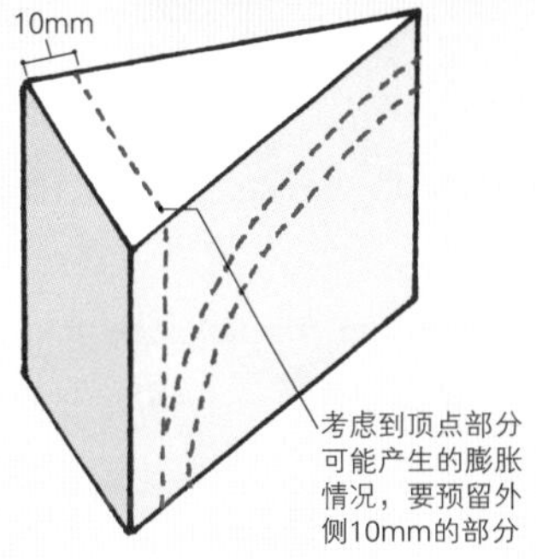

①分片制作外墙部分的三角柱，要先确认好图纸上的情况，切割时预留外侧 10mm 的部分

②使用热切割器切割会发生一些偏差，可以先将切割好的三角柱固定在标有角度的图纸上，依样调整好整体的最终角度之后再行切割

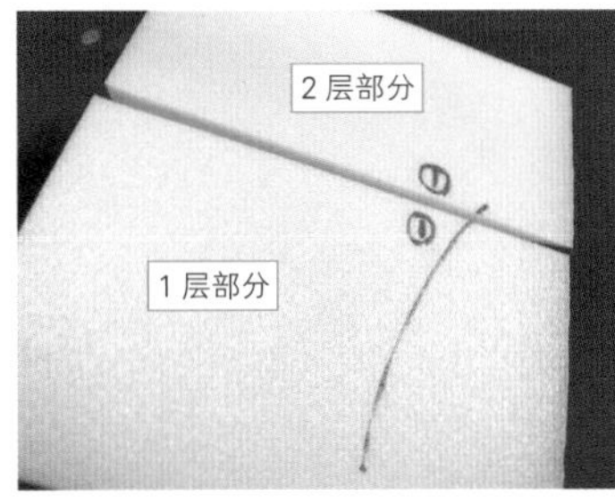

③由于壳顶的 2 层部分需要做成可分离结构，因此要在 2 层的地面部分切断材料。这时候直接用热切割器切割的话切角会熔化得比较厉害，可以将一块薄挤塑聚苯乙烯泡沫板重叠在切入口上一起切割。将 1、2 层切下的挤塑聚苯乙烯泡沫板标注上编号，并在切断面上喷上少许喷胶 55，然后重新黏合起来

④和上图一样要先制作一张外侧稍大圈的样纸展开图，并使用彩色卡纸（灰色、220g）来制作样纸。然后在彩色卡纸上喷上喷胶 55，两张粘合在一起，并在上面贴上图纸（展开图）。这样就可以用一张图纸制作出一样的正反两面来

⑤使用 45° 刀片的美工刀按形状切割。使用切割直线的刀片则不容易把切面切弯

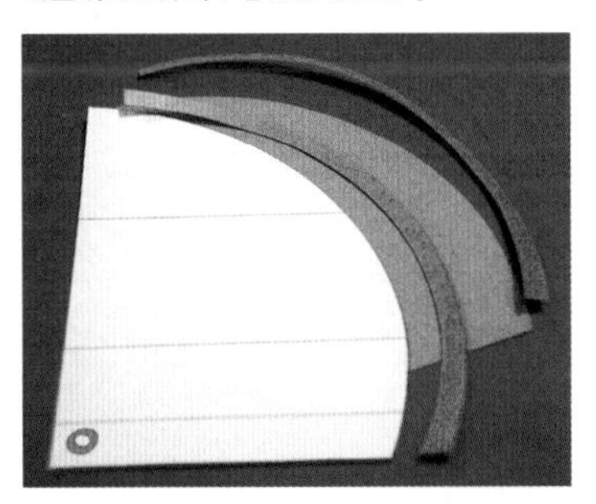

⑥照片中标有圈的样纸稍后可以贴在挤塑聚苯乙烯泡沫板上作为参考使用，因此也要确保直角完美然后一并切割出来。而实际需要使用的外墙的样纸则用 3mm 宽的双面胶沿着曲线来粘贴

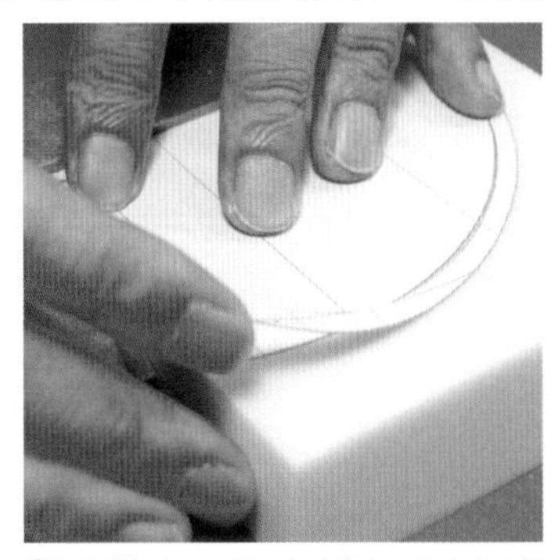

⑦将先前标有圈的样纸作为参考，将外墙的样纸分别贴在两面同样的位置上

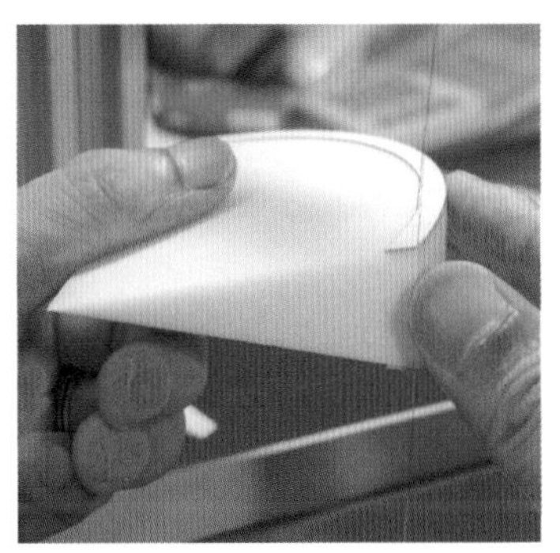

⑧为了方便拿取，切割时先切割外部再切割内部

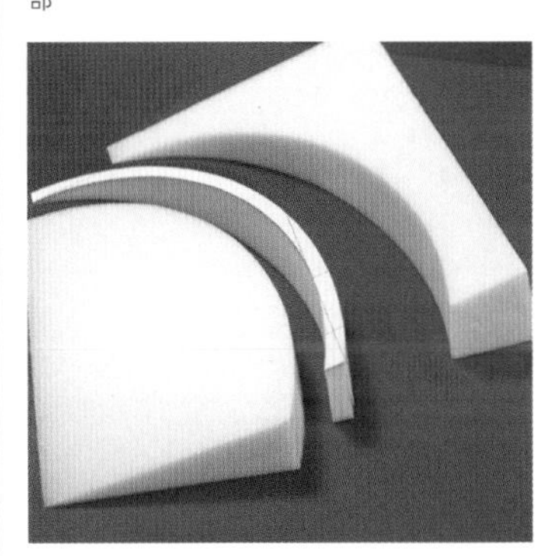

⑨如照片中一样，不用作于外墙的部分之后也可以作为参考使用，因此也要切割得干净利落

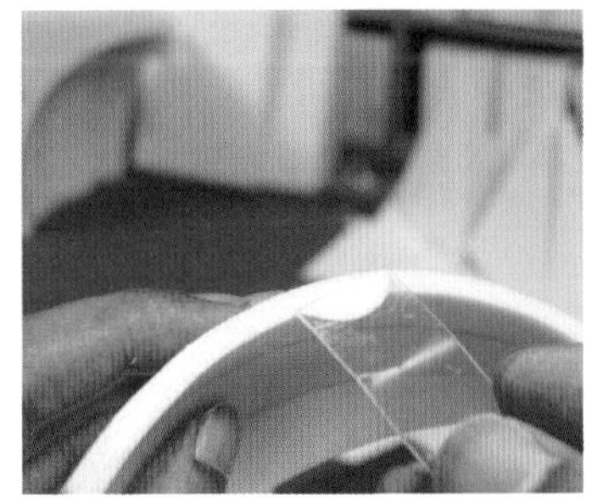

⑩在分片切割好的外墙上涂抹上木工胶并黏结上。木工胶太厚的话溢出的部分会硬化，成为之后的加工工作中伤痕的来源，因此两面要尽可能少涂抹，并把溢出的木工胶擦去

⑪使用遮蔽胶带固定各部分直到木工胶干透。用作于参考物的挤塑聚苯乙烯泡沫板内侧及外侧部分也分别用喷胶 55 来黏结起来。用同样地方法把另一侧的半球也制作出来并固定，步骤①的部分就完成了

❷ 制作施工地面

3 中需要切断的部分

1 中已经制成的部分

2 中需要制作这部分

①如图中一般先要切割出样纸以及制作模型所需要的同等大小的挤塑聚苯乙烯泡沫板立方体。并和步骤①中一样，先将 2 层的部分切割开之后喷涂少许喷胶 55 重新黏结起来

②因为切割出从上方看到的形状，所以要像照片中一样粘贴好样纸，并按照步骤①中橘子分割法来制作外墙接合的部分

③由于这部分上需要粘贴样纸，因此切下来的部分需要喷涂少许喷胶 55 并重新粘回立方体上

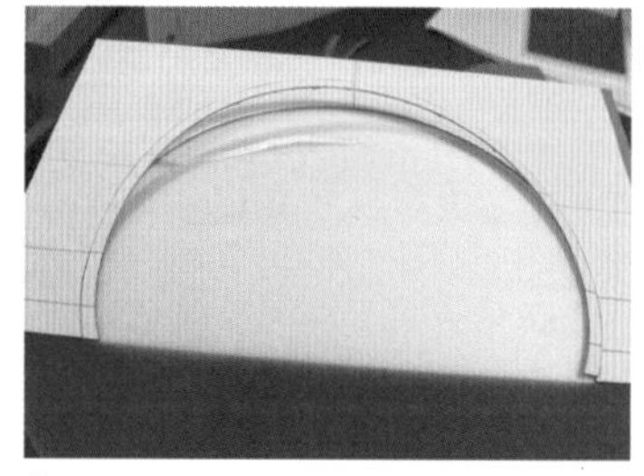

④为了裁剪出外墙部分，需要对断面部分的样纸进行切割。并以外部形状为参考在两面都贴上样纸

⑤由于外墙具有一定的倾斜角度，因此要调整好热切割器的角度来贴合样纸

⑥和步骤①中一样，尽可能将外墙部分的剩料也干净利落地切割出来

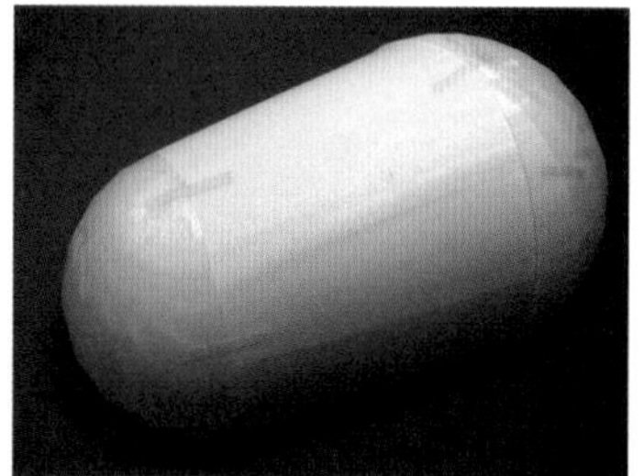

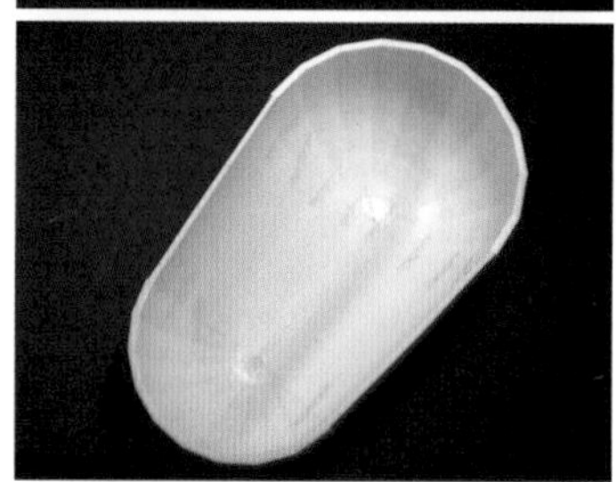

⑦贝壳顶的外侧（上方照片），内侧（下方照片）。将所有外壁部分用木工胶黏结，并贴上遮蔽胶带等待其干透。黏合剂完全干透后撕下遮蔽胶带

❸ 制作外墙的采光通风口

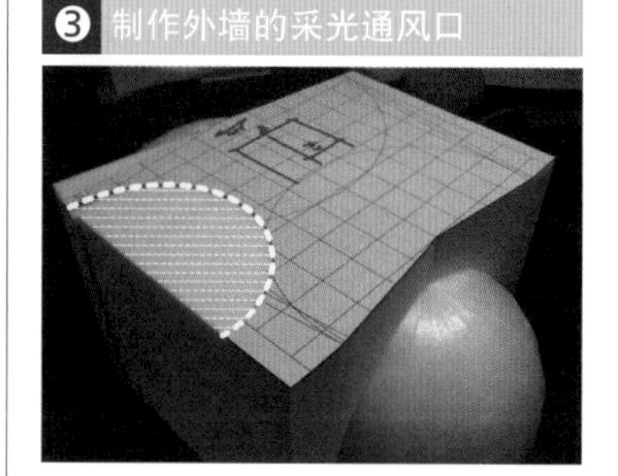

①由于需要在外墙上切出圆筒形的部分，因此要用切割下来的挤塑聚苯乙烯泡沫板（外侧和内侧）夹住模型，并贴上样纸用热切割器切割

②根据窗户位置，在外侧部件上切割好作为参考。在外墙上用美工刀仔细切割。这一步要使用刀片较薄的美工刀

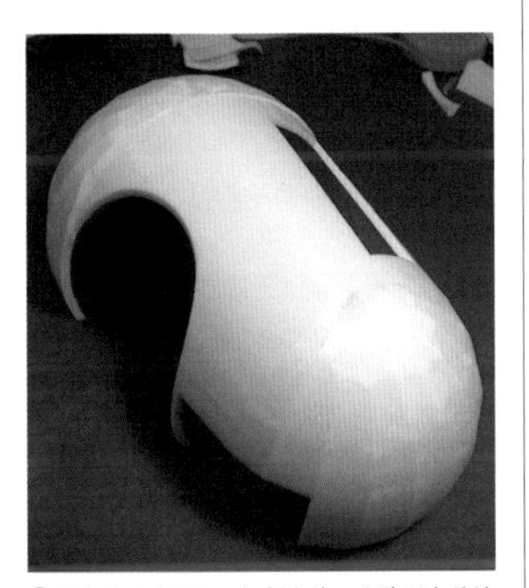

③所有的采光通风口切割完毕。去除所有外墙上多余的部分

❹ 给外墙均匀加工上色

①使用美工刀大致的将多余边角削去，并用 #180、#240、#320 的砂纸依次打磨曲面。要注意美工刀切削时不要过头，初步完成砂纸打磨的加工

②将喷胶固定好的 1、2 层分开，使用 Mr. White Surfacer 1000 对整体进行 3 ~ 4 次喷涂使得表面质感均匀。一次喷涂过多会导致挤塑聚苯乙烯泡沫板溶解，因此要等干燥后再次少量喷涂

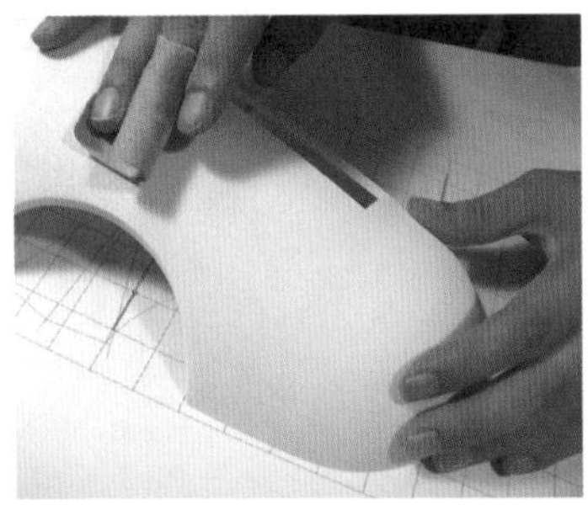

③喷涂后挤塑聚苯乙烯泡沫板表面会变得粗糙，因此要用 #320 的砂纸对整体进行轻度打磨

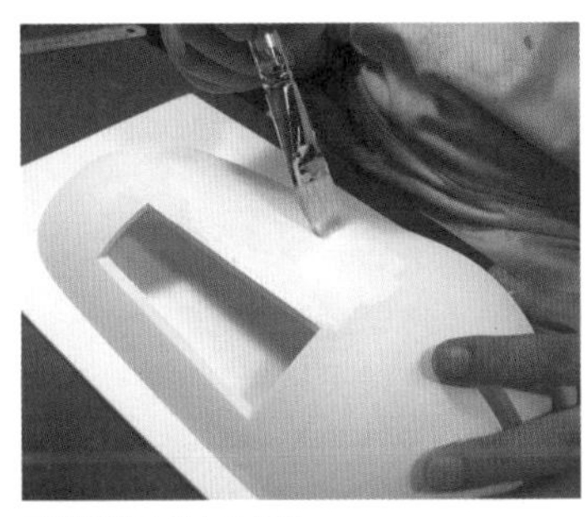

④用笔涂上钛白色颜料

❺ 使用聚苯乙烯板制作内部结构——1 层地面

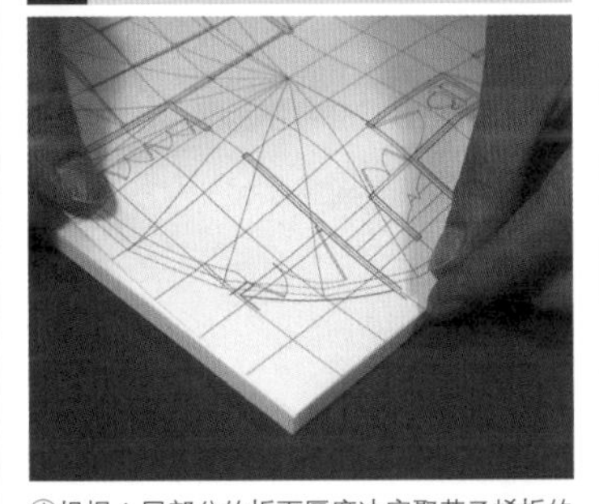

①根据 1 层部分的板面厚度决定聚苯乙烯板的厚度。这个模型中是 10mm（1 层的地面高度为 500mm），因此采用两张 5mm 的聚苯乙烯板撕去单面的纸张，并在上面喷上喷胶 77 后粘合使用。然后将标示有外墙位置的地面和底面图纸用喷胶 55 粘贴上。在图纸的外墙位置使用美工刀切去两面的纸张部分

②因为有倾斜角的缘故，因此需要使用热切割器来对聚苯乙烯板进行切割

③在地面部分使用美工刀标记上墙面的位置

④在需要树立柱的地方使用木工钻钻出孔洞

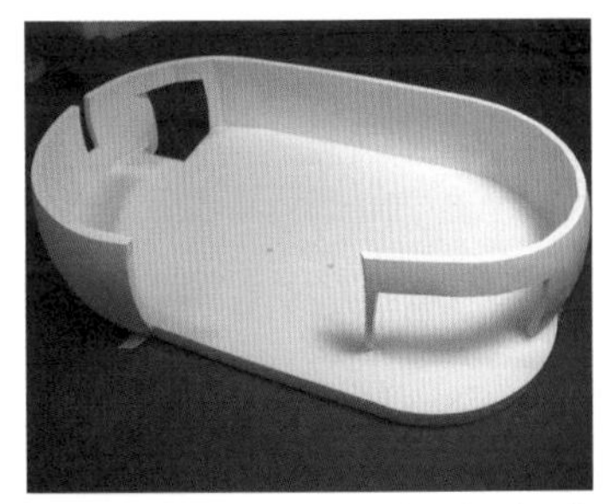

⑤ 1 层部分的外墙和地面使用木工胶固定。接下来是制作隔墙部分

❻ 制作 1 层的隔墙

①切割外墙时留下的内侧部件用喷胶 77 黏合起来，依照各墙的位置切割。将其作为隔墙和外墙连接时的参考物使用

②把 2mm 厚的聚苯乙烯板（由于墙厚为 100mm）按照墙的高度切割。然后利用刚才切下的参考物来切割和外墙连接部分的曲线

③照着图纸上的长度切割内墙

❼ 制作楼梯

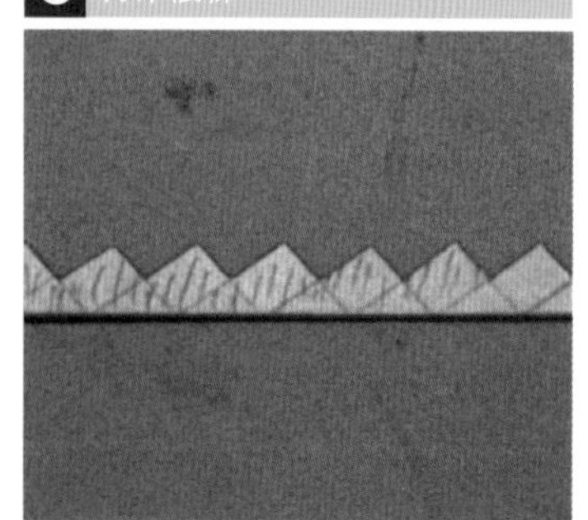

①用喷胶 55 来粘合彩色卡纸并画上楼梯的切面作为样纸使用

②照着楼梯宽度切下的聚苯乙烯板（7mm）上用双面胶贴上一张样纸。在楼梯的两端用美工刀刻上刻痕

③连接两端的端点，用直角尺比对着切去聚苯乙烯板（7mm）上纸面的部分，然后使用热切割器将两端多出来的部分都切掉

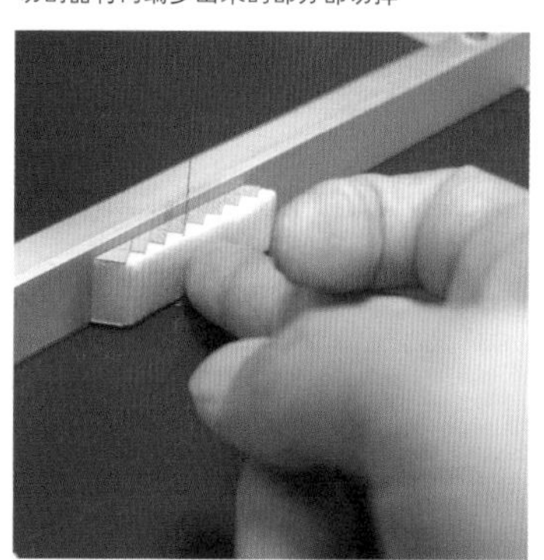

④如照片上一般切下正好符合楼梯厚度的聚苯乙烯板材。内侧贴上另一张样纸

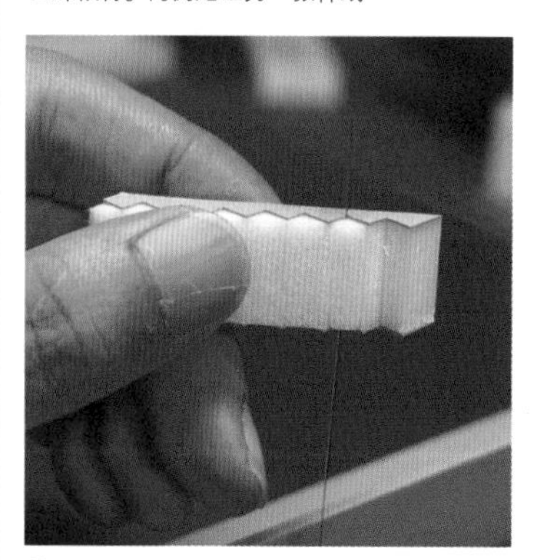

⑤照着样纸切割出楼梯踏面

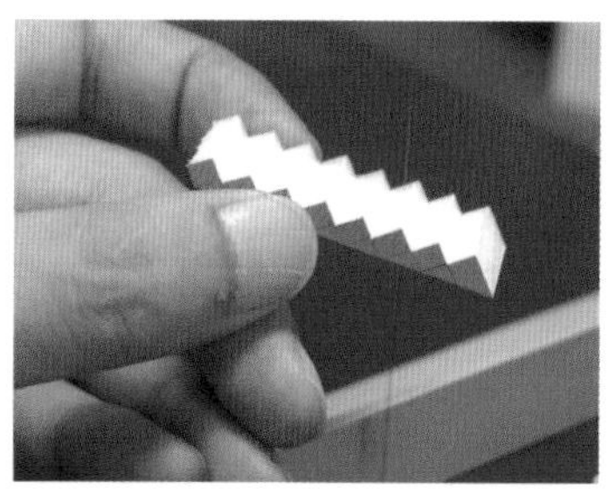

⑥全部切割完成后，剥离样纸然后在楼梯踏面上贴上纸张

❽ 制作 1 层的采光通风口

①在肯特纸上贴上双面胶，然后把按窗户大小切下的 0.5mm 厚的透明丙烯酸树脂（或者 0.5mm 厚的透明 PVC 板）粘上

②在肯特纸（220g）那一面用美工刀依照开口部分的尺寸刻上印痕

③依照窗扇的厚度切割肯特纸

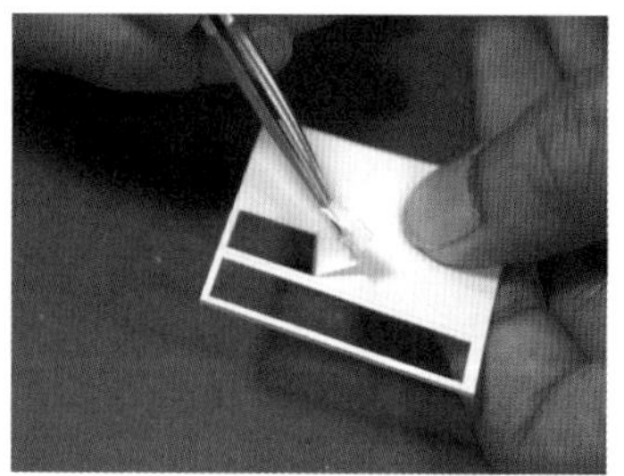

④剥去玻璃部分的肯特纸

⑤以同样的方式制作其他窗户

⑥以同样的方式制作 2 层的隔墙和采光通风口

❾ 使用挤塑聚苯乙烯泡沫板制作地基

①分别制作道路和地基部分的样纸并粘贴到挤塑聚苯乙烯泡沫板上

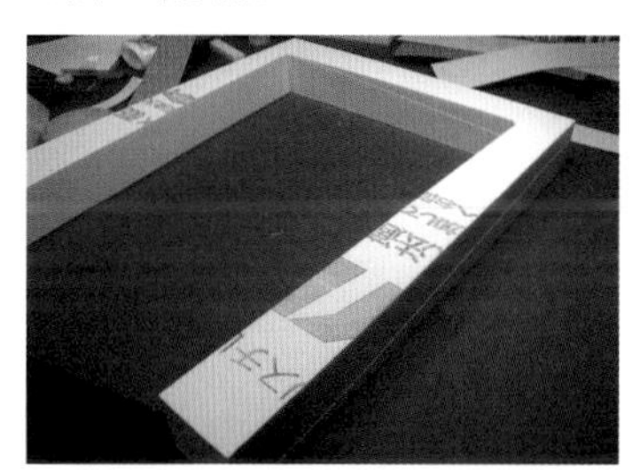

②制作出能体现道路高度差的样纸，并在道路的两面贴上双面胶。此样板纸因为不用剥离，所以使用较薄的彩色卡纸（白色・175g）来制成

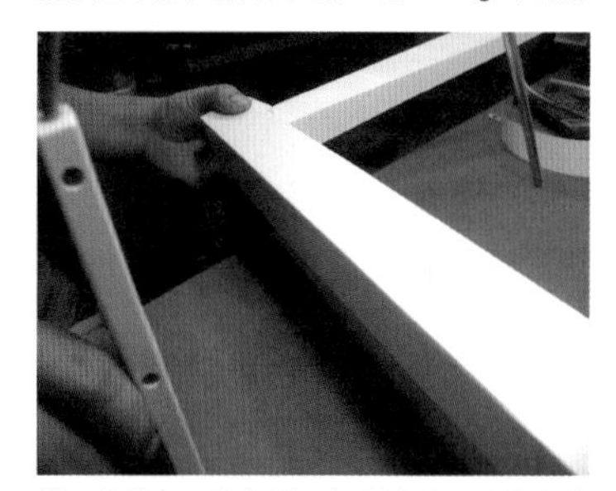

③沿着样纸用热切割器切割出路面的高度差来。切割面如果凹凸不平的话，可以使用板锉（将 #180 砂纸贴在单面粘贴板上制成）将表面打磨平整

④为了制作挡土墙，要先将地基部分和道路部分放到一起，并在地基部分的侧面标上道路的高度差

⑤在刚才标有高度差的地方和地基侧面贴上样纸，用热切割器切割

⑥在道路一面贴上双面胶，用灰色纸张全面覆盖粘贴

⑦依照道路来裁剪灰色纸张。未裁去的部分留作制作停车场时再切割

⑧将地基和道路黏合在一起，挡土墙部分贴上肯特纸（220g）。停车场的位置在贴上肯特之前先按图纸裁切好

❿ 完成

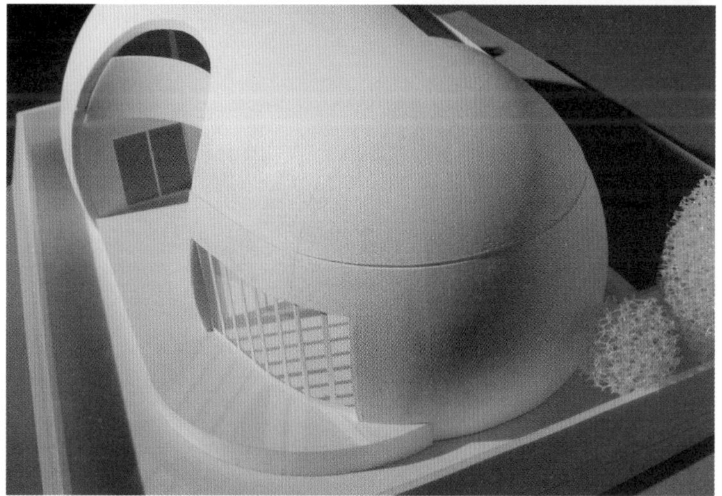

制作铝材 + 丙烯酸树脂模型

这一章节介绍在制作铝材 + 丙烯酸树脂模型中向外部预定零件切割业务时的大致价格和交付时间。
以及在委托金属和丙烯酸材料加工者时的要点。

制作铝材 + 丙烯酸树脂模型时，部件的切割是交由外部加工者处理完成的，设计方只需进行组装工作，因此模型的制作时间可以相应缩短。模型精度和耐久性也非常高，适合长期保存，也可以作为礼物赠送给委托方。这里将用铝材制作基底、用丙烯酸树脂来制作建筑本体。

委托金属加工厂时的要点

这次委托的 MHM※1，拥有两台激光加工机（最大加工板材尺寸为 1 500mm × 3 000mm、厚度为：铝材到 10mm 为止、不锈钢材到 16mm 为止、生铁材到 19mm 为止），以及数控弯曲机、氩弧焊机、点焊机、镗床等。

（1）加工范围和交付日期

基本上激光加工机只负责切割工作，不可以进行雕刻和蚀刻。铝材是有方向性的，同一个部件根据加工位置不同，效果也可能不一样。因此需要按同一个方向制作，或者在需要制作出不同效果的方格图案时提前与加工方交涉。交付时间一般是 7 ~ 10 天（图 1）。

（2）图纸的文件格式

受理 dxf、dwg、iges 格式的图纸文件 ※2。厂房里使用的 CAD 为机械加工用的 AP · 100。图纸上需要标记好刻度，最好使用 1:1 的比例。不得已的时候也一定要标记清楚并作确认。多余的图层和线要预先隐去或者删除。

（3）价格为：材料费 + 机器费（依运作时长而定）

价格的计算方法为材料费 + 机器费（依运作时长而定）。这次一共花费了 13 200 日元。运作时间大约为 30 分钟，使用的板材厚度为 0.5mm、1.0mm、5.0mm。对于 198m² 左右的住宅的 1:100 模型来说并不算很多 ※3。

（4）精度误差 0.2mm

精度误差虽然和板材厚度也有关系，一般为 ± 0.2mm。要特别注意的是铝材比较容易出现毛边，所以切削打磨的时候也会造成尺寸的变化。使用激光加工时，会将外层的塑料保护膜去除，所以要预先交代好最后需要用来加工的面等相关信息。

委托丙烯酸树脂加工业者时的要点

（1）加工范围和交付日期

这次所委托的关内宣传社 ※4 只负责材料切割，不提供部件的组装业务。加工的种类有切割、雕刻、蚀刻（比如毛玻璃效果）三种，可加工的最大尺寸为 594mm × 420mm（图 2）。交付时间一般需要 7 ~ 10 天，根据材料状态和委托的数量会有上下浮动。

材料 · 道具

材料

铝材： 0.5mm、1.0mm、5.0mm厚
丙烯酸树脂板： 1.0mm、2.0mm、3.0mm厚
胶带类： 遮蔽胶带、双面胶（有各种宽度的话最好）
黏合剂： 二氯甲烷黏合剂MK、Acrysunday

道具

小型桌面圆锯（如果模型只有垂直和水平面的话就不需要）
砂纸
直尺/直角尺
美工刀
笔（柄要是木头等不容易被二氯甲烷溶解的材料）
手套

Check Point

■委托加工业者的时候

①要预先确认好交付日期。
②要确认好加工机械所能使用的数据格式。向丙烯酸树脂加工者提供数据时，要按下图来分层：

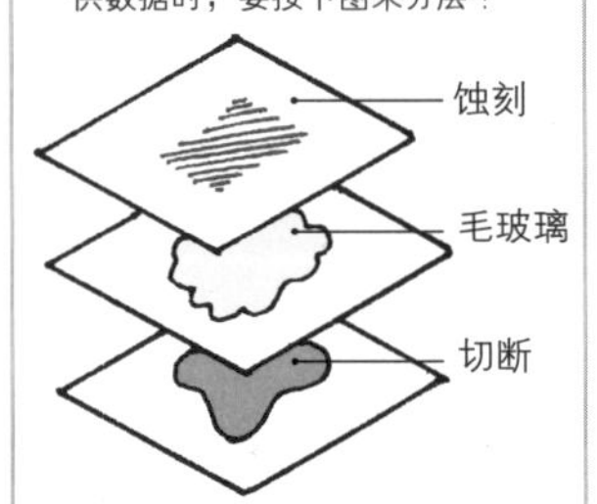

③要预先讲明最后细节深化制作用的材料。

■制作模型的时候

①铝材的毛刺要认真去除。
②丙烯酸树脂的保护膜要用中性洗涤液洗涤并小心地使用指腹轻轻剥除。为了黏结效果美观，要用直角尺先确认好垂直角度并且用笔沾好黏合剂在两块材料的黏合面迅速涂抹黏结。
③建筑如果有核心部分之类的结构的话，从核心开始做会使得水平垂直都更容易把握，并且组装也会更方便。

※1 MHM（神奈川县横滨市）是一个拥有 20 名职员的公司。一般业务以食品机器以及医疗机械的部件加工为主，最近也开始接受我们建筑从业者的制作委托（楼梯、水槽、椅子等）。咨询电话：(+81)045-930-3511
※2 邮件委托虽然也接受，但还是建议当面对图纸进行商讨更好
※3 板材越厚价格越高。即便是同样大小的 10 个 1mm 部件也比 1 个 10mm 部件便宜
※4 关内宣传社（横滨市关内）是一家占地 220m² 左右、有 8 名职员的公司。平时以制作周边饮食店的宣传板、标志等为主业。咨询电话：（+81）045-663-4560

图 1 铝材加工

·（上）激光加工前剥离保护膜。（中）激光加工的样子。（下）切割出来的部件

图 2 丙烯酸树脂加工

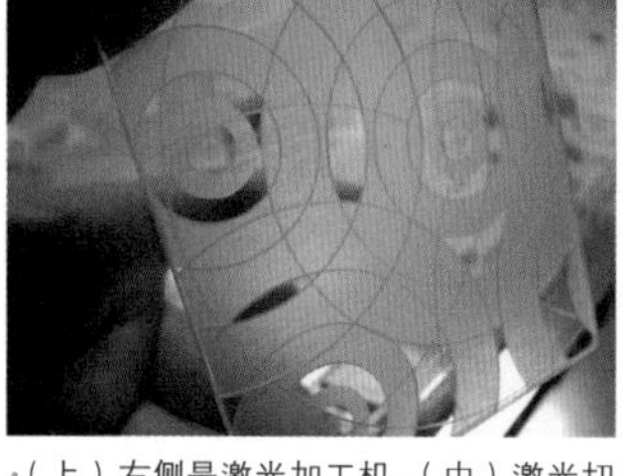

·（上）右侧是激光加工机。（中）激光切割后的样子。（下）切割和蚀刻的样例

（2）需要准备的图纸为 Illustrator 格式

图纸数据接受 Illustrator 格式。一般不接受邮件委托。需要注意的是要按加工的种类（切割、雕刻、蚀刻）来分图层，还有连接的线条要以点连接，并确保没有两条以上的线重叠。制作图纸时还要时刻注意内角外角部分是否留有空间。比例也最好是 1:1，并标注实际尺寸。

（3）A3 尺寸的价格为 1 万日元起

按照 A3 尺寸计算价格为 1 万日元，剩下就按照尺寸比例计算即可。本次使用了 2 万日元 ※5。加工厚度虽然可以达到 50mm，但是板材越厚机器运作时间就越长，价格也越高。

（4）精度标准

虽然没法给出精确的数值保证精度，但是就雕刻方面来说是可以达到相当高的精度的。即便是 1:100 的住宅图纸上的很小的坐便器，也能按照形状准确雕刻出来。

然而根据板材厚度差别，多少都会产生一点误差，特别是比较薄或者细小的部件会较难加工。

丙烯酸树脂 + 铝材模型制作的实况转播（S=1:100）

❶ 制作地基

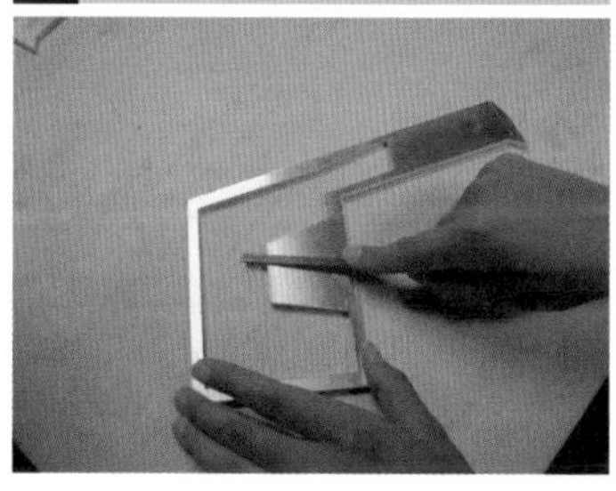

①这次要制作模型的 1 层一半是在地下的，需要向下挖一部分。因此就要用有孔洞和无孔洞的各层铝板部件来堆叠出地基部分。这和使用软木或者聚苯乙烯板等制作等高线模型是一个原理。所以为了防止堆叠的时候出现缝隙，就要认真打磨掉毛刺部分

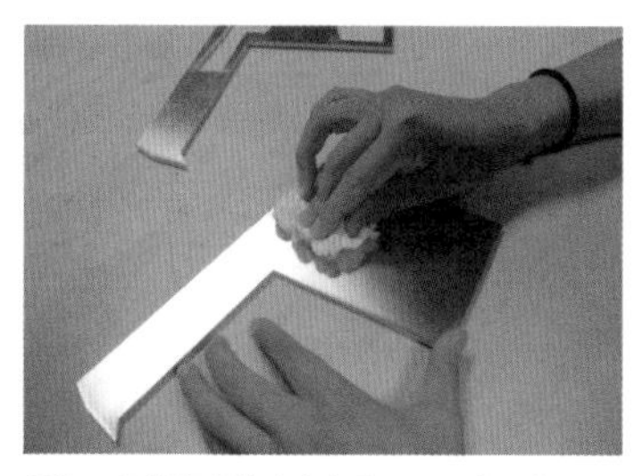

②为了能够顺利接合各部件，需要将铝板的正反面都处理干净

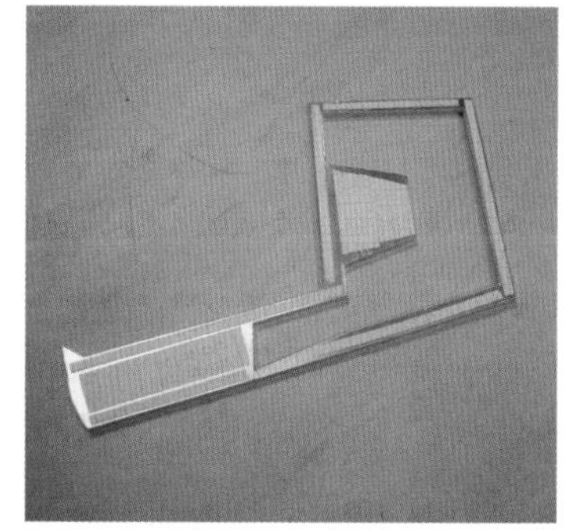

③在铝板上贴上双面胶。准备多种宽度的双面胶会更方便操作

④标记好边角，将铝板压实接合

⑤楼梯等部件也用同样的方式使用双面胶粘贴压实

⑥半地下的部分就完成了

※5 板材厚度的种类有 1.0mm、2.0mm、3.0mm。不论是哪种都会产生边角料，所以这个价格是可以被接受的

❷ 制作建筑物部分

①有些需要切出斜口的部件就要保留着防刮伤的保护膜直接切割。这时候可以使用桌面型圆锯的小盘和有角度的夹具来提升精度。切削出来的切口还要先使用 #1 000 左右的砂纸进行打磨，再使用研磨膏打磨，使得切口像激光切割后的表面一样光洁

②使用中性洗涤液洗涤，并轻轻剥除保护膜。剥除后要使用面巾纸等去除水渍和残留的指纹

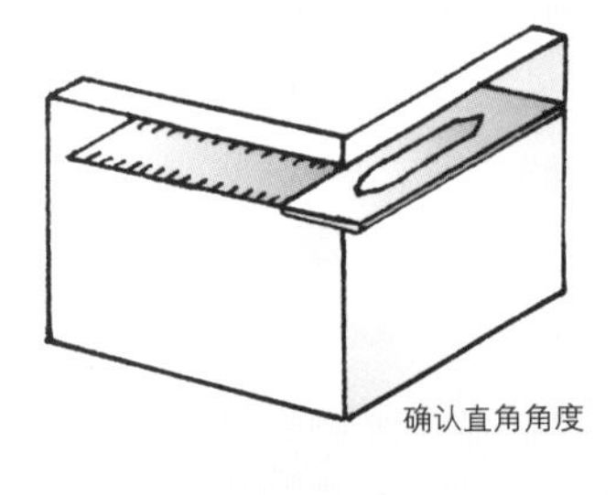

③用笔涂抹二氯甲烷黏合剂并组装各部件。使用直角尺来确认是否垂直，然后在丙烯酸树脂固件的接合面上用笔迅速涂抹黏合剂，可以使黏结效果美观。在实际黏结前也最好先组装一遍确认一下是否有误

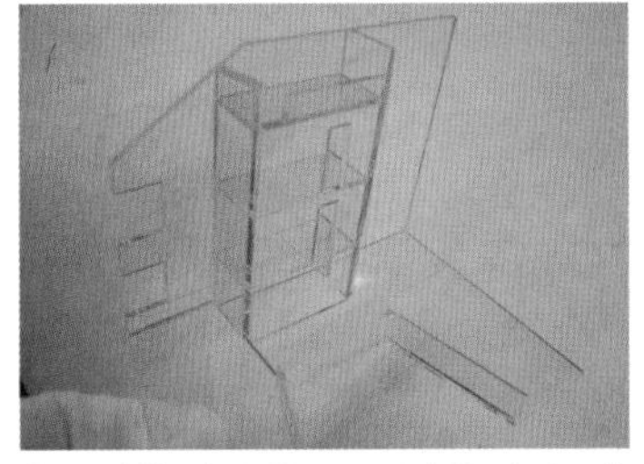

④如果有核心部分的话，可以先从那部分开始组装，这样更容易确保组装时的水平和垂直

⑤使用美工刀切割出作为柱子使用的铝棒，涂抹上透明黏着剂，用镊子安装到位

❸ 基本完成

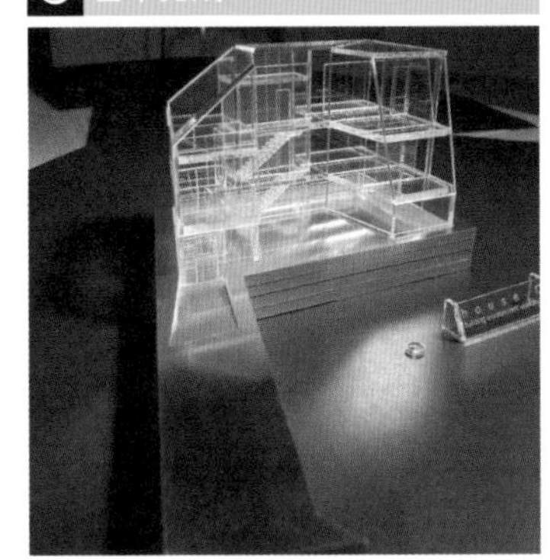

· 插入地基的凹槽中就完成了。铝材和丙烯酸树脂都按同样的尺寸制作的话就没法嵌入了，因此要选择其中一个稍微做下改动。这次我们选择了将铝材的尺寸改动了 0.6mm

❹ 再安装上金属的外壳材料

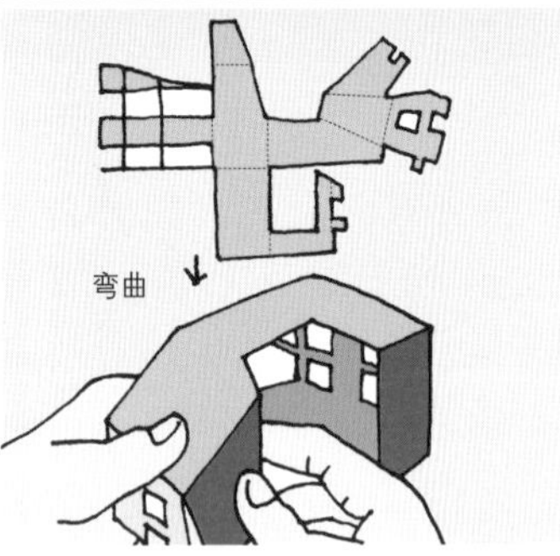

· 这次的建筑实物使用的是金属板材外墙，因此我们也制作了可拆卸式的铝制罩壳用来表现其效果。按照顺序先要制作出屋顶、外墙的整张展开图，然后委托激光切割较薄的板材（这次使用了 0.5mm 厚的板材）来制成。需要弯曲的部分先在内侧用美工刀划上刻痕，然后用直尺等固定好再弯曲。由于是可拆卸的部件，所以不需要黏合

❺ 完成

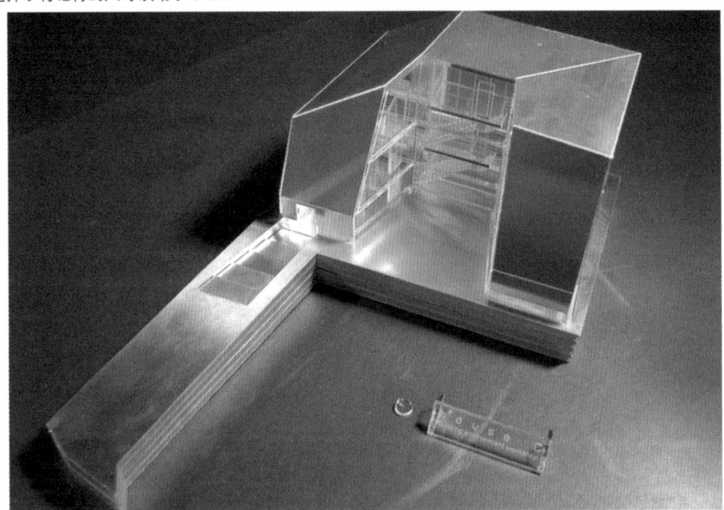

· 将弯曲好的外壳材料罩在丙烯酸树脂模型上就算完成了

模型制作的实况转播⑥

框架模型的制作方法

木结构的框架模型虽然非常复杂，但是需要确认结构时
制作框架模型也是十分必要的。
为了同时实现合理的结构和适于居住的平面布置
也需要认真制作框架模型来进行讨论。

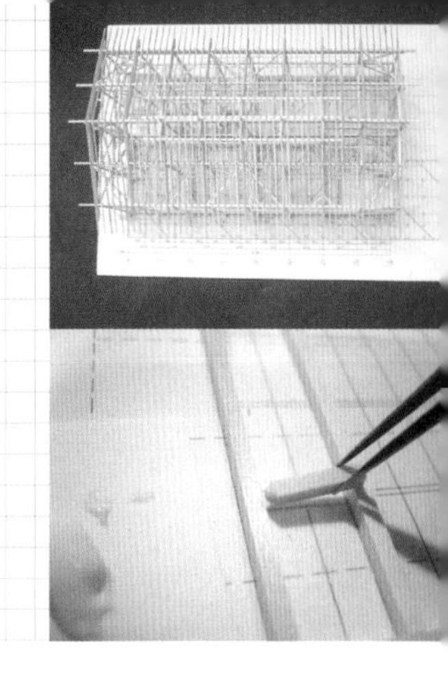

材料・道具

材料

轻木材料：依照模型的比例，备好各种直径的棒材

聚苯乙烯板：用以制作台面或基板

黏合剂：木工胶

道具

美工刀、直角尺、钢直尺、美工垫板、注射器、镊子

Check Point

■制作框架模型的意义

①将模型制作中所了解到的问题反馈到实际的设计中来。
②通过按压触摸来掌握受力情况。
③通过使用的模型材料的量来掌握实际用材量。
④委托木工来协助可以提高截取木材和雕刻的效率。
⑤通过和实际工程一样的组装方式可以模拟实际建造的体验。

■制作时的要点

①斜面材料加工及榫卯等接口的角度要完美展现。
②将所有材料加工、准备好之后进行组装也可以作为建造过程的模拟。

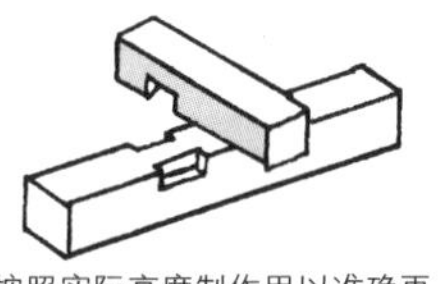

按照实际高度制作用以准确再现榫卯结构

制作框架模型的目的是将图纸上无法掌握的立体结构做检视。确认管道和接口的位置，以及通过观察和实际触摸来确认结构的强度。将框架模型和图纸一同交给施工方，也能使实际作业的效率得到提升。需要准备的图纸有各种平面结构图和框架图。由于只是用于设计讨论使用，所以粗略一点的图纸也无妨。

制作框架模型的实况转播（S=1:50）

❶ 制作地基

・先要对所有材料进行加工到仅需要组合的程度。一边考虑好实际的木材使用情况，一边从整段材料中切取

❷ 制作建筑物部分

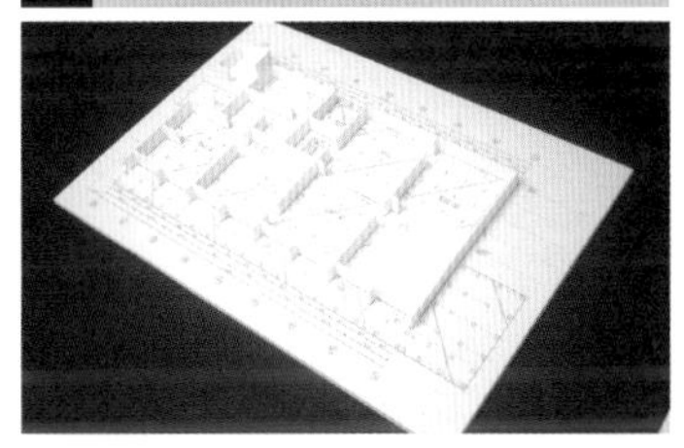

・在聚苯乙烯板上贴上基面结构图，在上面用聚苯乙烯板来制作地基的凸起部分。用作于基面的板材厚 2mm（实际建筑 100mm）、3mm（实际建筑 150mm）两种。并且准备好基础台面的材料，和实际现场施工一样认真整理

❸ 基本完成

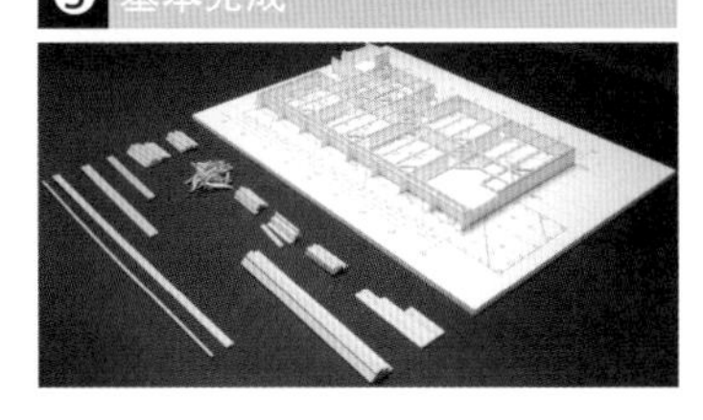

①在基板上放置台面。角撑之类的斜向材料的接口需要特别注意。准备好接下来的 1 层的框架材料。框架材料间的黏结基本上都是直接连接黏合

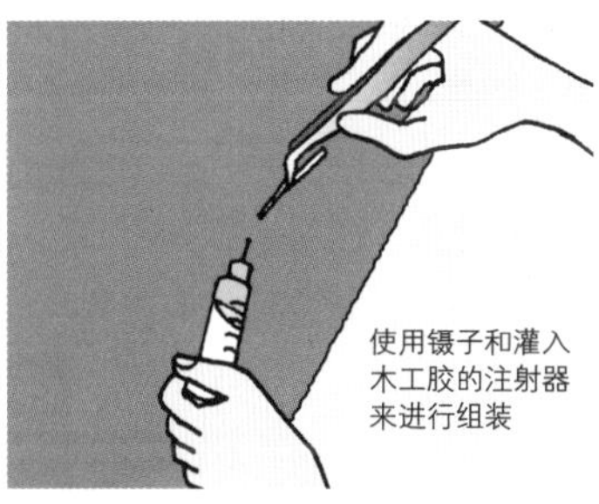

②将木工胶灌入注射器中可以使得细小部分的黏结变得容易进行。在组装的时候使用镊子会更好

❹ 再安装上金属的外壳材料

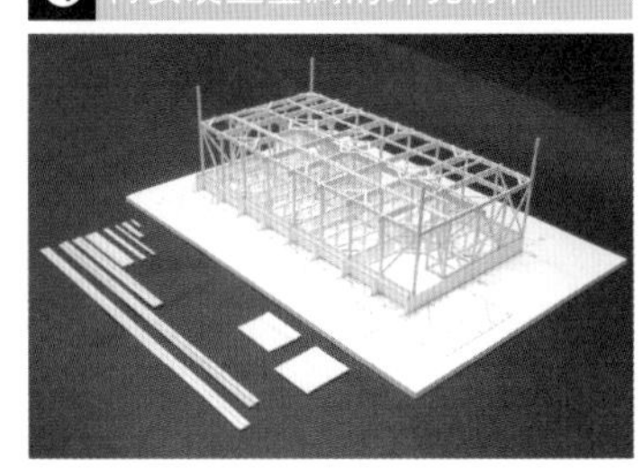

・按照实际的建造方式按顺序组装。将材料比对着框架图来黏结可以保证垂直度。榫卯的部分则可以在材料上进行打磨。然后准备好 2 层的框架材料

❺ 完成

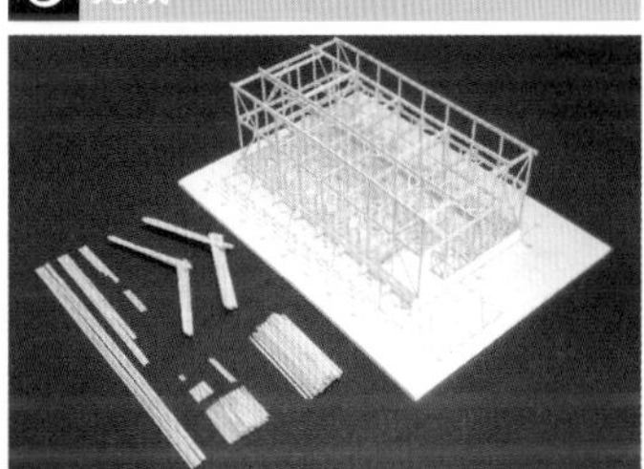

・制作方法同 1 层

❻ 制作 1 层的隔墙

・依照屋顶的梯度制作，使得接口的角度完美展现出来。这样就完成了

模型制作的实况转播⑦

黏土模型的制作方法

在非固定的可重复使用的模型制作中，
经常使用能方便进行修整的油土来制作黏土模型。
黏土模型具有厚重感，
最适宜用于大规模体积的展现。

这里所介绍的黏土模型使用的是油土材料。使用油来调配的黏土具有不会固化、可重复使用的优点。研究用的黏土模型制作完成后也可以活用到展示环节中。携带以及展示黏土模型时，需要使用蛋糕转台。很多人幼年的时候就接触过黏土，因此使用黏土来做出自己住宅的模型会带来特别的亲近感。

黏土模型非常易于修改变更，例如在展示的时候，如果委托方希望南面能有一扇窗户，就可以使用水果刀直接在南面的屋顶上挖一个三角开出窗户来。

Check Point

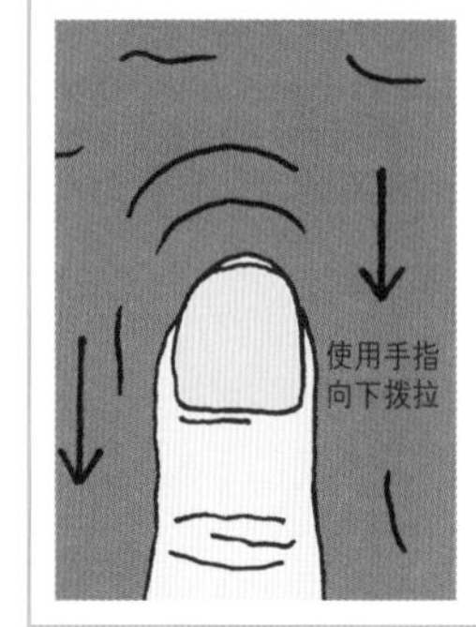

■了解油土的特征

不易硬化，可以多次使用，在模型制作过程中可以轻易做出变更。适宜于大规模体积的展现。

■制作时的要点

①指甲要尽量剪短，并且在按压和拉伸黏土的时候绝对不要使用手指前推。用手指拨拉黏土则可以防止黏土沾到指甲里面去。

②如果底板纸、刀、直尺上沾上黏土要用纸巾擦干净，使模型更整洁。

制作黏土模型的实况转播（S=1:100）

❶ 制作基底

・准备一张能放下整个模型大小的夹板（4～5mm 厚）用来作为底板纸，将布局图翻折粘贴上去，在背面用胶带固定。在上面再包一层塑料膜，防止时间久后，黏土的油分渗下去把图纸弄脏。背面的胶带要均匀粘贴防止褶皱。塑料膜折起来的褶皱拉伸一下再粘贴就可以了 ※1

❷ 做出大块轮廓

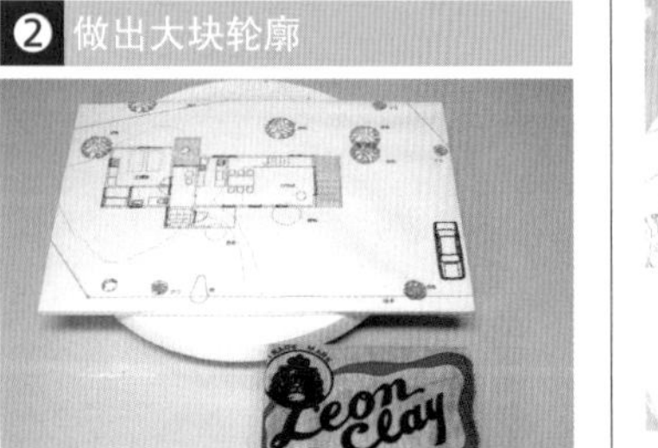

①先准备好蛋糕用的转台和基底底板纸

②黏土和塑料膜本身并不能很好地贴在一起，需要用手揉压使黏土固定住。黏土和黏土之间的粘合也需要揉压后才能贴合牢固

③制作大块的轮廓，先按外形切出大致的形状。这一步可以使用大一点的调色刀或食品刀完成

❸ 做出建筑物的垂直面

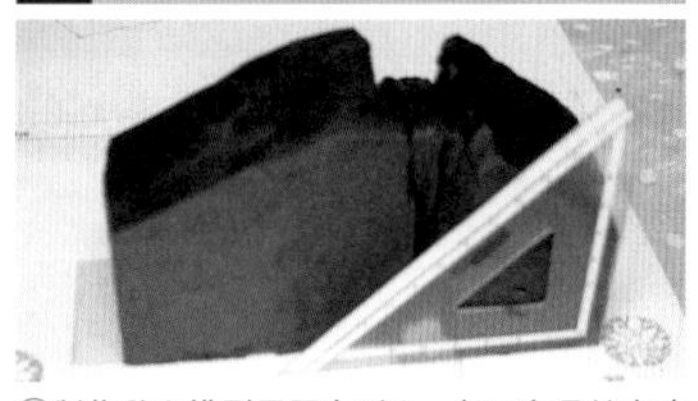

①制作黏土模型需要有耐心。把三角尺放在建筑物的外侧做出垂直面，以此为垂直方向，每两个方向换一边，将外角都处理好后，整体效果就做出来了

②要通过布局图上的植栽、外部结构等位置来猜测建筑位置并大致切割出整体形状来。在两侧放上直尺，大致切割出来即可。这时候将大致的高度也切削出来会使之后的工作变得轻松一点。将各个面的最终线条一起切削出来后，整体效果会更整洁漂亮 ※2

※1 用作底板纸的夹板太薄，或者使用纸箱板代替的话会造成翻卷。塑料膜太厚也会造成折角生硬，无法确保翻折出来的厚度水平。与之相反，若是塑料膜太薄则会在黏土倾斜时产生偏移，因此厚度在 0.1mm 左右是适当的

※2 通过这个微调过程可以使黏土变成薄片状，放在一边留作备用

③模型根部的切削。可以使用纸巾包裹住直尺，朝着自己的方向拉引切割，这样切口既整洁又美观

④在直尺无法深入的地方做直角时可以在一面先仔细做出垂直面作为参照，然后在另一面用三角尺抵住参照面来操作。较难确识别墙面位置时，可以先切除图纸边缘的一部分粘土，然后用手确认

❹ 制作角落部分

・圆圈标出的角落部分可以先在外侧使用直尺抵住，用薄刀切削出墙面内侧的垂直面，切割好开口两侧之后，再切削出凹陷的部分。用一字螺丝刀可以利落地进行加工 ※3

❺ 制作屋顶等的水平、倾斜部分

・基本上就和垂直面一样使用直尺来抵住作为参照，使用两把来抵住两侧可以更容易加工

❻ 制作屋顶、屋檐部分

①切削出大致的外形线条之后，再进行屋顶、屋檐等突出部分的处理。在突出的部分一圈粘贴上带状的黏土，然后用直尺抵住外端和屋檐的下端切除突出部分

②按照定好的厚度切削出上下线条

❼ 制作曲面部分

・直尺不能处理的部分加工起来略微有些难度。比如圆筒形的屋顶则可以利用瓶盖等的曲率，抵住两端来做参照并切削，然后用手指轻揉，突出曲面特有的感觉来。有时候用保鲜膜包住再揉擦也会很有效果并能预防不必要的凸起

❽ 采光部分的切削方法

・采光部分的周边用裁缝用的打孔器或者以前冲板用的铁笔等会比较方便。一字螺丝刀也可以。利用直尺作为导轨斜向滑动使用

❾ 并同纸张（厚纸模型）一起研究

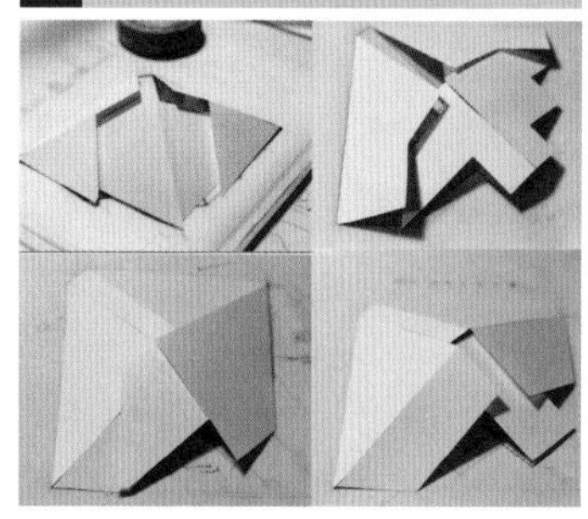

・在制作过程中忽然涌现出想法时可以立刻重新修整形状，实际上也会消耗掉相应的时间。所以中间探讨用纸模型来代替，也是一种有效的方法

❿ 完成

・好不容易完成的模型在搬运时如果出现破损就得不偿失了。准备一个带盖子的丙烯酸树脂盒子等会令人安心很多

材料・道具

材料

Leon Clay：比较容易买到，有三种硬度可供选择。尺寸为120mm×55mm×85mm，重量为1kg。价格为680～1 080日元。这里推荐适宜模型制作使用的“普通硬度”。还有适用于表现细致阴影效果的皇家灰可供选择

道具

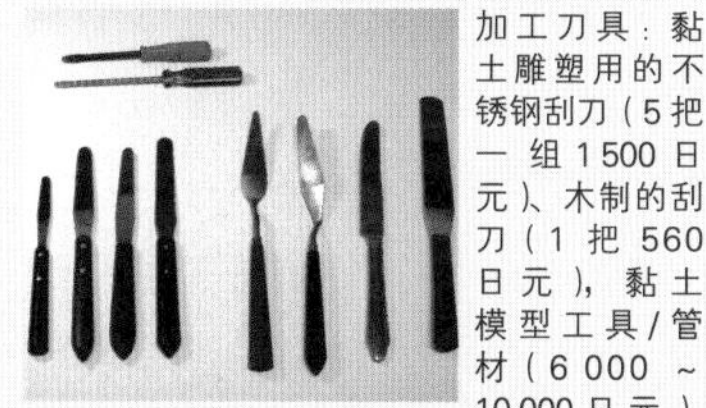

加工刀具：黏土雕塑用的不锈钢刮刀（5把一组1 500日元）、木制的刮刀（1把560日元），黏土模型工具/管材（6 000～10 000日元）。笔者使用了油画用的调色刀来进行造型、切削、抛光处理。需要大块切割的时候可以使用较大的刀，角落或者缝隙部分的切削使用一字螺丝刀会比较方便

直尺类：切削直角和垂直面时三角尺是必备的。需要在倾斜的地方制作垂直面的时候，就要按照梯度对三角尺进行加工。直尺类要预先把留白的地方切去，保证从0刻度开始可用。其他比如曲面或者圆筒状的加工，则要活用身边的各种容器。比如切开后的CD盘片就非常好用

※3 较大的部分使用平面状的刮刀来切削，要点是在两边都不要施加多余的力气。准备好各种大小的一字螺丝刀，头部越薄越好

使用砂浆制作模型

建筑模型多用于向委托方做展示用，
如具有实用性委托方也会很高兴。
这一章节来介绍一下可以做花盆使用的砂浆模型的制作方法。

委托方拿到模型后，虽然可以放在桌上进行观察，但之后问题的处理就会显得有些棘手。这时候就要制作一些有用实际用途的模型。这里就来介绍一下以砂浆为主材，可以作为花盆使用的模型制作方法。

由于实际的建筑在屋顶进行了绿化，因此建筑整体的概念并无太大改动。

材料・道具

材料
挤塑聚苯乙烯泡沫板
砂浆、水泥
石膏
黏合剂：聚苯乙烯胶

道具
美工刀
不锈钢金属网（由于这个模型中并不需要连接水泥断层，因此没有用到）
美工刀、抹子、直角尺

Check Point

①在挤塑聚苯乙烯泡沫板上刻画出关节部分，作为水泥灌入外框使用
②模型躯体的墙板厚度要略微加厚使其易于成型
③最初要慢慢倒入较为柔软的砂浆，使其流到每个角落里。再在其中灌入较硬的砂浆混合
④做花盆使用时，水泥中残留的碱性成分会使得一些植物枯萎，选择植物种类时要注意

水泥砂浆模型制作的实况转播

❶ 准备好外框

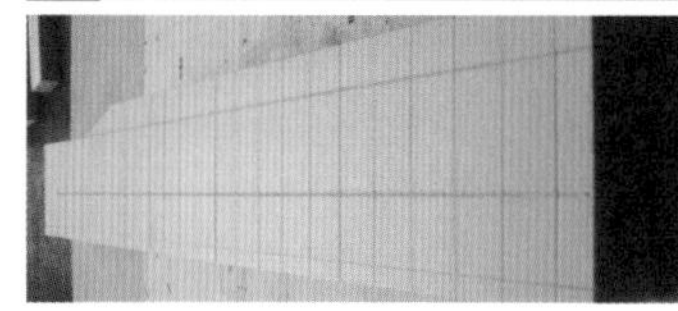

①使用热切割器略微熔化一点挤塑聚苯乙烯泡沫板来做出纹理，使其更像是外框

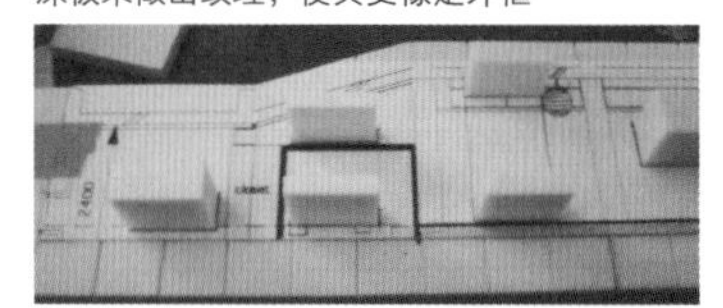

②几个采光部分需要额外放置挤塑聚苯乙烯泡沫板。水泥墙厚度设定为20mm。虽然实际的墙厚1/50左右是5～6mm，但是这个厚度就没法灌浆了

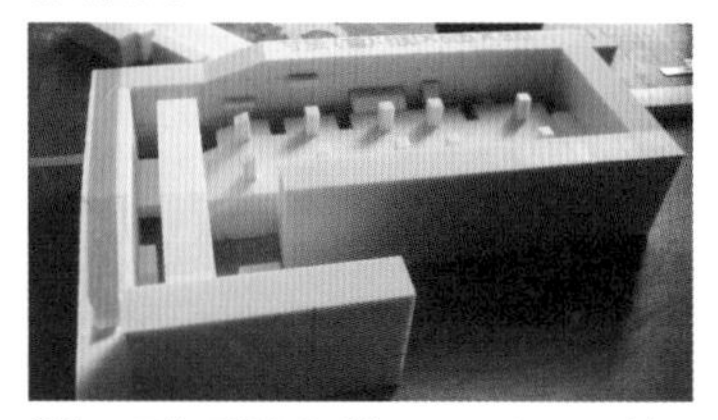

③为了不使顶板上的外框下沉，这里需要树立几根本来不存在的立柱。护墙厚度制作得薄一点为好，设定为5mm

❷ 灌浆操作

①倒入砂浆。在已经调和好的砂浆里，再以1:1的比例倒入水泥，可以使其更软化而容易流入较为细小的地方。从角落开始，倒入500～700cm^{3}量的砂浆，并使劲振动去除气泡

②倒入50～700cm^{3}柔软的砂浆之后，接下来就倒入较硬的砂浆。最终要使较为柔软的砂浆全部溢出外框

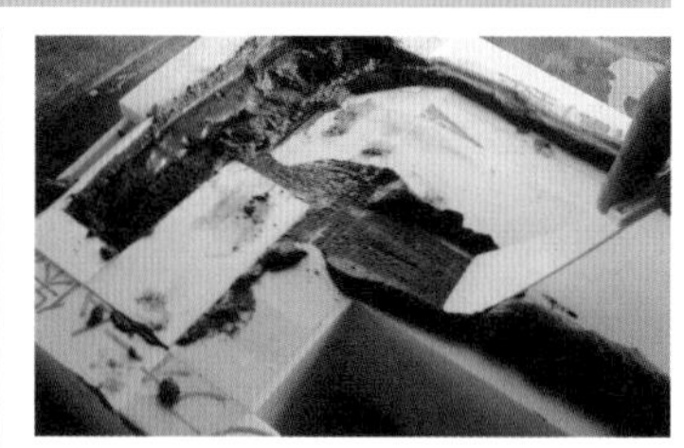

③过1～2小时使其干燥，并用抹子从上方顶板处按压，重复两次。然后静置48小时等待其干透

❸ 脱去外框——完成

材料·道具

材料

木制模具：轻木、环氧树脂、快干胶等

PVC板：600mm×600mm，厚度1.0mm

剥离剂：FRP脱模剂PVA

固态蜡：BONLEASE蜡

道具

美工刀、剪刀

尺类：直角尺、钢直尺、

棉手套、布、罐装煤气炉

这里就按操作顺序介绍一下挤压PVC板来制作透明外壳的方法（图）。同样的方法也可以适用在其他物品上。

TOPICS 2

硬壳的表现方法

挤压PVC板来制作壳顶

图 挤压PVC板来制作壳顶

❶ 制作挤出用的木制模具

（1）制作凸模

· 模具主要使用轻木材料或者MDF材料来制作。这次因为没有太高的耐久度要求，因此使用了比较容易加工的轻木材料。将样纸打印出来贴在要切削的轻木材料上。轻木材料比实际需要的尺寸小的时候，可以用木工胶粘贴起来待胶水干透后再使用。切削时，先粗略切割出整体的形状，然后逐步更换道具进行细节深化。照片下方为凸模，上方左边为凹模1，右边为凹模2

· 形状大致出来后，再使用锉刀打磨表面使其光洁。需要打磨较大的面积时，可以借助聚苯乙烯板或者夹板来打磨。连接的部分可以用环氧树脂黏合剂黏结。干燥后再用锉刀打磨平整。在挤出模型的位置上，也要预先刻画出线条来。最后用布把剥离用的蜡抹遍模具

（2）制作凹模1

· 开一个比使用的PVC板小一圈的开口。需要具有一定的刚性以保证在挤压的时候不会破损。特别是连接PVC板的地方要格外注意。在按上图钉之后还要用胶带来粘贴固定。如果这里的固定发生松动的话，在挤压的过程中PVC板就有可能会脱落

（3）制作凹模2

· 按照凸模的形状和必要的余量来做出开口。由于和凸模一样用于将加热过的PVC板挤压成型，因此切口要精细打磨，并涂抹上蜡

❷ 挤压PVC板

（1）加热PVC板

· 这次所使用的是600mm×600mm、厚1.0mm的PVC板，考虑到加热和加工的实际情况，这也差不多是能用的最大的尺寸了。用罐装煤气炉加热的话虽然可以确保加热面积，但是温度就不太好控制了。如果能加热到整块PVC板都均匀软化那自然是最好，不过不进行一番实验的话怕是很难控制好。由于拿着凹模1的手也会被烫到，最好是戴上沾湿的棉手套操作。在加热的时候还要注意室内空气流通

（2）挤压成型

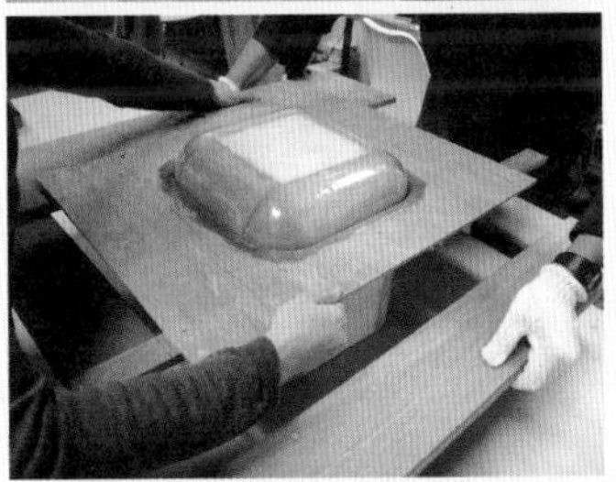

· 由于模具本身是凉的，因此PVC板会迅速硬化。为了能够尽快完成操作，需要两个人一起进行，其中一个人拿住凹模1，另一个人拿住凹模2。在挤出过程中，由于板材整体厚度降低，所以很容易造成破损，因此要留意步骤①中所标记好的线的深度来挤压

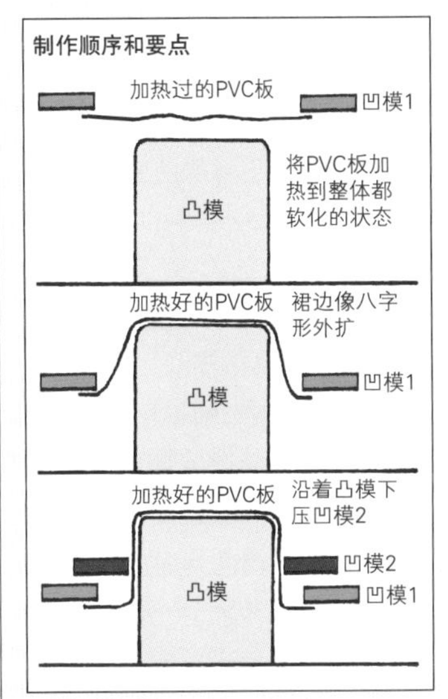

（3）去除模具

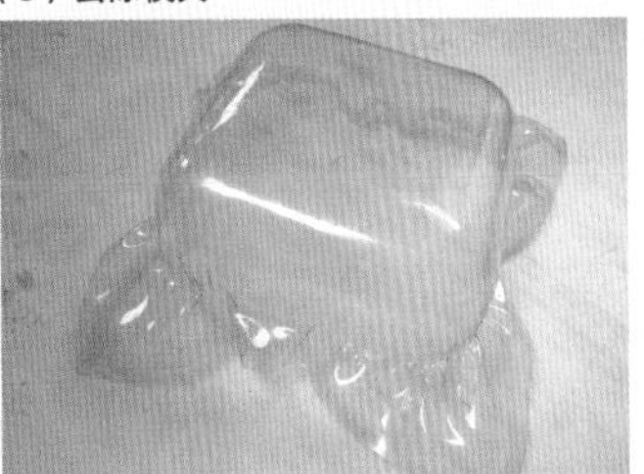

①即便先前均匀涂抹过剥离剂，模型较深的时候剥离还是相当费力的。这次三个人一起配合才成功脱模。脱模之后用中性洗涤液等洗去蜡和污渍，切去不要的部分就完成了

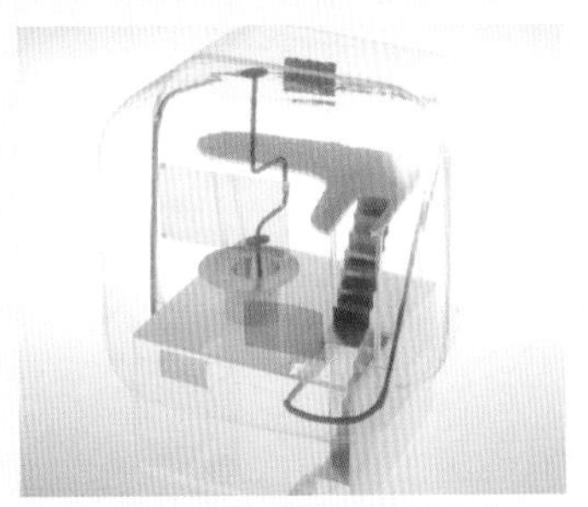

②使用了已完成的外壳的模型

使用三维打印机MODELA来制作模型

**对于设计师来说，
最理想的莫过于将设计数据直接转为立体模型。
这一章节就来介绍一下顺应了这个时代的需求为设计师而生的新型数码设计工具——
三维输入导出装置的使用和模型制作的步骤。**

这次模型制作所使用的MODELA是Roland DG出品的三维输入导出装置。这是一台将CAD制作出的三维数据通过专用的CAM软件※1导出来直接切削出立体成品的机器。这次使用了MODELA MDX-15(照片)来制作一个2层的建筑模型。

了解加工范围

(1)可以加工的种类

MODELA通过固定在主轴单元上的旋转刀片将材料切削成形。只能对切削面垂直可见的部分进行加工，需要中部挖空的模型或者需要旋转切割的模型都没法加工。这里可以通过设定额外4面的方式，使得在1面切削完之后的残留工作量降低。当然，考虑到加工范围和固定面的强度，切削面要尽可能少。有时候甚至要先将模型分块加工，然后再组装起来※2。

(2)可以加工的尺寸

以MODELA MDX-15为例，模具的最大可动范围是X轴(横向)152.4mm、Y轴(纵深)101.6mm、Z轴(高度)60.5mm。由于还要留有外框余量，实际尺寸要稍小一些。在这次的制作中漂亮地将墙面厚度0.5mm的模型加工了出来。

(3)连接电脑

MODELA和电脑连接需要专用的串口线※3。由于不可以使用USB串口转换线的缘故，只配有USB接口的电脑就需要额外增设一张串口卡。

(4)振动基本没有或略微有些噪声

切削时候的振动虽然不是问题，但是声音多少还是有些吵的。根据材料不同，粉尘也有可能散落到周围。因此，最好使用纸箱等围起来，做好防噪声及防尘工作。

(5)使用的材料——化学木材

这次使用的材料是化学木材。通常工业用的设计模型所用的天然木材，有着诸如木纹方向上容易发生开裂等缺点。然而化学木材就不会开裂，并且在着色性和黏合性上都更好，相比天然木材来说耐久性也更高。

材料·道具

材料
化学木材
三维模型数据(dxf、stl格式。也可以以二维的方式切割出部件使用)

道具
MODELA MDK-15(Roland DG)、电脑

Check Point

①由于只能对切削面上垂直可见的部分进行加工，因此可以通过分割采光部分进行加工，或者变更切断面的方式来进行操作

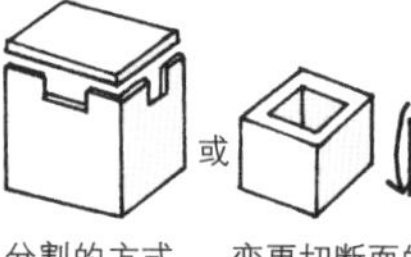

分割的方式　变更切断面的方式

②外框等部分需要一定的余量，因此尺寸要考虑按最大加工范围小一圈的范围进行加工

③做好防噪声和防尘工作

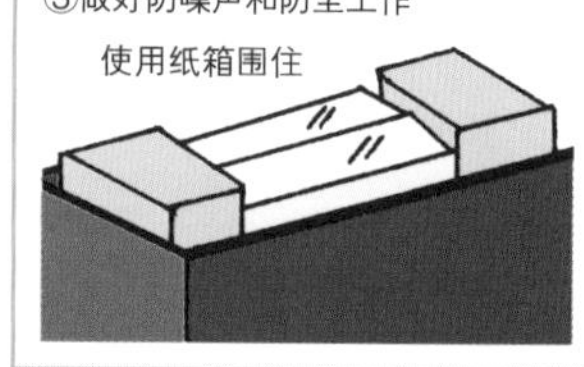

图1 在电脑上分割部件

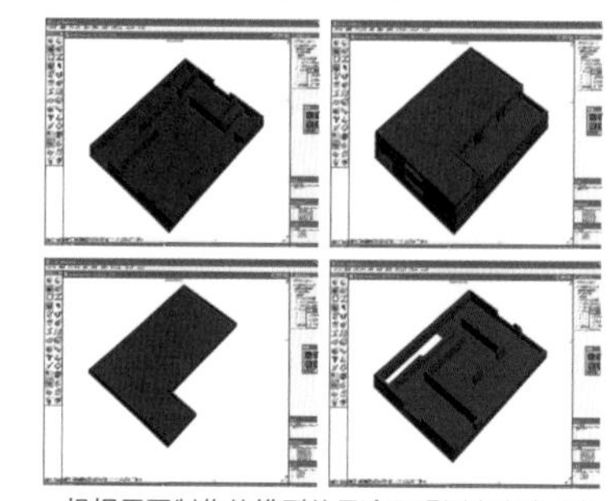

·根据需要制作的模型的用途及观测方向来分割墙面和顶板，也可以按照断面来分割制作模型

·**照片** MODELA MDX-15。将切割用的主轴单元更换成接触式的感应单元后也可以作为3D扫描仪使用

※1 Computer Aided Manufacturing 计算机辅助制造系统
※2 在手工制作的时候虽然对效率非常重视，但是使用机器进行切削的时候可以不用顾虑
※3 由于要进行双向的数据传输，因此必须使用交叉串口线

图 2 从 From-Z 生成数据

①保存为 dxf 格式

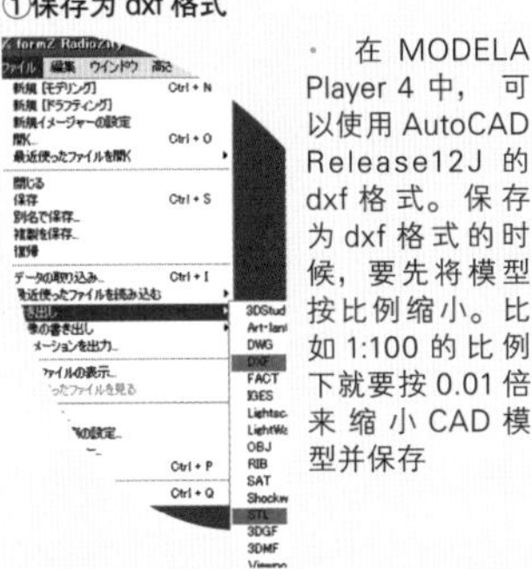

· 在 MODELA Player 4 中，可以使用 AutoCAD Release12J 的 dxf 格式。保存为 dxf 格式的时候，要先将模型按比例缩小。比如 1:100 的比例下就要按 0.01 倍来缩小 CAD 模型并保存

②保存为 stl 格式

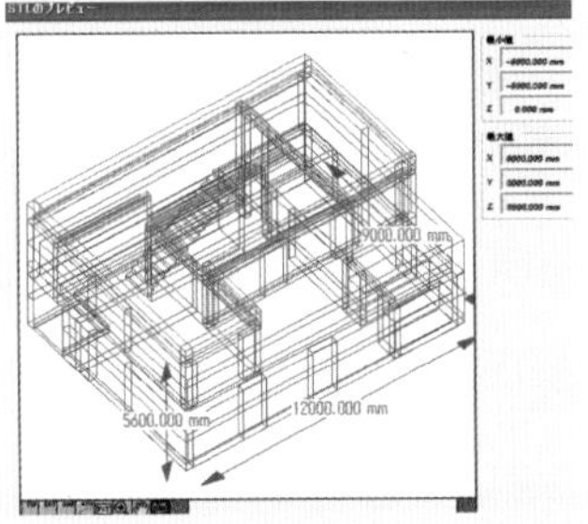

· 需要保存为 stl 格式的时候，由于可以设定缩小比例，因此不需要在 CAD 数据上缩小模型

（6）可以进行金属加工

除了化学木材以外，还可以对天然木材、轻木材、石膏、软木、丙烯酸树脂、聚碳酸酯、ABS 发泡材料等一般建筑材料进行加工。除此以外也可用于铝材、黄铜等金属材料的加工。其他材料根据性质设定切削量之后也可以添加保存进去。然而像是铝材之类的金属，只能一点一点切削因此非常花时间。另外像丙烯酸树脂这样不耐热的材料则会被高速旋转的刀刃热度熔化掉，所以一次切割的深浅要预先设定好。

在切削前先准备好数据

（1）数据的制作方法和步骤

在 CAD 数据的制作阶段，要预先将部件分隔开。这次的模型按楼层分成各部件，分别制作而成（图 1）。要注意比切削用的刀更长的范围是无法加工的。外角的部分可以比较容易加工出来，而内角因为刀刃直径关系会变得比较圆润，如果需要使边角硬朗，就要更换更小的刀刃重新对这部分进行加工，或者将部件分割后再行加工。

（2）保存的数据格式为 stl 或者 dxf

数据从 CAD 软件导入到 CAM 软件的过程中，MODELA 可以使用 dxf※4 和 stl※5 格式。这次用的是 Form-Z 生成的 CAD 数据来试做模型（图 2）。

（3）附带的 CAM 软件

MODELA 配备了由 CAD 生成切削用数据的 CAM 软件 Roland MODELA Player 4，以及用于模拟切削范围和加工时间用的 Roland Virtual MODELA 等软件。

使用 MODELA 来制作模型的实况转播（S=1:100）

❶ 从 CAM 软件导入模型并作基本设定

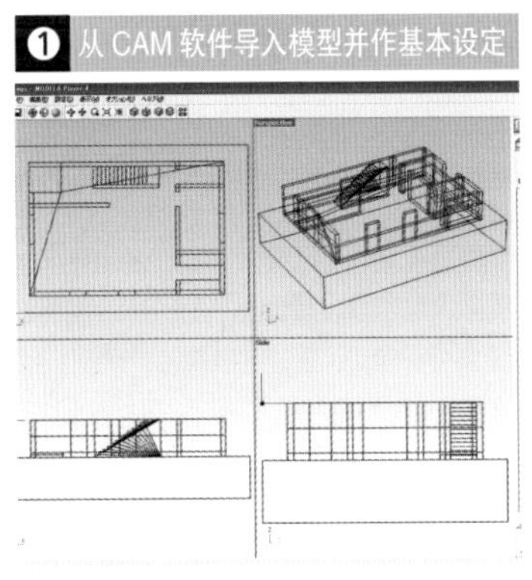

①启动 MODELA Player 4 后，从菜单栏选择［文件→打开］，然后选中 dxf 或者 stl 文件，导入模型

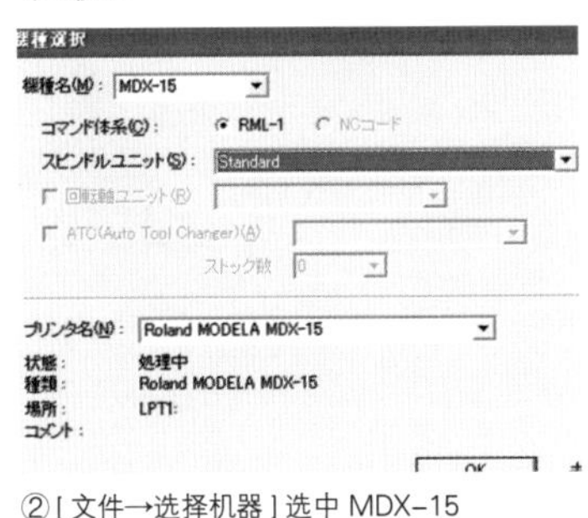

②［文件→选择机器］选中 MDX-15

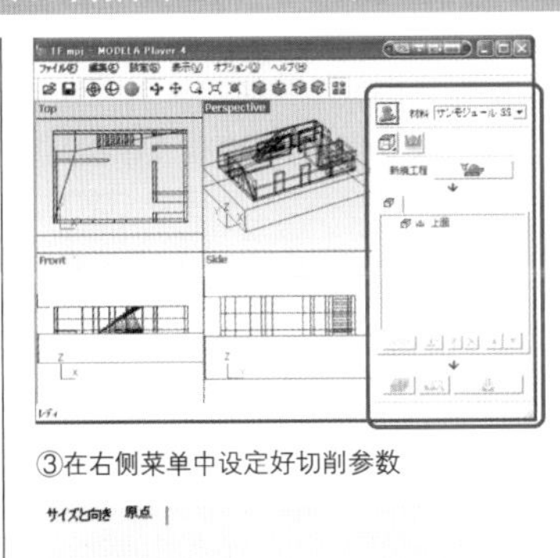

③在右侧菜单中设定好切削参数

④原点设定在模型的中央

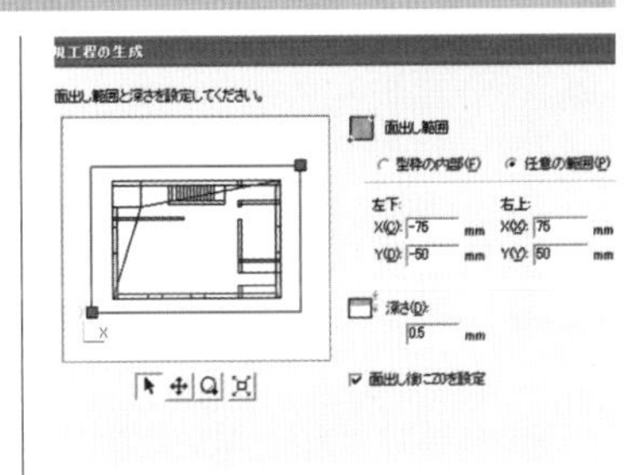

②表面成型的范围选择为整块材料

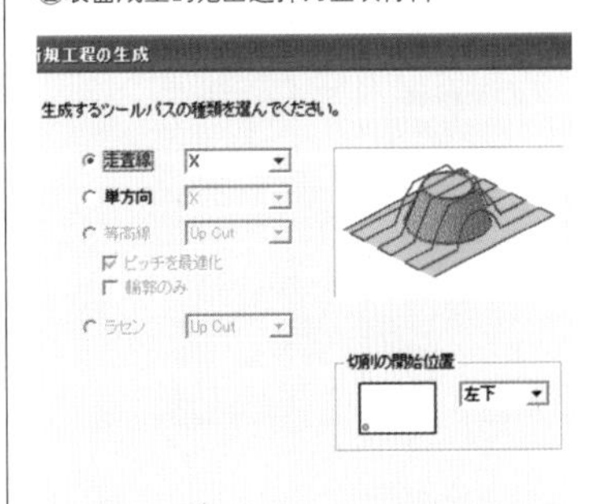

③选择刀刃的时候，要考虑到残留量产生的可能，因此要在材料整体大小外，增加刀片半径尺寸来设定范围。深度一般是根据材料的凹凸来选择，如果是基本水平的材料的话设定为 0.5mm 左右就可以了。设定完成后，指定好切削方向，生成刀片的行进路径

❷ 表面成型

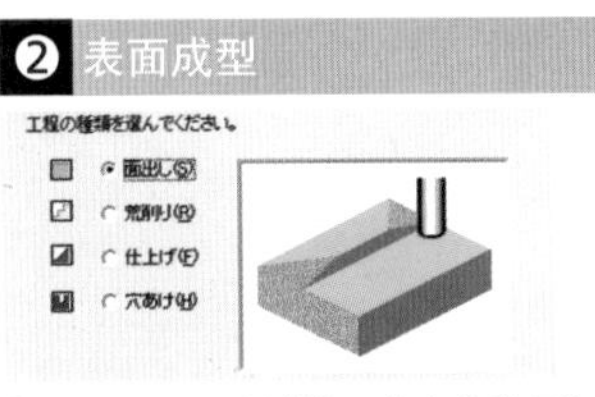

①表面成型是将材料按一定高度整理的工程。点击新项目后，选择表面成型

※4 dxf 为 AutoCAD 的文件格式，也是现在大部分 CAD、CG 软件可以生成的数据格式

※5 Stereo Lithography file 的文件格式，是 CAD、CAM 系统一般所使用的数据格式。有 ASCII 或者二进制数据的形式，MODELA 对这两者都能支持

④将中心有标记的材料放入 MODELA 本体的台面中，用双面胶固定

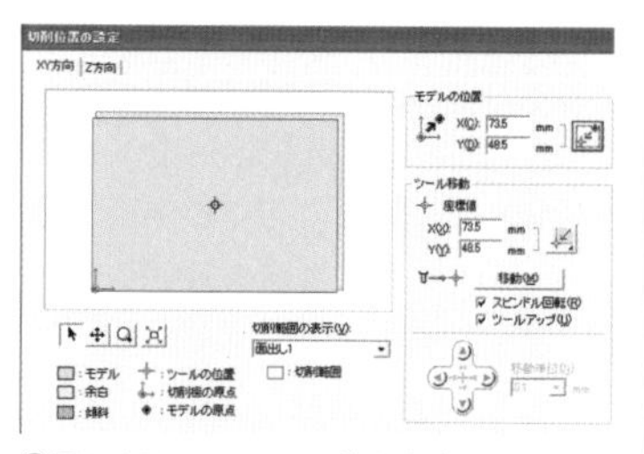

⑤用 MODELA Player 4 使电脑端和 MODELA 本体同步。在电脑端上使用移动按钮就可以让 MODELA 本体上的工具位置移动，微调刀刃到材料的中心部

⑥深度设定可以用 MODELA 本体上的 UP、DOWN 按钮使刀头下降到材料表面位置。MODELA 本体设定完成后就开始进行表面成型的切削工作了

❸ 上表面的加工

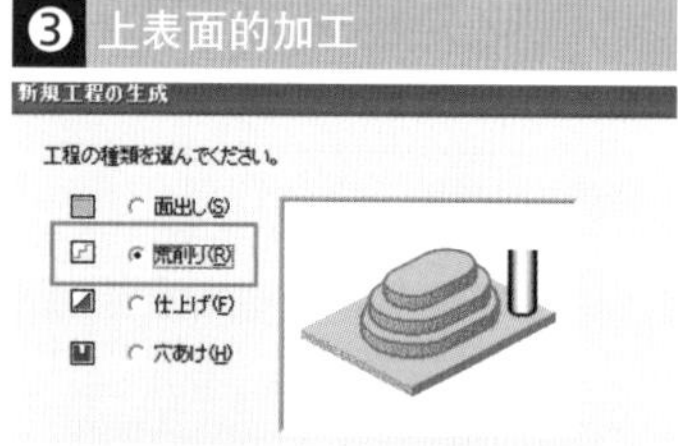

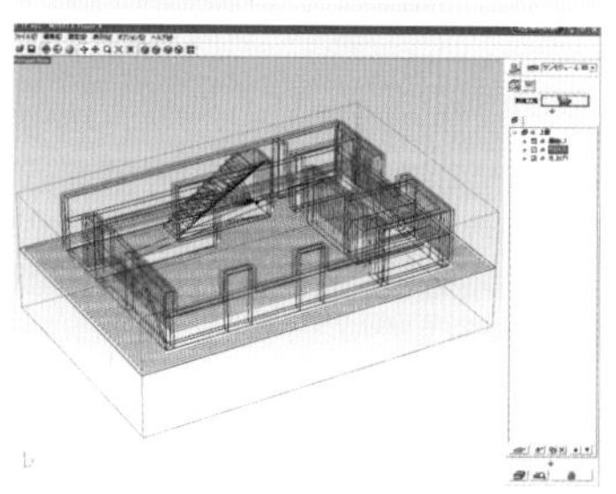

①模型自身的切割分为粗略切削和细节深化两部分。粗略切削是指将总深度按梯度分层，在材料上留有细节深化的余地的同时切削出大致形状

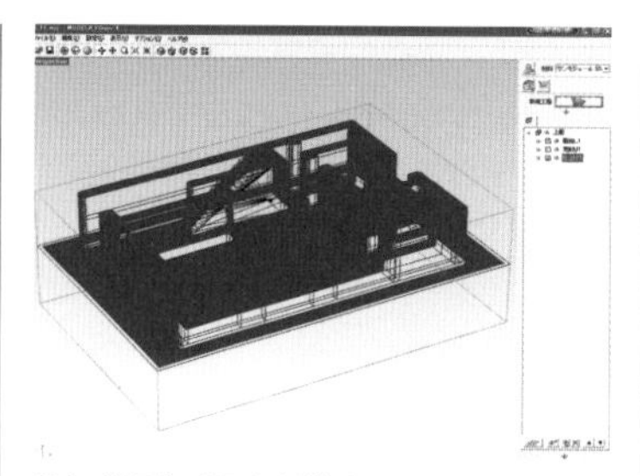

②细节深化则是在材料表面进行高精度地打磨，直接入刀加工到模型表面的目标深度为止。在 MODELA Player 4 上，新建项目中要分别设定各步骤的加工路径

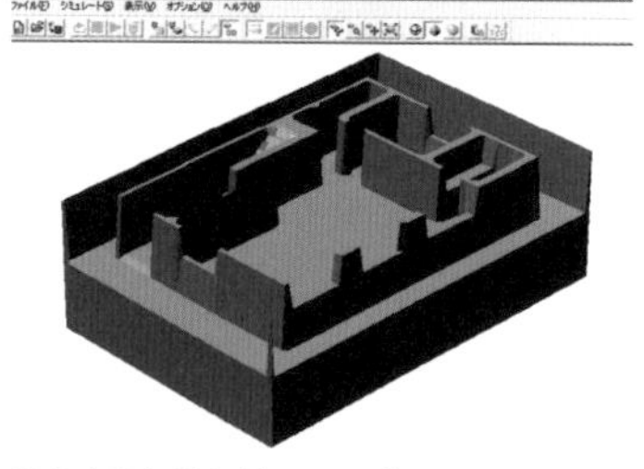

③在实际切削之前，可以进行切削结果的模拟。按下切削预览按钮后，软件就会以一个工程为单位将数据输出到 Roland Virtual MODELA 中，进行切削结果和时间的预测

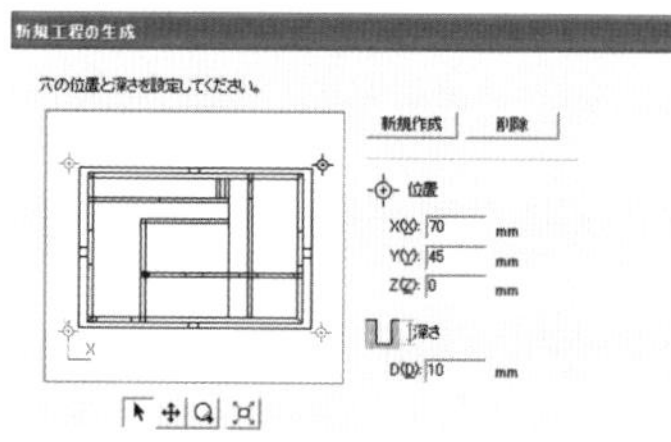

④需要进行双面切削的部件，可以使用开孔步骤来制作。上表面加工后，桌子一侧的固定面就会减少，需要预先在模型的上面开孔，并用钉来连接固定。开孔时，需要在新建项目中对外框四个角落生成加工路径

Roland MODELA MDX-15 - 一時停止

プリンタ(P) ドキュメント(D) 表示(V) ヘルプ(H)

ドキュメント名	状態	所有者	ページ数	サイズ
		kawai	1	99 バイト
		kawai	1	99 バイト
面出し1		kawai	1	3.65 KB
荒削り1		kawai	1	166 KB
仕上げ1		kawai	1	95.0 KB
穴あけ1		kawai	1	799 バイト

⑤所有的准备工作完成后就可以开始切削工作了。在电脑端 MODELA 会被作为打印机识别出来，输出状态可以在打印管理中看到

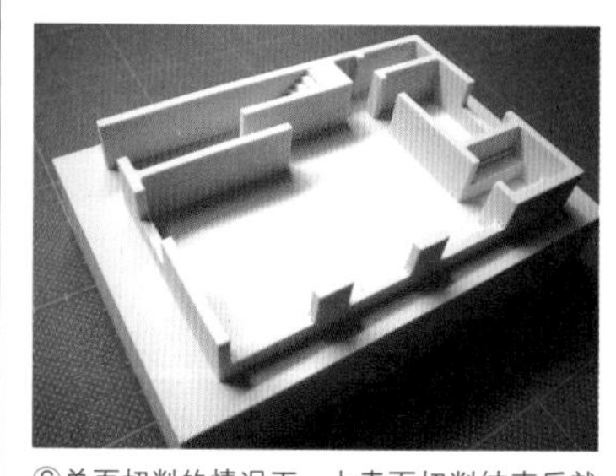

⑥单面切削的情况下，上表面切削结束后就完成了

❹ 双面切削的加工——下表面加工

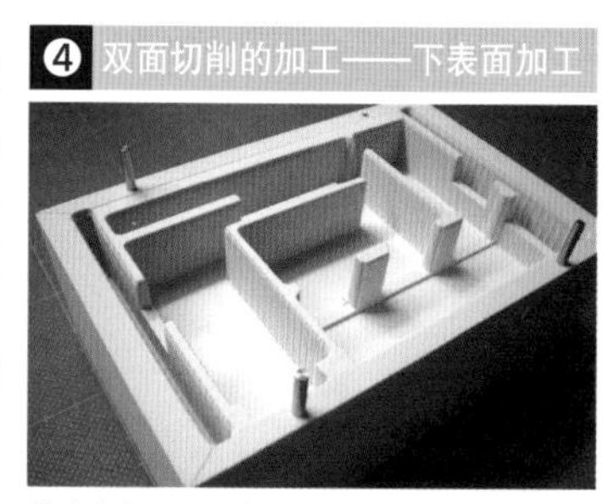

①准备好模型用料以外的余料，在表面成型完成后，在与上表面同样的位置上进行开孔加工。在四个角落插入钉子，并把表面切削完成的模型翻转过来使用钉子牢牢固定住

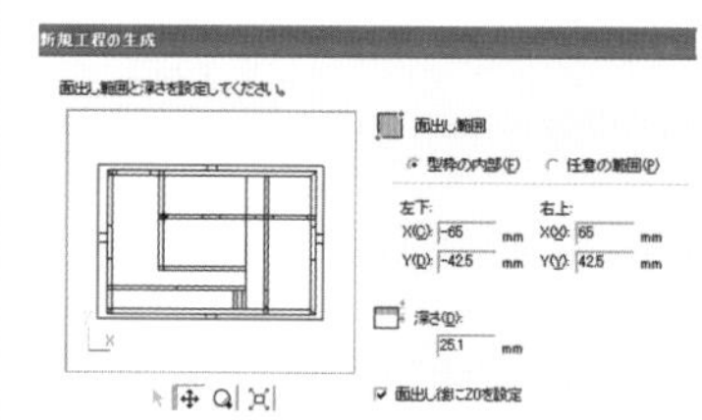

②接下来进行下表面的表面成型工作。表面成型的步骤为：先用游标卡尺等测量上表面加工完成后的模型厚度，再从“模型厚度”中去除“切削完成后的最终厚度”，作为深度值输入软件

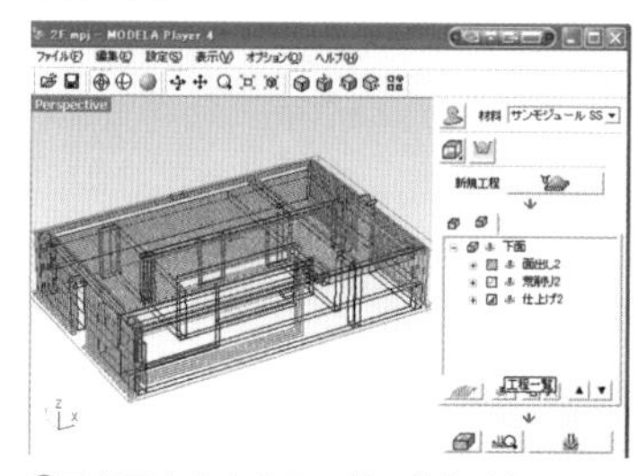

③下表面也和上表面一样，按粗略加工到细节深化的步骤进行切削

❺ 制作完成

· 这样就完成了包含内部布局并分层的建筑模型制作。这次虽然只进行了只有面构成的简单形状加工，而使用该机器对具有复杂曲线的模型进行加工的会发挥更好的功效。不同的机型也会有自动多面加工或者旋转切削等功能且具有多种加工范围，可以按照用途和预算选择相应的机种

图 成型原理

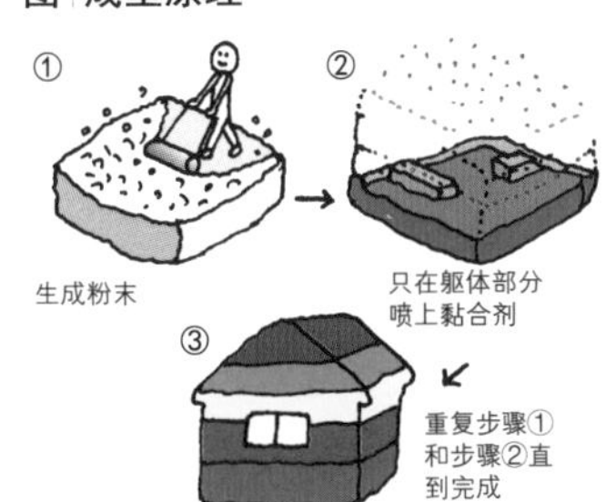

· **照片 1** 三维打印机 Z310 SYSTEM。如果要实际购买的话推荐这个机种

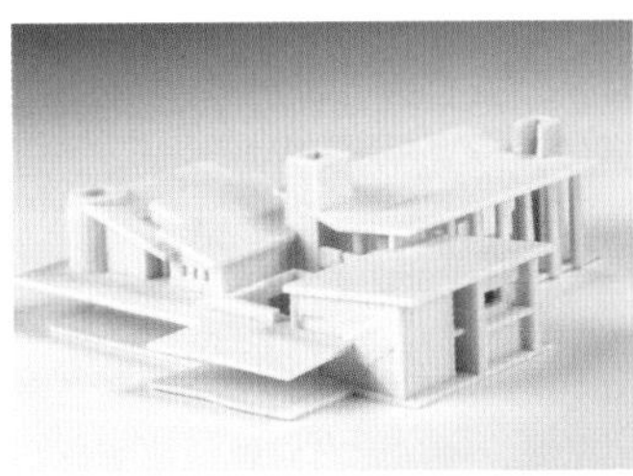

· **照片 2** 用三维打印机制作出来的样品。复杂的模型制作中也看不到接合的部位，因此三维打印机很适合大规模模型的精细制作

· **照片 3** 制作彩色模型的样本。使用有色黏合剂来着色而非后着色

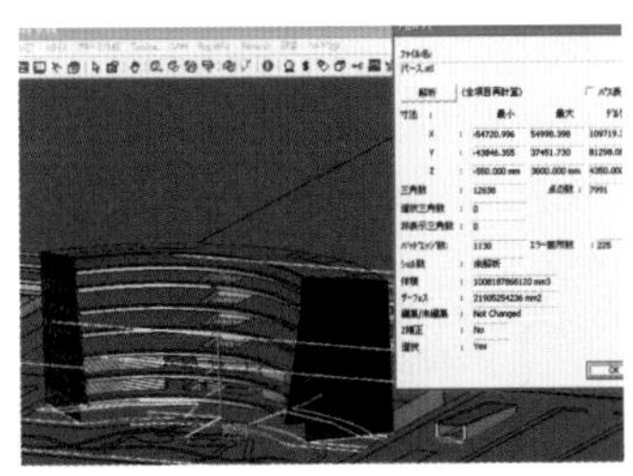

· **照片 4** 使用 MagicsRP（Materialise 公司）修整的样例。缺失面片的地方和重叠的几个地方都另外用红色来标示

TOPICS 3

超越了模型

通向三维打印的道路

大多数设计事务所在展示的时候会制作建筑模型，并使用 CAD 软件或者建模软件制作透视图。电脑的普及也使得展示业务的工作量变得多起来了。

如果能同时制作建筑模型和计算机模型透视图，这个增加出来的业务就可以变得更有效率。这里就来介绍一下作为解决方案的三维打印技术。我们获得了作为三维打印业务的销售方以及制作中心 DICO 的大力支持，并使用了设计师实际制作的图纸来试做模型。

三维打印是什么?

（1）原理为喷墨打印

加工的方式是将很细的石膏等粉末用喷墨打印方式喷涂黏合剂并层叠黏结，从而制作出立体形状的模型（**图・照片 1、2**）。除了球体之类完全中空的形状外，各种形状的模型都可以制作出来。也有可以进行全彩色加工的机种（**照片 3**）。最大的制作尺寸依机种而定，**照片 1** 中的 Z310 SYSTEM 可以进行 254mm × 203mm × 203mm 的模型加工。需要制作更大尺寸的模型时，就需要将数据分开制作。

（2）对应的数据格式

输出的是立体模型，数据自然也是三维格式。支持各种模型制作时用的 stl、iges、ply/zcp、vrml 等格式的数据。设计事务所使用的 AutoCAD、From–Z、Shade 等也具有其对应的格式输出功能。

（3）价格和交付时间

前面所说的 Z310 SYSTEM 定价为 680 万日元，现在也提供制作服务，根据制作的尺寸和精度不同，一次使用 5 万~ 30 万日元。数据没有问题的话，模型的交付时间是在两周左右。对方也提供一定程度有偿的数据修整服务。

尝试实际制作

这里先通过电子邮件将设计数据发送给 DICO（可以接受 10MB 大小的邮件，更大的文件可以通过 CD 保存并邮寄）。设计数据是和制作三维透视图一样用 Form–Z 制作、并转换为 stl 格式的文件。

（1）制作数据时需要注意的地方

由于没有修整数据的时间，因此本次就放弃了实际制作的念头。从结果而言，这一次并没有进行到制作完成的地步。然而这个过程中我们也学到了几个模型制作时要注意的点，作为今后的参考介绍给大家。

①所要求的数据精度

由于设计师制作的计算机模型是以要展示的某个角度的透视图为目的，除此以外的地方更多的像是舞台布景一样被制作出来。这样自然是没法制作成模型的。首先要贴上立体位置上所有的面，这是构成三个维度完整成立的第一条件。

②躯体厚度最少需要 1mm

接下来需要注意的是躯体厚度的问题。实际厚度 150mm 的话，按 1:100 比例制作就是 1.5mm。制作模型最少也需要 1mm 以上，1.5mm 已经接近极限了。制作大规模模型时，在 1:500 ~ 1:1 000 比例的情况下，就需要预先在厚度上做出增加才行。

③使用 stl 格式输出

有时候很认真制作好的模型使用 stl 格式保存时也会发生意外。根据细节程度不同，使用 Form–Z（Ver 3.0 以上）容易出现边缘开裂的情况，模型会不完整。这时候就需要 DICO 来进行数据修整了（**照片 4**）。

留意这些要点来生成数据的话，就能制作出无需人手加工的精巧模型了。

TOPICS 4

具体的概念

如何正确表达设计的意图?

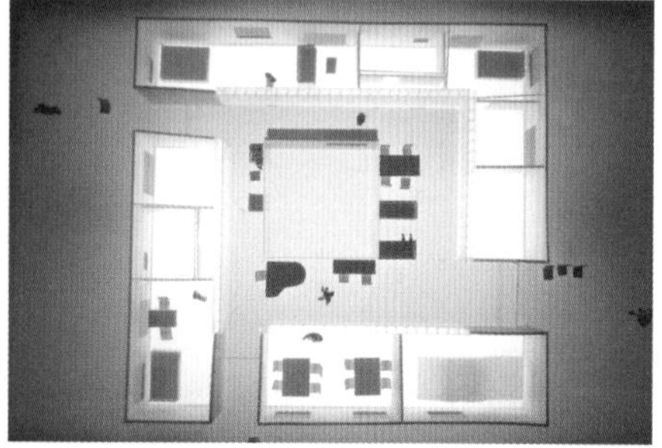

· **照片** 传达出具体的概念的模型样例。按照表中要素要求制作而成

表 让委托方容易理解的模型的制作方法

①尝试着降低比例	将1:20左右比例的模型缩小到1:100来制作。在1:20比例上已经有了很多研讨经验，因此要融合起来就更容易。1:100虽然看上去有点小，但便于对生活在附近的人的动态，以及建筑周围地带进行细节深化。合理控制好大小，使其易于携带
②大胆尝试变更材料	尝试着用其他素材替代常用的聚苯乙烯板。通过改变纹理、光泽表现来获得不同的展现效果。这里使用了和外墙及隔墙基本同一厚度的厚纸板（不到1mm）。展现出厚纸板特有的硬度质感和稳重的光泽，使得模型各部分边界变得暧昧起来。窗户部分也要分别使用丙烯酸树脂（透明感）、PVC（淡蓝、暗色）等不同素材
③在光照效果上下功夫	在使用照明装置的同时，也要注意墙面和地面材料种类的选择。这里的墙面使用了蜂窝状塑料材料（乳白色、厚3mm）来使光线通过。营造出自然光和人造光混杂的有趣的效果
④使用家具突出比例感	1:100左右比例的模型也要对储藏空间、椅子、厨房等细节深化制作。在基本设计阶段，对结构以外其他的摆放家具也提出提案的设计师来说，家具是必不可缺的。同时还可以用于帮助了解各空间的比例关系

设计事务所在向委托方进行说明以及报名参赛的时候经常会制作模型。画好图纸之后制作成模型，并完好保留到下一步讨论研究使用，基本上每次都是这样的循环往复。一个住宅模型往往要制作出20～30个建筑模型来。

最初制作的是用以观察建筑和周边环境间关系用的体积模型，然后是墙面、屋顶、采光部分等的制作，逐渐变得更像建筑物了。住宅的建筑模型比例多为1:100。平面布置基本确定后就逐渐放大比例，通过1:50和1:30等比例的模型来确认细节和采光部分的效果。

在设计过程中，会利用模型来和委托方进行沟通，那制作建筑模型需要具体到什么程度？制作出来又要如何让人一眼就能理解建筑家的想法来？考虑到这一点，在制作模型的时候就需要特别留意以下四点：①比例、②素材、③光照、④家具。借由手头已经有的案例来对这几点做一个介绍（**表・照片**）。

TOPICS 5

简单的制作方法

使用热切割器制作斜角连接部分

制作模型的时候，要对材料间的接合部分特别留意。墙面之间呈90°接合是做成模型的第一步。

本书对材料间的完美连接也做了详细的介绍。比如：将需要接合在一起的两块材料切口都按45°切割的方法（参照52页）；在一张板上刻出90°的V字沟并弯折形成直角的方法；在两块材料的其中一块上，切去板材厚度的部分，留下外表皮然后接合的方法（参照51页）等。这些方法多少对熟练度和灵活度有要求，下面介绍使用热切割器的方法，只要有道具就可以轻易完成（**图**）。

图 使用热切割器来制作斜角连接部分

1 划上刻线

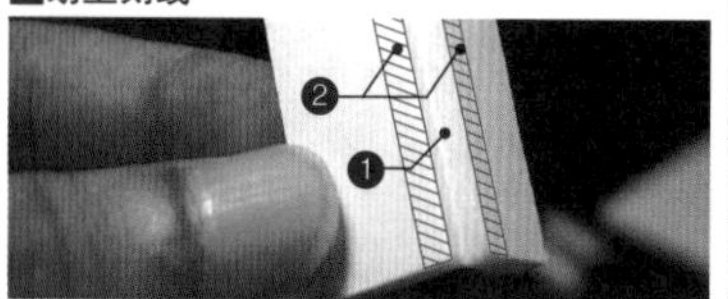

· 使用美工刀在聚苯乙烯板上划上刻线（❶）。这时候要保留背面的纸张部分。在刻线位置两侧测量好板材的厚度，使用美工刀裁切去纸张部分（❷）

2 使用热切割器切断

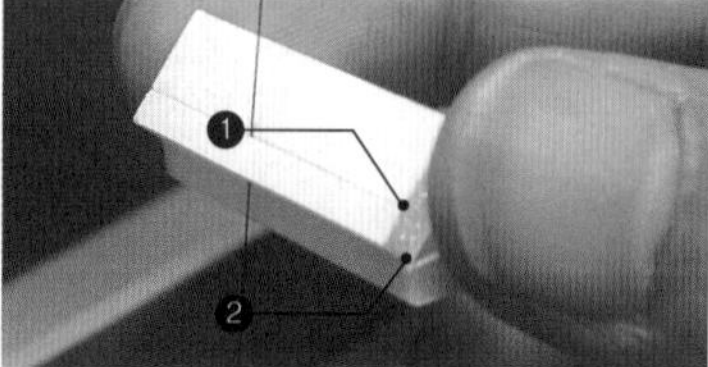

· 将切面向上翻折，如照片中一样沿着❶和❷的位置进行切割

3 完成

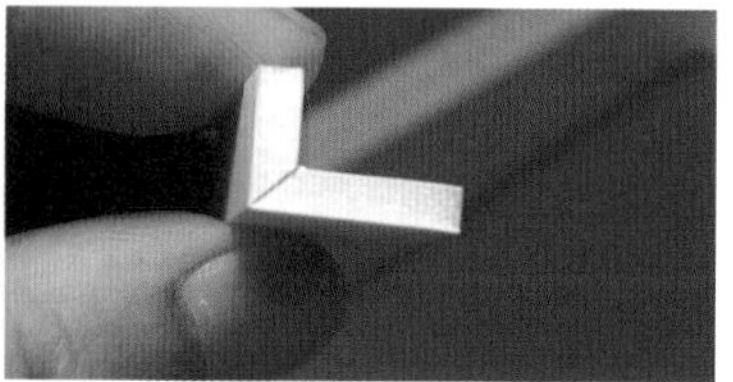

· 两边都用热切割器切割好后，用锉刀轻轻打磨切面

TOPICS 6

"直达目的"以防不合心意的情况发生

最初的展示模型要制作到什么程度

最初就制作"成品模型"

设计师在最初的展示中，常会直接展示能表现最终效果的模型。比如以 1:100 的比例做出有颜色和质感的住宅模型。当然具体探讨时则使用省略细节的概念模型。向客户传达其所重视的"房子最后会变成什么样"是很重要的。因此，作为最初对素材、色彩、实际空间印象讨论用的工具，制作出符合想法的展示模型是很有必要的（图）。

对还没有见过面的委托方，制作出初级阶段的聚苯乙烯白模并探讨喜好问题是一个比较保险的推进进度的方法。对于设计师来说，从一个白模中去想象具体的素材、质感是一件简单的事情，而对于没有经验的委托方来说却不是件易事，对于非建筑爱好者来说，对着白模也很难想象出具体效果来。

使用模型来计量建筑与委托方的相容度

直接展示能表现最终效果的模型虽然充满风险，但直来直去的交流往往可以避免事后不合心意的状况。从经验上来说，即便随着设计进展下去计划和素材有变更，但是已经向委托方展示了表现最终效果的模型，所以因总体印象不确定而产生的烦恼可以少很多。

图 制作最初的展示用的模型

①使用简洁的箱子结构将模型空间（阳台、外檐）包围住。内部则只制作地面部分

②有着半地下结构，饭团型屋以及渣土小山的可脱卸式的景观模型

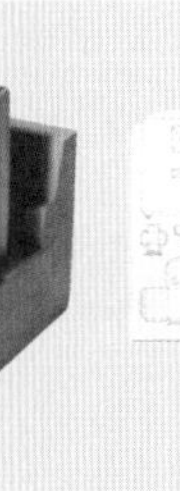

③散布透光方窗的案例

④赠送给委托方的组装纸模型。样例中不仅有空间构成，同时也展示了内部空间的各种物品

・材料基本上使用了1mm 厚的航空胶合板，具有足够的牢固度因此可以放心交给委托方。使用美工刀基本上就可以切割开，因此可以使用和聚苯乙烯板差不多的制作方式，活用硬质材料（细节深化比较麻烦）的特点，可以制作出符合想法的展示模型来。

TOPICS 7

统一的精度非常重要

以塑料模型1:24的比例制作模型

设计师桥本直明先生曾经针对塑料模型制作过同比例的建筑模型（图）。为满足作为汽车爱好者的委托方特地制作了 1:24 的内景模型。相比 1:50 和 1:20 等设计师常用的比例，对于委托方更有亲近感的比例比较容易帮助其提升想象空间。

使用 CAD 将模型主体部件转换到 1:24 非常容易，难的是浴缸、坐便器、床和桌子等家具类的比例转换。按照 1:24 的比例使用挤塑聚苯乙烯泡沫板来切削成型，再使用纸或者金属丝制作出来，可以说整个过程相当麻烦。

在制作车辆模型的时候，可以在色彩和光泽上下功夫，这是一个令人愉快的制作过程。但需要按计划在半天完成车辆模型的制作也不是一件轻松的事情。

图 以塑料模型的比例来制作建筑模型的方法

①短时间内要制作较大比例模型的细节部分是很难的，空间的精度要通过车辆和家具的模型来体现。中庭的打孔折板使用不锈钢网配上方型材料来制作，挤压并加工成波浪型屏风

②浴缸和沙发使用挤塑聚苯乙烯泡沫板切削而成，并用砂纸打磨表面使其光滑。通过调整砂纸的粗细程度来表现不同材质（陶器、布）的区别。在浴缸的支脚等细节下一点功夫可以使精密感大幅提升

更上一个台阶的高超表现术❶

制作逼真的木地板

只是单纯的白模难免平淡无味，
想要重点展示空间效果还是要花上点功夫的。
这一章节将介绍制作木地板等可以更逼真地展现空间效果的技巧。

Check Point

①把复制尺按照比例尺的比例缩小复印，就能当做是实际尺寸用来参考了。
②把装饰纸放入加有中性洗涤液的水里浸泡后再进行张贴，这样就算贴错了，在纸干之前都还能重贴。
③粘贴木地板时尽量在接缝处留出空隙，这样看起来更接近实物，如果在缝隙间涂上颜料就更逼真了。

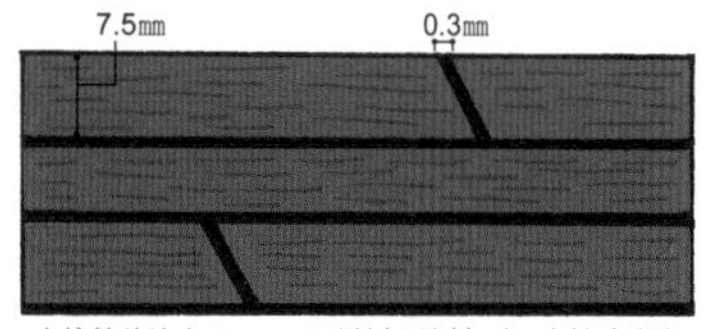

在接缝处涂上Liquitex丙烯树脂涂料+水+中性洗涤液

材料・道具的准备

材料
装饰纸：木纹
Liquitex：茶色
中性洗衣粉
聚苯乙烯纸

道具
美工刀：30° 刀刃
尺：直角尺
　　复制尺
马克笔

就算是白模，只要能表现出木地板的质感，房子的整体效果就会更具有细节性。就像是现实中的建筑物，它的墙体和天花板常被涂成白色，添加了木地板后就能展现出一个真实的空间来。

制作木地板（S=1:20）

❶ 加工前的材料准备

①准备装饰用纸。选择跟实际使用的颜色相近的纸张

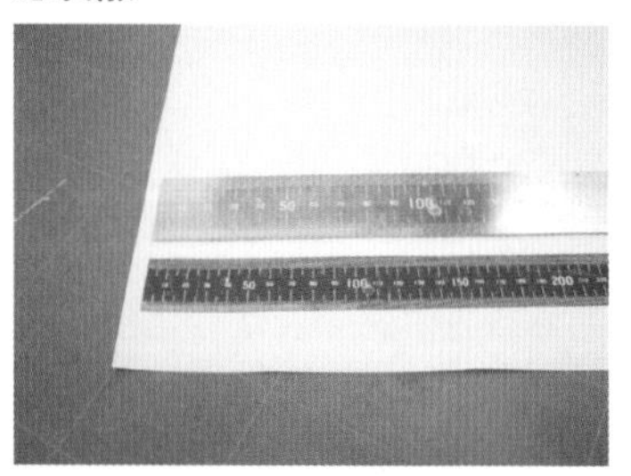

②为了更好地裁纸，在装饰纸背面复印上尺子的刻度。一块宽 150mm 的木地板按照 1:20 的比例缩小后为 7.5mm，所以把复印机的缩放比例设置为 75%，钢尺放在稍微远离顶角的地方复印，这样就能把尺子的顶端也一起复印下来了

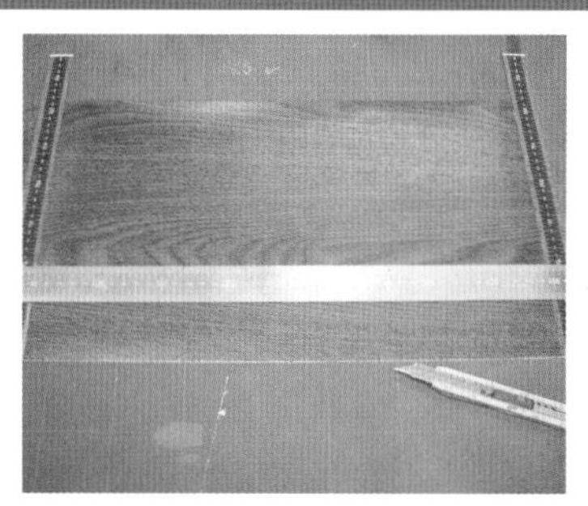

③在复制尺背面喷上喷胶 55，贴在装饰纸的两端，钢尺对好两边复制尺的刻度后用美工刀切开。划开表面就好，不要把纸完全切开。要是切开了就用透明胶在纸的背面贴起来

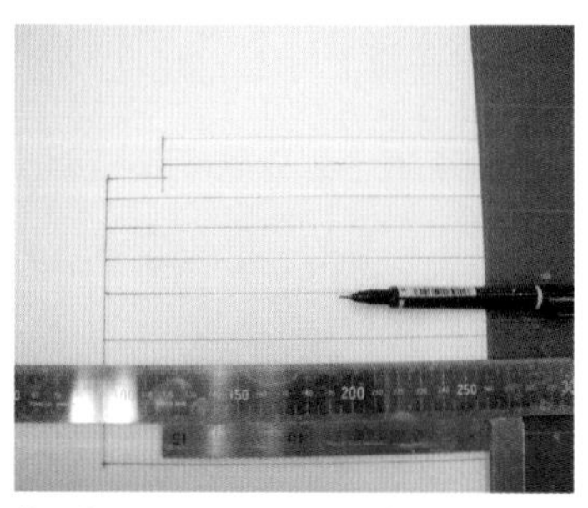

④拿出聚苯乙烯纸，在想要贴的地方用马克笔画上与木地板粘贴方向平行的线。这是为了防止贴的时候纸张卷曲

❷ 开始粘贴

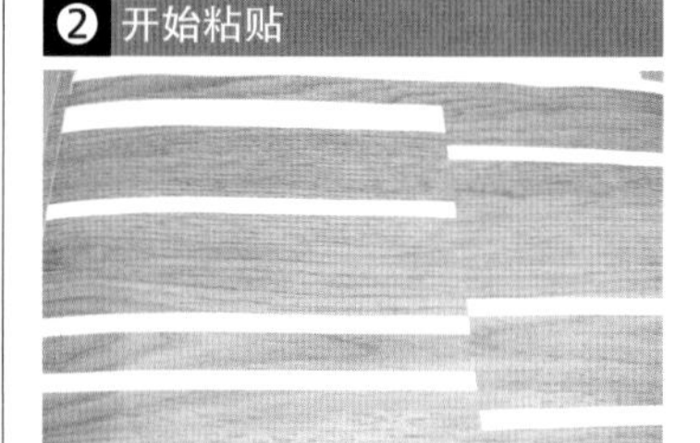

①确定要贴的长度并剪下来。在这里需要剪出两种长度的纸，第一种是从一边贴到另一边的，第二种是放进接缝里用的

②能熟练粘贴聚苯乙烯纸的话（掌握一次就能贴好的技术）就还好，不能贴好的话最好先把聚苯乙烯纸沾上加有中性洗涤液的水后再贴，这样贴错了还能再撕下来

③沾水后不仅能方便移动，还能轻松留出接缝。如图留出 3mm 的间隙。在有聚苯乙烯板的墙面或周围有用纸张的情况下不能用水。沾水工作可以在最开始的时候进行

④在几处连接地方也贴上木纹装饰纸就显得更逼真，同样也要留出间隙

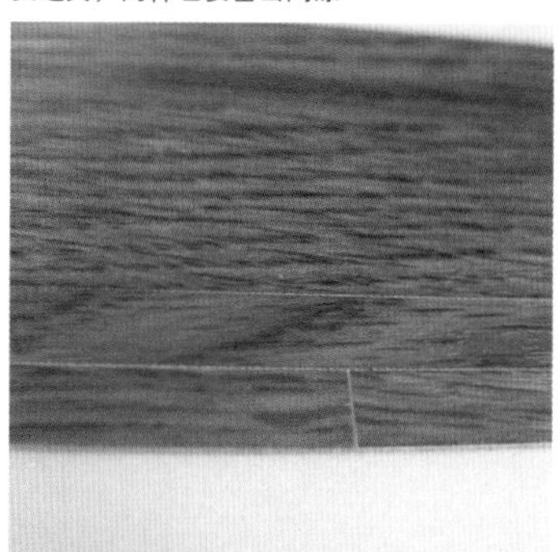

⑤像这样留出间隙

⑥因为较长的装饰纸到最后要统一裁剪，所以为了不让纸张粘住下面，最好在底下垫一张纸

❸ 剪掉凸出部分

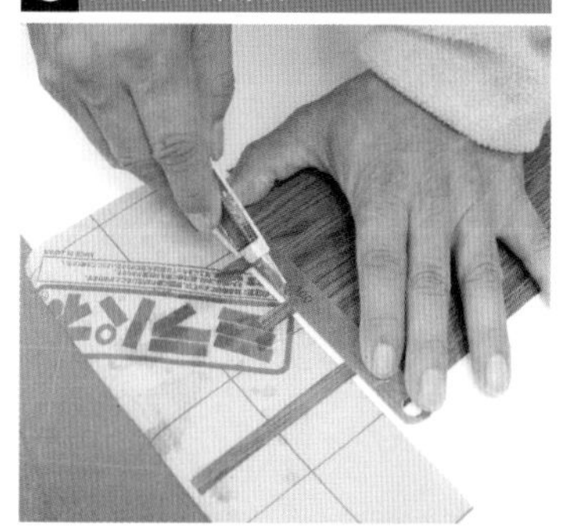

①一条一条地切。美工刀刀片要勤于折断更换，并使用 30° 的刀刃轻轻地从凸出的部分划开

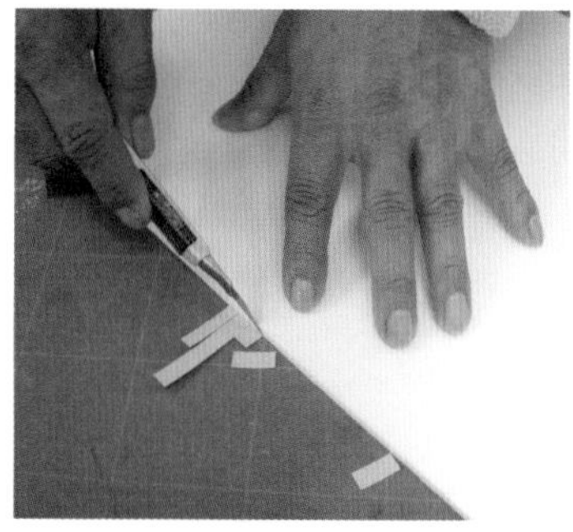

②同样的方法，把别的板块中凸出来的装饰纸也切开，然后翻到背面用直尺压住边缘，再轻轻划开。要注意太用力的话也会把纸板切断

❹ 涂抹接缝

①用丙烯树脂涂料涂满接缝。为了使丙烯树脂涂料能顺畅地流进接缝里，需在丙烯树脂涂料里滴入几滴水和中性洗涤液

②横竖涂满整板

③涂完后，用硬的塑料薄膜和厚纸板把涂料横向刮进接缝里

④当接缝完全被丙烯树脂涂料填满之后，用纸巾擦去表面剩下的涂料。木纹板会越擦越有光泽

⑤完成。放大来看，就会发现接缝处变得明显了。如果贴纸时不留出空隙的话就看不出那是木地板了，所以必须要做出接缝效果

❺ 完成（与墙体接合的操作顺序）

· 先在模型上贴好木地板，然后再制作墙体。因为墙体要架在地板之上，所以地板要越长越好。因为接缝处也涂上了颜色，所以整片木地板的颜色也比先前深了许多

更上一个台阶的高超表现术❷

石头、瓷砖、砖墙的表现技法

如果把石头、瓷砖、砖墙的质感详细地展现出来，房子的整体效果就会变得更加具体。这个章节就解说一下它们的表现技法，以及从图片处理到最后细节深化是如何轻松做到的。

Check Point

■图像处理+粘贴制作的要点

①插入的图片如果没有水平垂直放好，打印出来的图就是歪的。

②同一个图片素材，为了使表现效果更自然，不管是倒转还是翻转，确保都能看到其不同的一面。

③插入砖墙素材后，图与图之间的拼接最好在左右两端设置同样的砖墙。

■制作细节模型的要点

①在涂料里加入中性洗涤液后再涂进接缝处，这样涂料才更顺畅的填满接缝。

②如果使用海绵进行涂抹的话要注意水不宜过多。

同一个砖墙

翻转

倒转

翻转或倒转砖墙都能看到其不同的一面

材料・道具的准备

材料

纸：光泽纸（磨光的感觉），质感好的纸

涂料：Liquitex等的耐水性涂料

中性洗涤液，铅笔，圆珠笔

道具

软件：Photoshop等图片处理软件

硬件：带有扫描功能的打印机，毛刷，海绵，尺子，美工刀

如果要展现出石头和砖墙的效果，那就必须做出与展示用的白模不一样的高级感。事务所内部研究的时候，也要考察具有真实感的素材，以及它和其他材料的调和性，因此需要制作模型来进行研究。

这一章节将对石头和砖墙的细节展现以及扫描后的图片处理两个方面做详细介绍。

制作花岗岩和马赛克（S=1:20）

❶ 提取素材

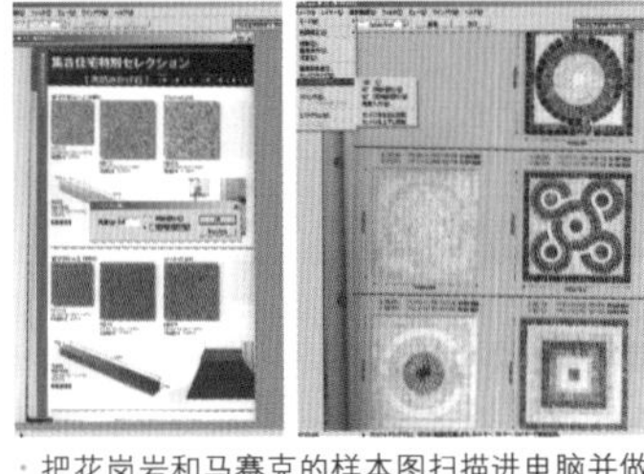

・把花岗岩和马赛克的样本图扫描进电脑并做保存

❷ 加工素材

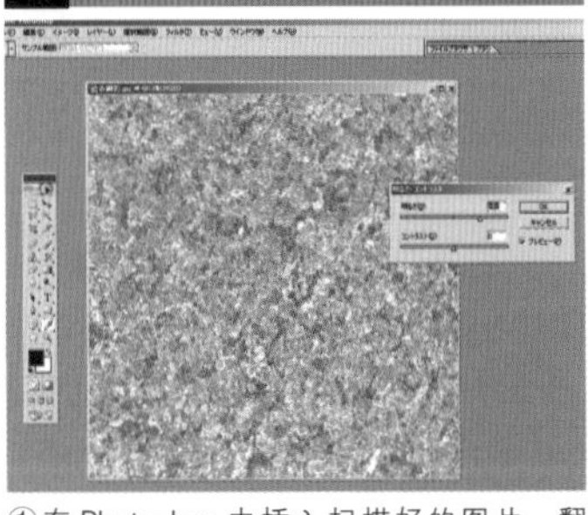

①在 Photoshop 中插入扫描好的图片，翻转至水平状态，裁剪出所需大小，修整图片中花岗岩的颜色，最后把尺寸调整为20mm×20mm

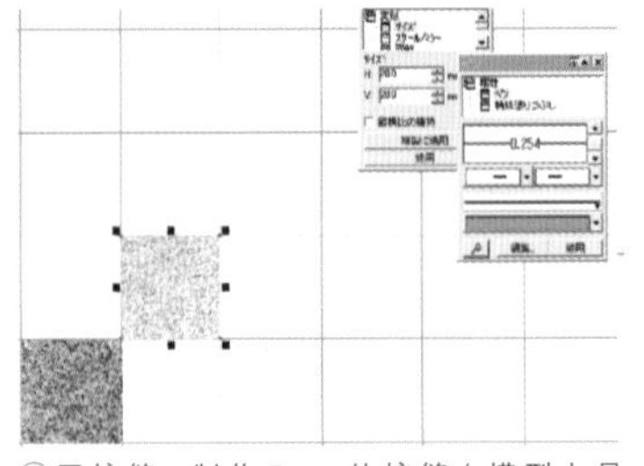

②画接缝。制作5mm的接缝（模型上是0.25mm）。用【钢笔工具】画线，画出的格子用灰色上色，然后复制粘贴到其他格子

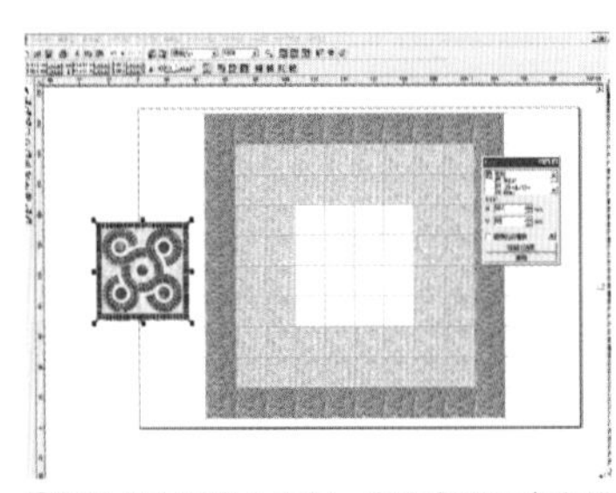

③把马赛克图嵌入中间。先改变提取出来的图片尺寸，然后把瓷砖四等分为80mm方形。如果是按同一方向来增加石瓷砖则不容易表现出天然石材的效果。不管多少块石头，翻转也好，倒转也好，只要不是在同一个方向的就可以。印刷的时候要是发现颜色不对，就在 Photoshop 上调整颜色

❸ 打印出来贴在模型上

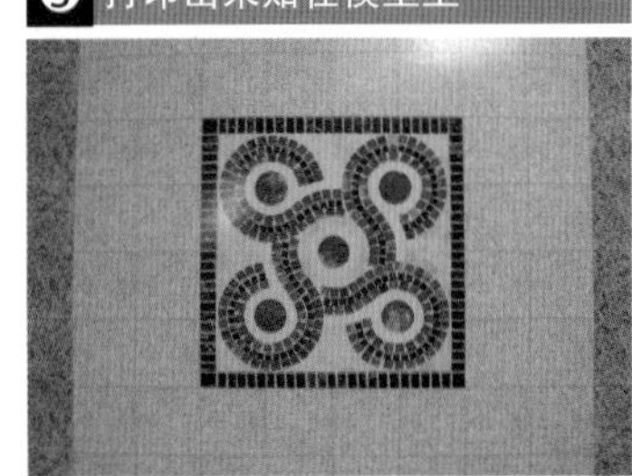

・使用有光泽的纸打印的话效果会更逼真

❹ 应用案例——威尼斯商人瓷砖

・以同样的方法来制作威尼斯商人瓷砖（墙壁部分）

制作逼真的石墙（S=1:20）

❶ 墙面的加工

①在聚苯乙烯纸上留出一定的间隔画出水平线（作为引导线），然后在水平线上画出需要切开的开口部分

②在聚苯乙烯纸上用铅笔画出石砖的形状。石砖间的槽深 1mm 左右。用圆珠笔描出接缝部分

③用钢尺擦出石砖表面纹路。要刮出痕迹

❷ 涂装

①用 Liquitex 等耐水性涂料去填满接缝。在涂料中滴入几滴中性洗涤液，方便涂料流进接缝里。这里制作的是黑色接缝

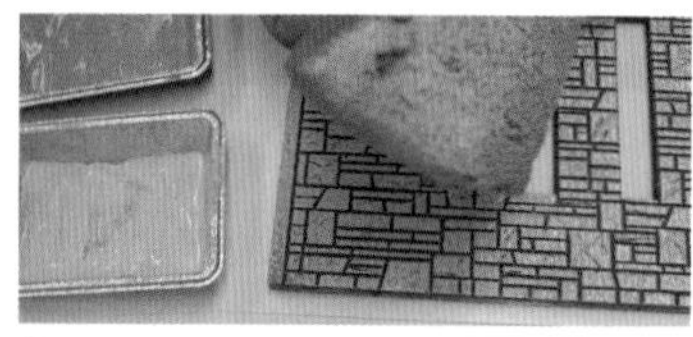

②用海绵平整的一面沾上涂料，从上方按压海绵把涂料涂在聚苯乙烯纸上。不要挤太多，以防多余的涂料流入接缝。这里的涂料不需要加入中性洗涤液

③用毛刷来上别的颜色

④用海绵轻轻拍打把中间色涂在聚苯乙烯纸上，直到毛刷刷过的痕迹消失

石砖的呈现（S=1:20）

❶ 提取素材

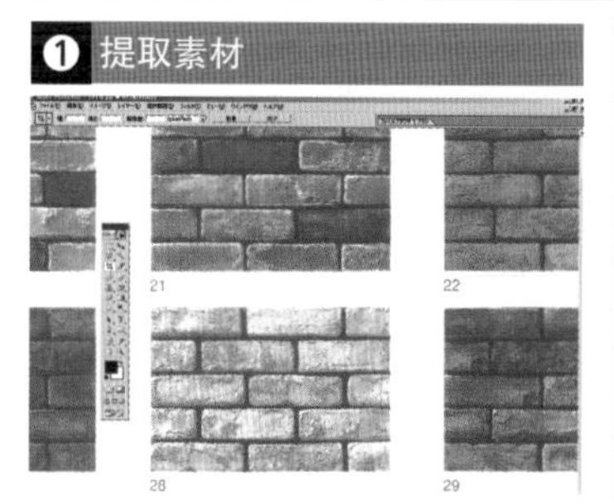

・把从厂家那得到的石砖样本扫描进 Photoshop, 使用图像旋转功能把图像调整至水平

❷ 素材加工

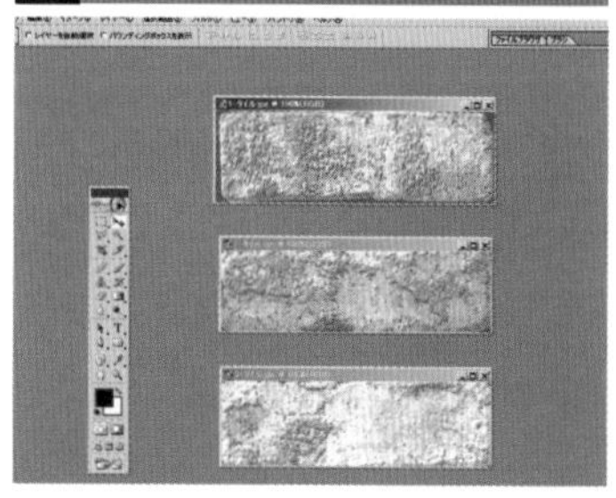

①用裁剪工具裁剪出三种不同的石砖并独立保存。因为比例是 1:20，所以三种石砖的尺寸均设置为 3mm×9mm

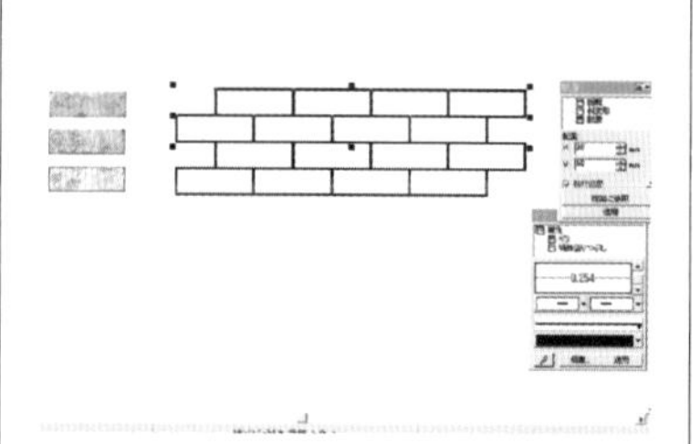

②与瓷砖一样制作接缝，并设置为黑色。如果设置成白色的话，对后面的修改会造成一些困难

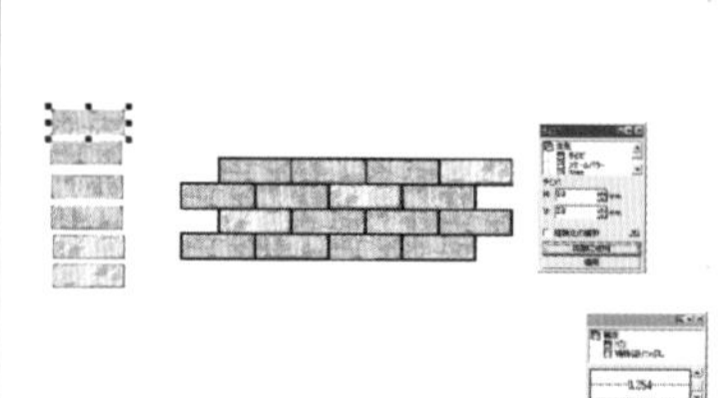

③使用翻转工具并复制粘贴来增加石砖的数量。由 3 种变成 6 种。以 6 种石砖为一个整体进行翻转并使用镜面工具进行粘贴

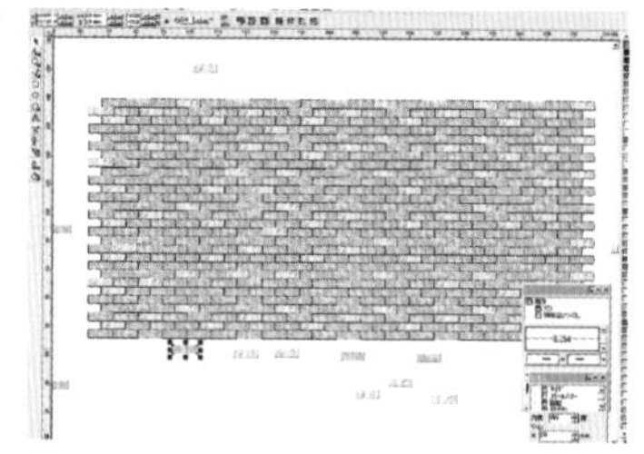

④复制到一定程度后对一些显眼的部分进行翻转或倒转粘贴，以至于看起来没那么死板，这样石砖素材的制作就完成了

❸ 应用案例

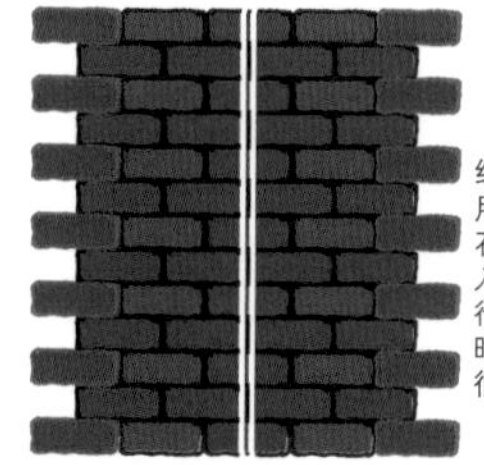

红色的部分使用相同形状的石砖，这样插入多张图片进行粘贴连接的时候接缝就会很自然

・为了防止接缝看起来过于显眼，使用复制粘贴把图片左右两端的石砖设置为同一个形状。

・素材一旦做好后，改变大小或颜色就会很方便

更上一个台阶的高超表现术❸

混凝土的表现技巧与手法

制作混凝土的质感出乎意料的简单。
这一章节就从混凝土的基本制作法到与石砖组合做成土间地面的例子，
做一个详细的讲解。

Check Point

①混凝土的接缝和钻孔痕迹都以灰色为主，为的是看起来更自然。
②使用能呈现混凝土质感的纸，或者使用打印机、复印机在纸上打印、复印粗糙表面纹理
③转角部分的处理。在纸的边缘点上几滴木工胶的话就不易再剥下来了。

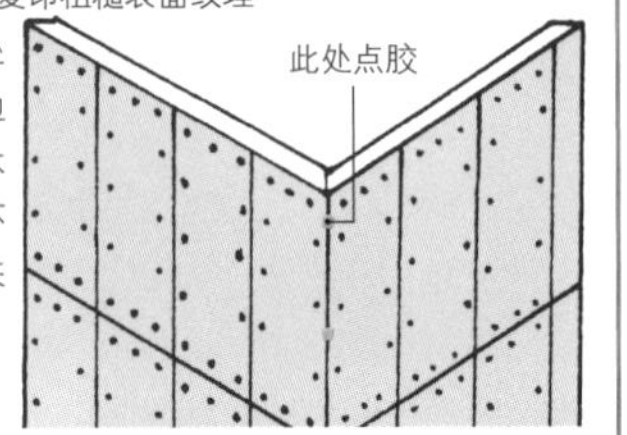

材料・道具的准备

材料
灰色的纸
聚苯乙烯板，聚苯乙烯纸
喷胶55
木工胶

道具
所需软件：制作二维图的CAD
喷墨打印机
美工刀
尺子

如果计划在建筑物里打入混凝土，那么在模型里混凝土的质感也要表现出来。模型里混凝土的质感能向建筑委托者传达设计意图，但设计者一般不会在这上面花太多时间。

这里就介绍一个既省时又省事的混凝土表现手法。

制作混凝土质感

❶ 画出混凝土的接缝和钻孔痕迹

・在 CAD 上按照比例画出混凝土板块，做出接缝和钻孔痕迹。钻孔痕迹用阴影线全部涂满。线的颜色用灰色

❷ 印刷在纸上

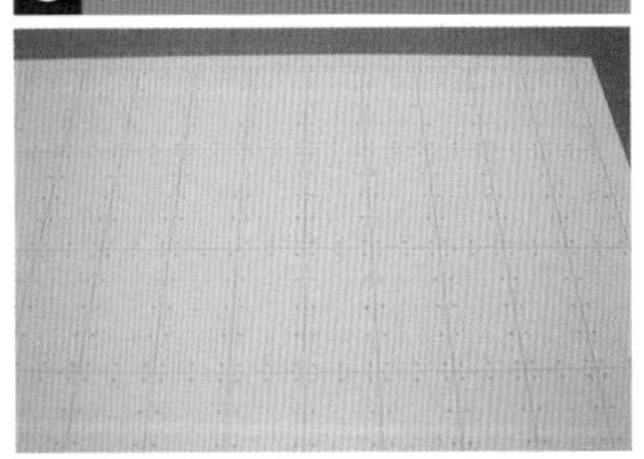

①用喷墨打印机打印在灰色的纸上。因为线很细，所以尽可能的设定为高分辨率

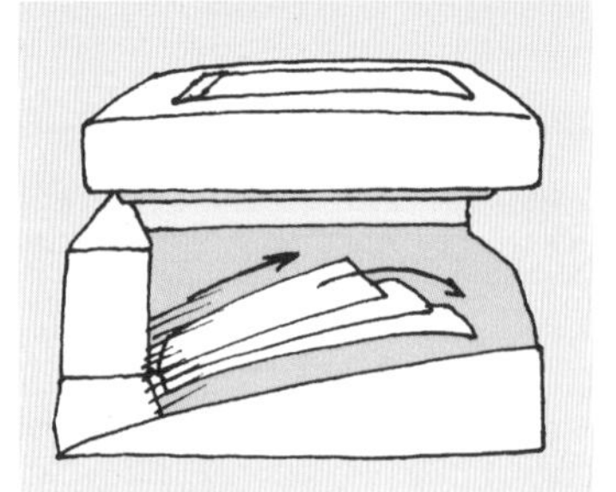

②量多的情况下使用喷墨打印会很吃力，所以打印出接缝和钻孔痕迹后，复印在灰色的纸上即可。复印出来的线条会很黑，只要把颜色调浅看得出是灰色即可

❸ 粘贴模型

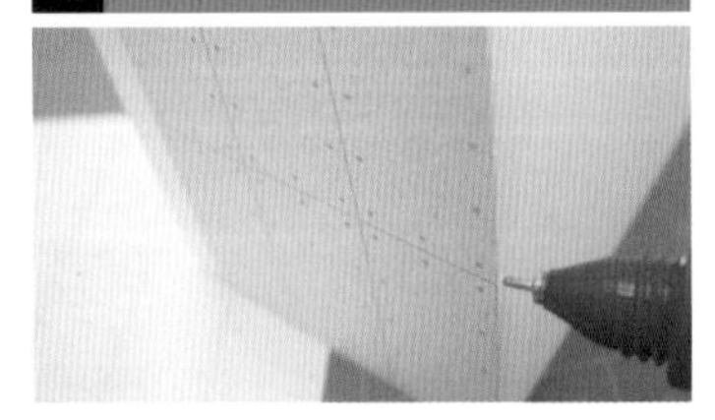

①底材的话使用聚苯乙烯纸或聚苯乙烯板都行，不过聚苯乙烯纸就不容易弯折。在印刷出来的纸背后尽可能地多喷上喷胶 55 并贴在底材上。在转弯角的纸的边缘点上几滴木工胶的话就不容易剥下来

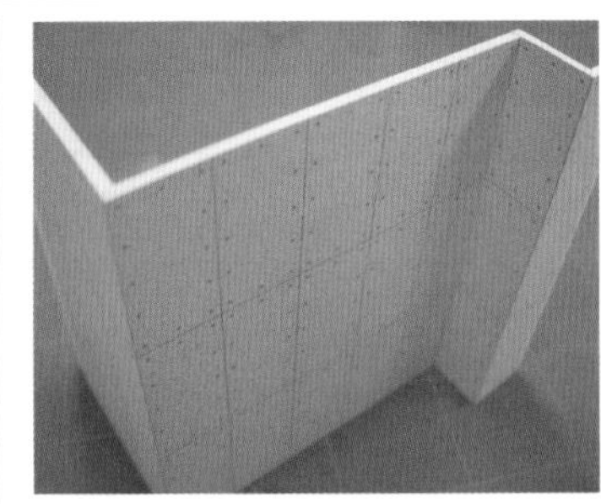

②用纸巾把黏合后多出的木工胶擦掉

❹ 应用例子——与石砖组合

・把做出来的混凝土与 114 页所介绍过的石砖组合起来做成土间地面。要点是在接缝处加上阴影，做出立体感

更上一个台阶的高超表现术④

玻璃效果的表现方法

玻璃的效果只需在丙烯酸树脂板的切面上
涂上蓝色涂料就能很逼真的表现出来。
这一章节还要揭秘使用青绿色马克笔的一些诀窍。

Check Point

①不要使用瓶装涂料，最好用罐装喷漆式的，因为罐装喷漆不会太快变硬。

②为了更便于上色，用笔涂色时先使用美工刀把笔头削平。

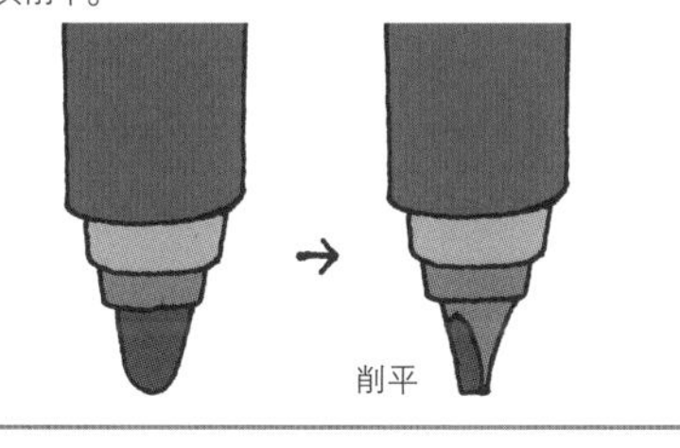

材料・道具的准备

材料

丙烯板：透明色

涂料：罐装喷漆的透明蓝、透明黄稀释剂

道具

砂纸：#240以上

毛笔

美工刀、尺子

纸巾

近年来，不管是高楼大厦还是住宅楼，大量使用玻璃的物体在不断增加。就连家具和商铺里的展柜也一样。所以在模型里，我们也不只是贴丙烯板，还要运用丙烯板把玻璃的质感真实地表现出来。

在这里介绍一下只需处理丙烯板的切面处就能表现玻璃效果的技巧。特别是通过处理能看得到的切面部分的效果，可用于拱形玻璃和架子等的表现。

制作逼真的玻璃

❶ 制作玻璃板

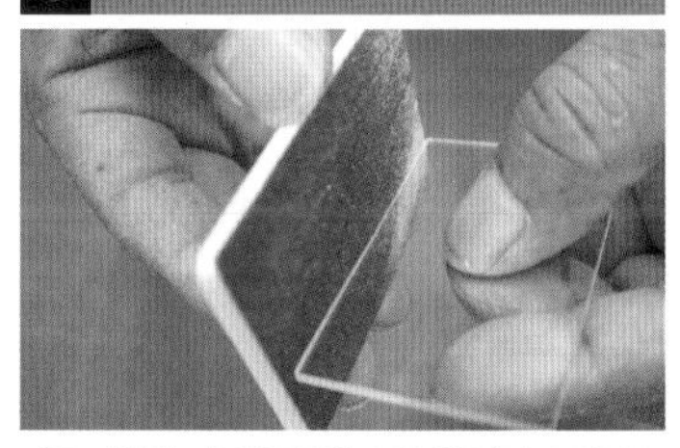

・把丙烯板切出所需形状，用砂纸把切面磨平。使用 #240 以上的砂纸。丙烯板是最合适的，聚氯乙烯板因为没有那种透明感，所以不好表现出玻璃的效果

❷ 在切好的丙烯板切面涂上涂料

①制作涂料。先准备好罐装喷漆的透明蓝和透明黄稀释剂，然后把罐装喷漆喷入纸杯，倒入稀释剂搅拌均匀。之所以不用瓶装的涂料是因为它放置一段时间后会变硬。喷漆搅拌均匀后光泽会自然的显现出来，这样就更接近玻璃的感觉

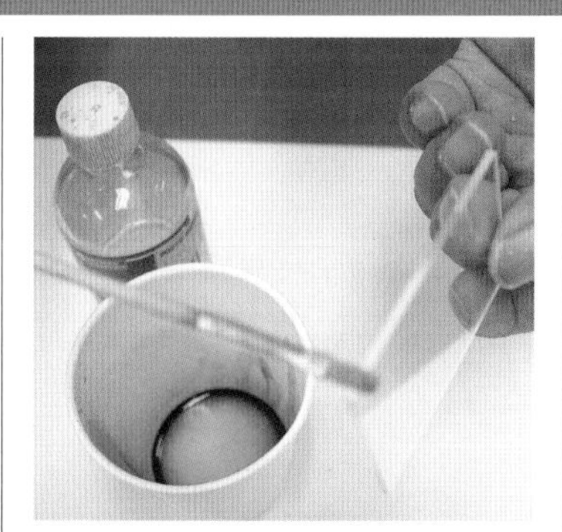

②用毛笔在切面上色

③擦拭。用沾了一点稀释剂的纸巾擦拭多出来的涂料

❸ 完成

・颜色搭配方面，蓝色要多放点

❹ 更简单的玻璃板的制作方法

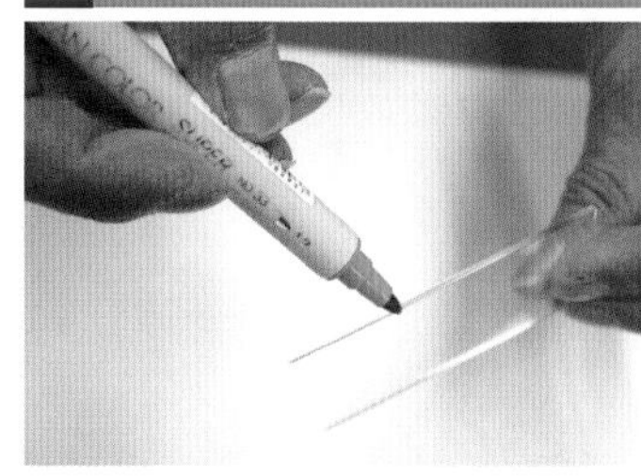

・可以使用青绿色的马克笔涂抹玻璃板的切口，多涂的部分用酒精擦拭。在这里，CLEAN COLOR NO.33 的笔头要用美工刀削平才能使用。这样已经能很好地体现出玻璃的感觉了，如果希望能出光泽的话还是用毛刷上色为好

更上一个台阶的高超表现术❺

制作富有韵味的金属质感

制作出逼真的金属感，模型整体的感觉就会更上一层。
这一章节将会介绍富有厚重感的青铜色
以及金属锈等效果的制作方法。
并且，本章还会挑战制作那些经历年代洗礼的复古效果。

Check Point

①青铜效果的涂装需要突显以白色和黄色等浅色系重复上色后呈现出的陈旧感。
②铁锈效果的涂装需要尽可能地涂出锈斑效果。
③聚苯乙烯系的材料用喷漆上色就会呈现出一种很有趣的粗糙感

表面会溶化

材料・道具的准备

材料

涂料

①青铜：仿古色金属系涂料
②铁锈：古铜色的罐装喷漆、黄色氧化物、红褐色涂料、黑铁色涂料
③金属质感：银白色，metal like spray、金色

道具

毛刷、喷枪
海绵

金属窗框、包装材料、踢脚板、阶梯等一些金属质感的表现不仅是赋予建筑物良好表达效果的重要因素，还可以表现模型的真实感。如果要做出类似镀铝锌波纹板和金属板这样金属效果，使用现成的装饰纸和普通的纸就可以表现出来。当然，如果能找到与所用材料相符的现成品更好。这一章节就来介绍有韵味的金属质感的做法并推荐一些不可或缺的涂料。

青铜表现法

❶ 调制青铜色

・试着使用仿古色、金属系涂料。如果很难买到的话就用 Liquitex 来调色

❷ 上色

・最好的方法就是用喷枪来上色。用毛刷后最后还要用毛刷把刷痕拍掉才行。如果还能看到底材的颜色话需要再涂两遍以上

❸ 暂且完成

・就现在的颜色来说不像青铜色，所以要再下功夫去做旧（接下来的步骤就是介绍制作方法）

❹ 调出有年代感的颜色

・在之前调好的颜色里加入白色和黄色，用水搅匀

❺ 阴角部分涂白色

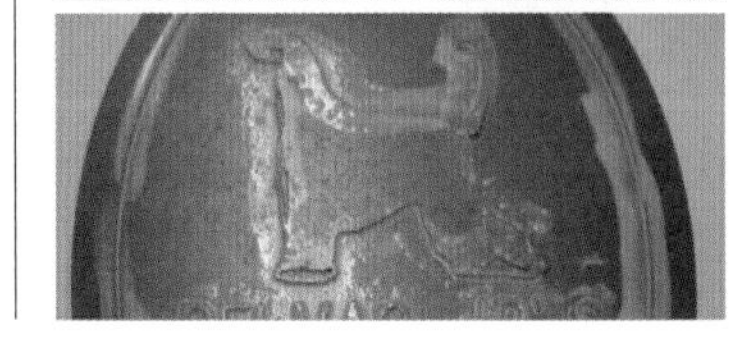

①要注意不快速上色的话就会变干。可以在干之前用喷雾弄湿后进行修整

②用纸巾以拍的方式擦拭

❻ 完成

・如果颜色过白的话，将颜色稀释后用纸巾沾着拍打上色

金属铁锈的表现法

❶ 涂装平面的部分

・底材用古铜色罐装喷漆上色。之后，把黄色氧化物、红褐色涂料和水一起拌匀，用海绵平整的那面去沾上涂料，拍打上色。注意水不要放太多。干了之后涂第二层颜色。在之前做好的青铜色里加上红褐色，再用海绵轻拍上色

❷ 涂装角落的部分

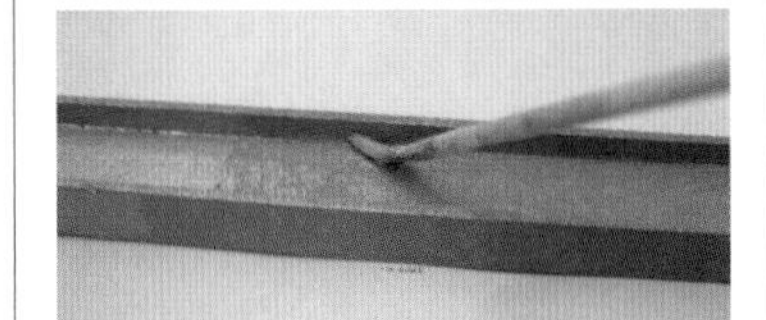

・给角落部分上色。使用黑铁色涂料制作出H型钢的效果。再在上面进行铁锈的上色。活用底材的颜色做出铁锈效果。平坦部分使用海绵上色，角落部分用毛刷上色

❸ 完成

・完成。让它看起来更像铁锈的诀窍是采用不均匀的涂抹方式

推荐制作金属效果所用的喷漆

❶ 对于铝制窗框和外装材料

・制作一般模型时都会使用田宫的喷漆（银色）。它的成分是丙烯树脂。用于涂抹丙烯材料。 这个银色与窗框之类的铝合金色最为接近

❷ 对于制作如同再生铝合金一样有质感的外装材料

・与步骤①使用同样的喷漆去喷涂聚苯乙烯纸。不是让它溶在上面而是把它涂开。类似发泡系的材料，建议使用田宫或郡氏这样的用于塑料模型的罐装喷漆

❸ 对于制作金属薄片风格

・METAL LIKE SPRAY。这是最能表现金属薄片的罐装喷漆了。适用于丙烯酸树脂、PVC、金属

❹ 动动脑筋制作喷漆效果

・使用步骤③中的喷漆喷涂在聚苯乙烯纸上。聚苯乙烯纸或隔热板虽然会溶掉，但表面能呈现出粗糙效果。虽然与田宫一样也有合成树脂的成分，但是溶掉之后更接近真漆效果

❺ 对于制作金色和黄铜效果

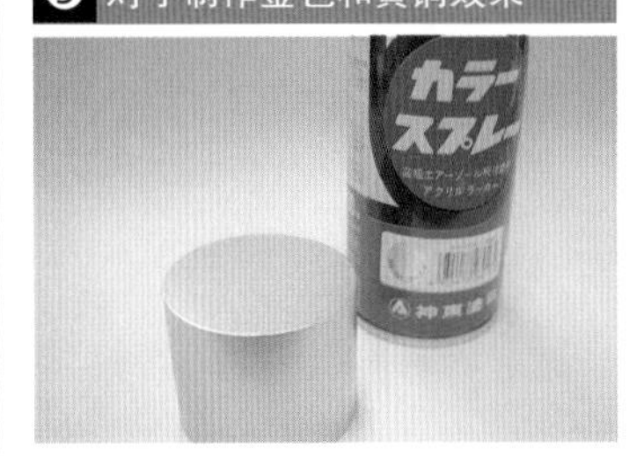

・神东牌涂料的彩色喷漆中金色效果最好。

❻ 对于制作和式风格效果

・使用⑤中的金色喷漆喷涂聚苯乙烯纸或隔热板。因为是真漆类的，所以喷完后表面会溶解，但其凹凸不平、粗糙的表面正是要表现的和式风格

column

一分钟制作竹子

仓林进（雕刻家）

人们看到逼真的东西时如果说这是树，那么我们就会觉得那个看起来就是树，像这样一个概念的东西还有好多（详细的介绍请参考120页）。在这里介绍一下能做到『如果说这是竹子，那么看起来就是竹子』的技能。其实方法相当简单。

简单的制作竹子（S=1:70 ~ 1:100）

1 摘取杂草

・使用开花的穗子来制作竹子

2 涂装——完成

・用绿色的罐装喷漆进行喷涂。图中是10月份摘取的已被晒干的杂草。因为它长为150mm左右，所以1:70的模型都能使用

更上一个台阶的高超表现术⑥

五花八门的植栽制作法

运用身边的钢丝绒和海绵等材料来制作在建筑模型里不可或缺的植栽，进行着色的话会有与实物一样的感觉。

Check Point

①用溶剂性的涂料把海绵浸透，变硬后再对其敲打的话既干得快也能敲得很细很碎。
②处理粉末的时候，要用筛子来筛，这样就不容易结成团。
③同样的材料制成的树，根据着色的不同与是否洒上海绵末，它的效果会有很大的变化。

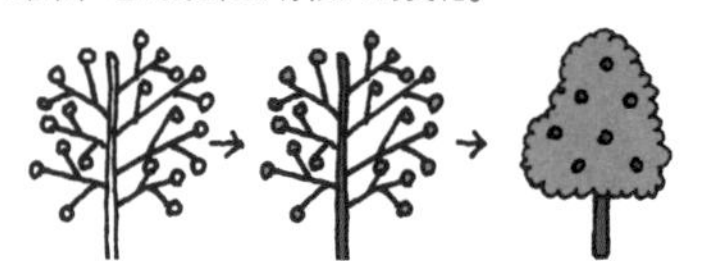

仅仅是纯白色的满天星　通过着色后使其更像实物　粘附上海绵并着色后就像是结了果子一般

材料・道具的准备

材料
聚苯乙烯合成纸（聚苯乙烯纸）
海绵过滤网
钢丝绒
皱纹纸（制作花卉用）
涂料类： 罐装喷漆，水彩颜料（荧光色）
制作模型用的各种粉末
管材： 铜丝
黏合剂： 木工用粘合剂，喷胶77，双面胶

道具
美工刀，圆刀，圆头雕刻刀
过滤网，搅拌器

建筑模型里会采用各式各样的植栽，既有逼真到能看出树木种类的植栽，也有只靠图钉和钉子制作出来的抽象树木。但是不管怎么样，主角依然是建筑模型，为了更好地衬托出模型，就要做出与模型所表现的感觉相符的植栽。

植栽① 制作光叶石楠

❶ 加工海绵

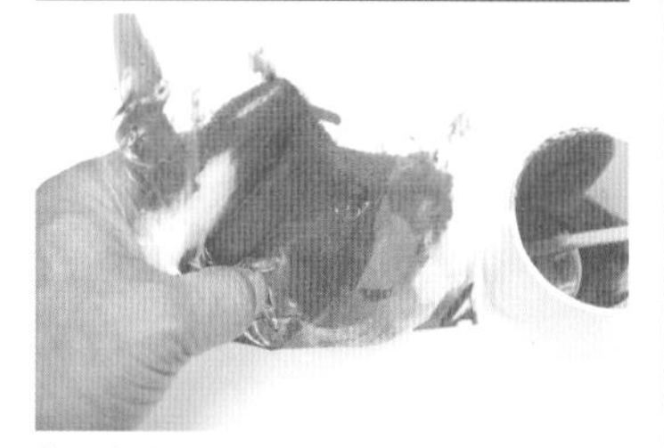

①把海绵放进塑料袋，倒入涂料进行着色。在这里虽然使用的是真漆涂料，但一般的耐水性强的涂料也可以使用。之所以使用真漆是因为它易干且能搅拌出很细的粉末

② 把上好色的海绵放在塑料膜上晾干，要经常翻面。要注意，如果放在纸上晾干的话，涂料会黏住纸张

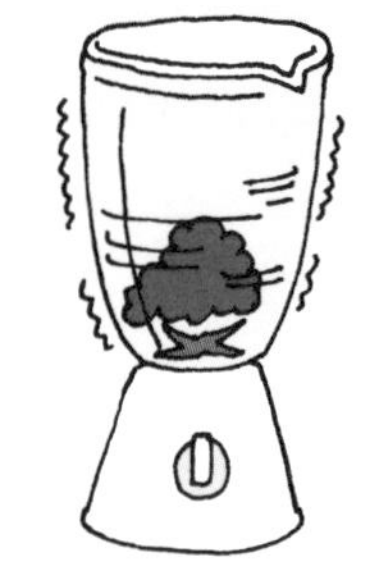

③把晾干变硬的海绵放进搅拌器粉碎。搅拌时间根据所看到的颗粒大小来做调整。图片里的是按照 1:80 的比例来进行粉碎的。如果模型大的话，粉碎的颗粒也要大点

❷ 把加工后的海绵末黏到篱笆上

①首先根据 106 页的要领制作篱笆。用水稀释木工胶，将其涂在篱笆上

②从上面轻轻地把海绵末洒在篱笆上，多了则可以弹掉

❸ 完成

・把做好的光叶石楠放在草坪上，更能增加真实感

植栽② 制作杜鹃花

❶ 准备用作花颜色的粉末

・粉末的做法跟步骤①中一样，用海绵来做。尽量只用白色的海绵，因为它容易显色

❷ 制作树的部分

①把染了色的海绵切碎，再揉出树的形状，用水稀释木工胶，然后轻轻地扫在树上

②抖落粉末。使用两种颜色的粉末能更接近实物效果

❸ 完成

①放在绿色草坪当中，它的颜色就显得特别鲜艳

②修剪后的杜鹃花的做法就像制作栅栏一样使用过滤网来制作。摆在前面的是杜鹃花，摆在后面的是光叶石楠

❹ 用水彩涂出花的效果

・先用水彩的原液直接点在做好的海绵上。再使用荧光色系的颜料上色，等干了以后颜色就更易显现。虽然比使用粉末简单，但是要注意其容易出现斑点

植栽③ 草皮类和灌木的制作

❶ 制作种植的计划

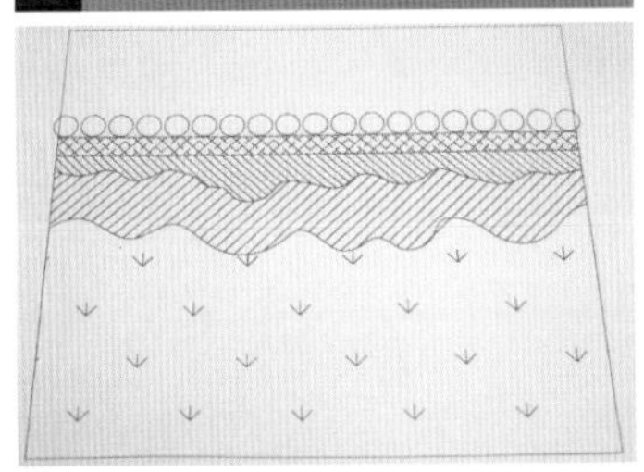

・把地皮和灌木种植进去。从前面开始为草皮、沿阶草、栀子花。后面为杜鹃花、栅栏

❷ 沿阶草和栀子花的制作

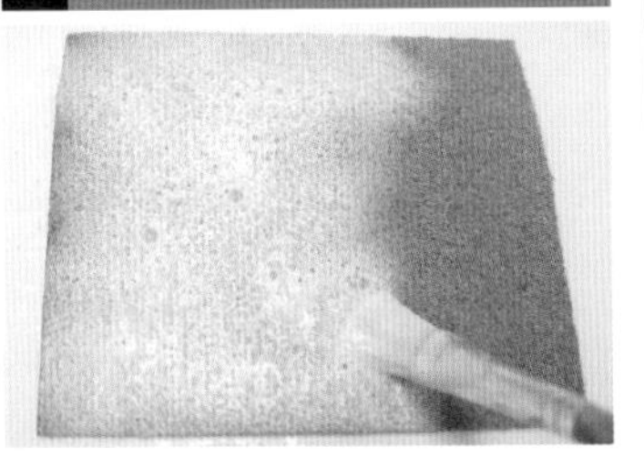

①按照 106 页的方法来制作两张草皮。然后在整片草皮上涂满水、木工胶和中性洗涤液的混合物。完全涂满会增强其保水的能力，而且大颗粒的粉末也容易贴在上面

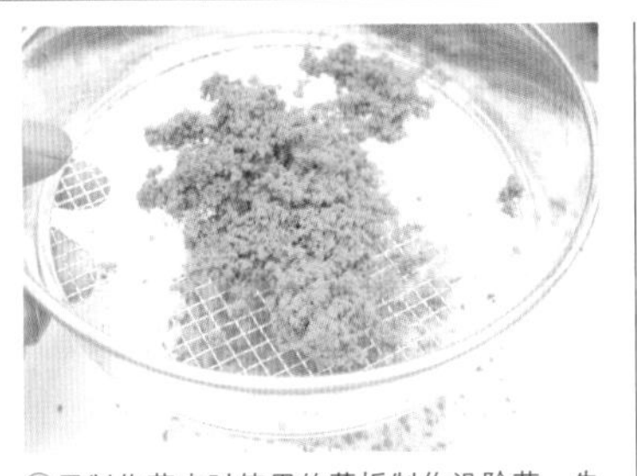

②用制作草皮时使用的薄板制作沿阶草。先将大颗粉末用筛子从上面开始筛。这样就不容易结成大块也不会整片铺满。然后从上面轻轻按压粉末，使其固定。干得差不多后再把剩下的粉末撒在上面

③把计划图复印，然后按照上面的形状用剪刀剪下。直线的部分用美工刀切。图片上的是薄板制作的沿阶草，栀子花的话改变颜色就好

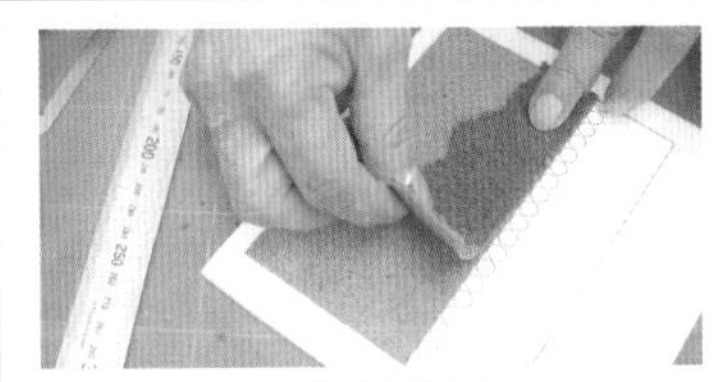

④用双面胶把沿阶草贴在草坪上

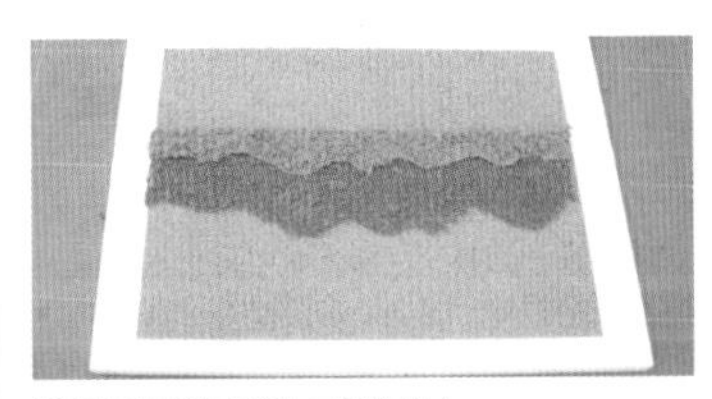

⑤栀子花薄板则贴在沿阶草上

❸ 完成

・使用双面胶贴草皮的好处是不用担心弄湿弄脏，而且操作简单

植栽④　使用满天星制作效果

❶ 干花的加工

①先准备好满天星的干花

②把满天星扎成树冠的形状，用瞬间黏合剂粘贴固定。这时就要边用硬化催化剂对其喷雾边进行操作

③用剪刀把多余的枝干剪掉，修整形状

❷ 完成

・完成。用于白模和简易模型的植栽

❸ 应用篇

①干花本身就容易掉色，简单的上色能让它看起来更像真正的植栽。首先要用茶色罐装喷漆对植栽整体进行喷色，待茶色干后再用绿色喷漆轻轻喷涂上色

②对步骤②中的植栽进行上色。首先，用茶色罐装喷漆对植栽整体进行喷色。待茶色干了之后，在植栽的叶子部分喷上喷胶 77、用粉末海绵洒在上面。满天星的花的部分上好色以后，看起来就像是结了果实的树一样

植栽⑤　使用钢丝绒制作效果

❶ 钢丝绒的加工

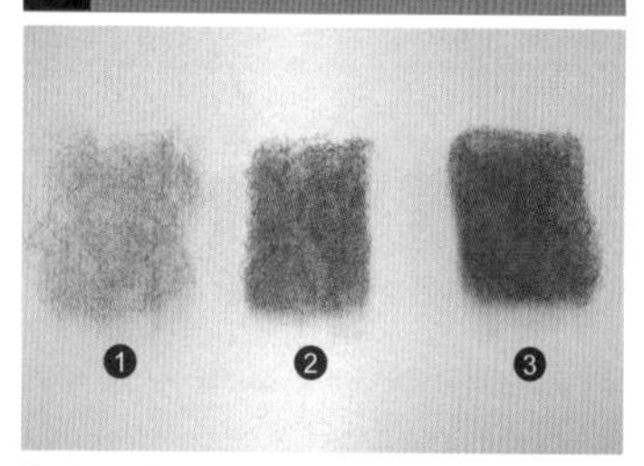

①为了让钢丝绒的纤维看起来匀称（❶）。就像这样把它弄散，然后用两片弄散了的钢丝绒叠在一起（❷）。这样就能使纤维和纤维之间的缠绕变得更宽松。最后用喷漆在钢丝绒上大范围的喷涂（❸）

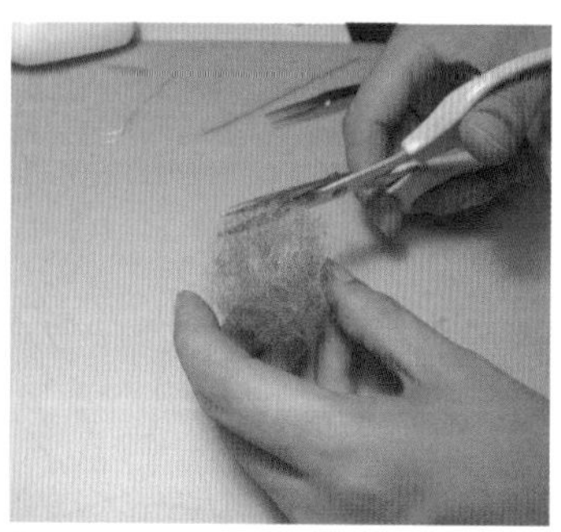

②用剪刀剪出大致的形状，用手轻轻搓圆

③树干就用直径 2mm 的圆木棍切出树木的高度，涂上木工胶后插入做好的钢丝绒的 3/4 处

❷ 完成

・黏合剂干了之后用茶色罐装喷漆对植栽整体进行喷色，待茶色干后再用绿色喷漆轻轻喷色。完成

❸ 应用篇

①在步骤②中的植栽上洒海绵粉末。首先，要用茶色罐装喷漆对植栽整体进行喷色。待茶色干了之后，在植栽的叶子部分喷上喷胶 77、将海绵粉末撒在上面

②完成后的效果

植栽⑥　使用海绵制作效果

❶ 加工海绵

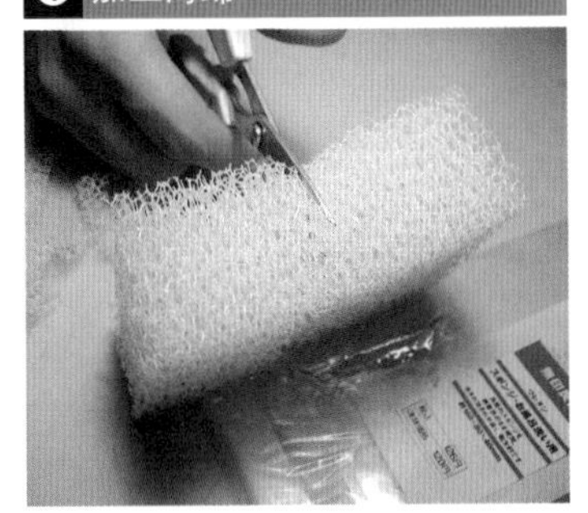

①把海绵剪出植栽的大概形状

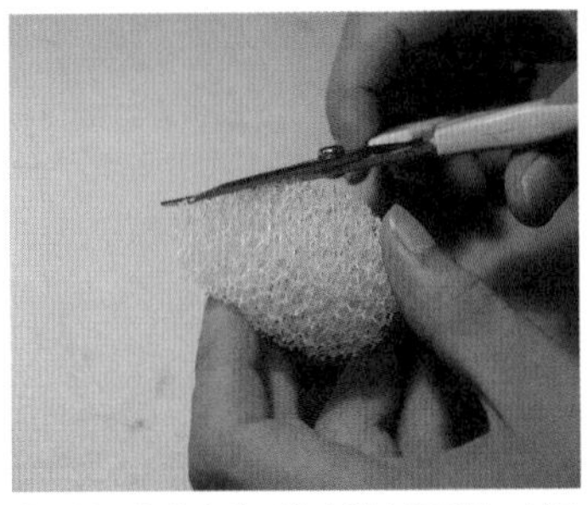

②用剪刀修整海绵以做出树木的形状。树干就用直径 2mm 的圆木棍切出树木的高度，涂上木工胶后插入做好的钢丝绒的 3/4 处

❷ 完成

・多用于白模或简易模型。但是必须注意它容易变色

❸ 应用篇

①给步骤②完成的植栽上色。做法与植栽④、⑤相同

②在步骤②中的植栽上洒海绵粉末。首先，要用茶色罐装喷漆对植栽整体进行喷色。待茶色干了之后，在植栽的叶子部分喷上喷胶 77，用粉末海绵洒在上面

③这里的海绵由于颜色是白色的所以也适用于制作灌木篱笆

植栽⑦　制作椰子树

❶ 用皱纹纸剪出叶子形状

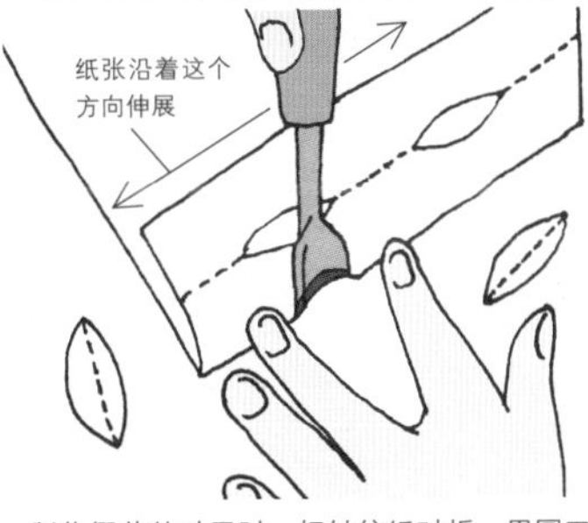

・制作假花的叶子时，把皱纹纸对折，用圆刀或圆凿以半圆切出叶子的形状

❷ 加工叶子

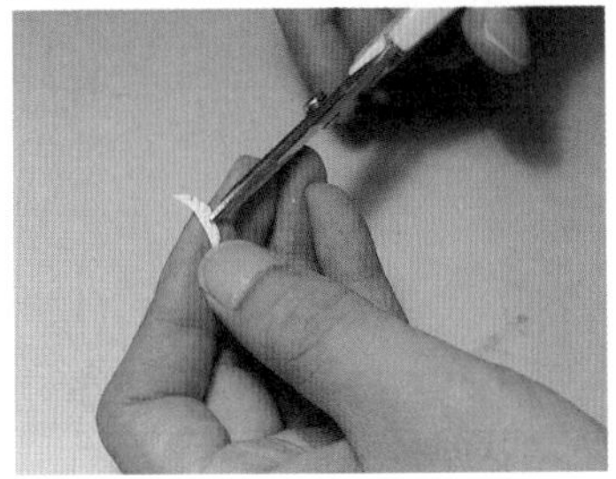

・把椰子树叶剪得很细

❸ 枝干和叶子的组合

①假花用的铁丝（#30）切出椰子树的高度

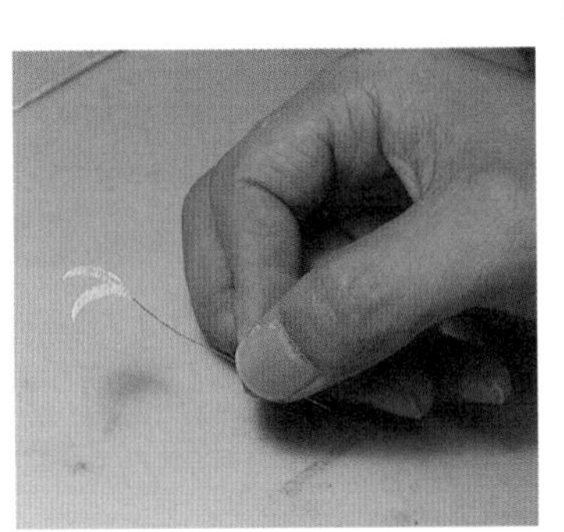

②铁丝一根，树叶两片。用木工胶粘贴

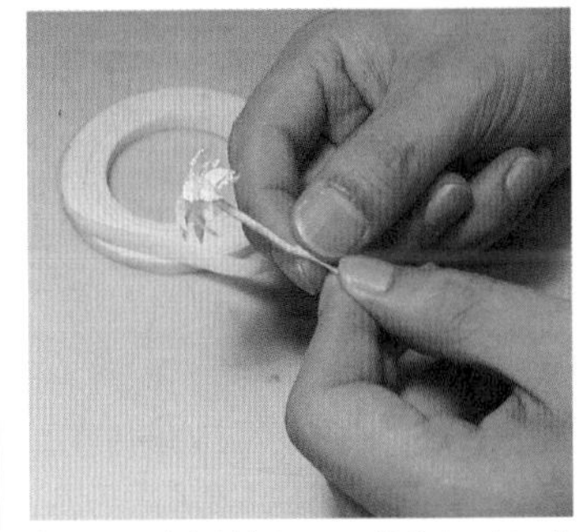

③将粘有树叶的铁丝 6 ~ 7 根并在一起，做假花的时候绕在树干上并用皱纹纸卷上

❹ 完成

・试着根据椰子树的大小来改变树叶的大小和数量也非常有趣

更上一个台阶的高超表现术⑦

制作 Le Corbusier 沙发

**在住宅模型里摆放家具的话更能体现其真实感。
这一章节不仅介绍沙发的制作方法也会挑战制作床和椅子等各式家具。**

Check Point

①为了使其变成曲面，在进行打磨时，把砂纸的四个角向上弄圆。

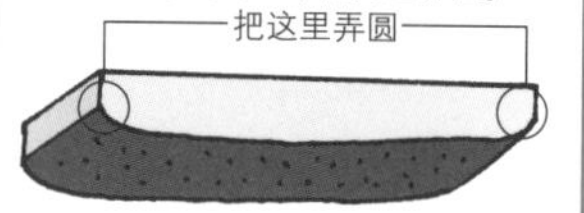

②准备好涂装时固定用的道具。
③焊接时看得到的部分少焊，看不到的地方多焊。
④在做黄铜棒与丙烯板的黏结时，要使用快干胶和硬化催化剂。

材料・道具的准备

材料
聚苯乙烯纸、丙烯板、黄铜棒
底层涂料： super 面漆
表层涂料： 半光泽舰底色，METAL LIKE SPRAY
水性油灰： 家庭用油灰

道具
美工刀
砂纸： 耐水砂纸#600
黏合剂： 快干胶（木工用）、硬化催化剂，木工胶
胶布类： 遮蔽胶布
铅笔、尺子、直角尺类、焊接工具

在探讨室内装修时，使用 1:20 ~ 1:30 的比例居多，因为椅子、沙发等家具都能在这个比例的模型内逼真地展现出来。这里就来介绍家具中的一例：沙发的制作方法。靠垫部分的做法可以活用于床和椅子等，金属管的部分也可以在很多地方得到运用。

制作逼真的沙发（S=1:20）

❶ 从样板导出图片

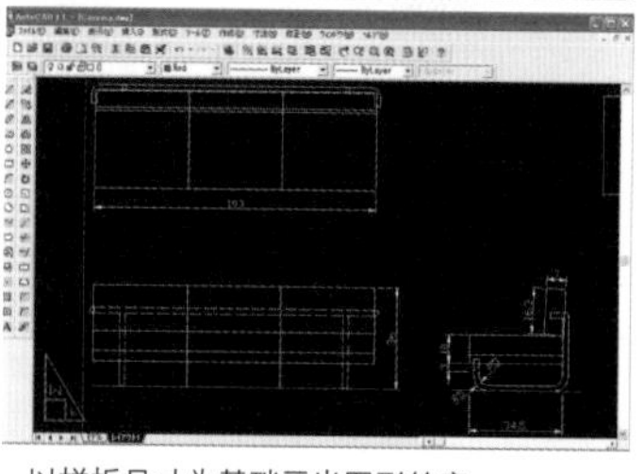

・以样板尺寸为基础画出图形轮廓

❷ 切出棉垫的部分

①棉垫的厚度为 7mm。把 2mm 厚和 5mm 厚的聚苯乙烯纸（表面没有纸的那种）用喷漆 77 黏合在一起制成

②在贴好了的聚苯乙烯纸上用直角尺画出直角边与棉垫的相接部分。注意要用铅笔画

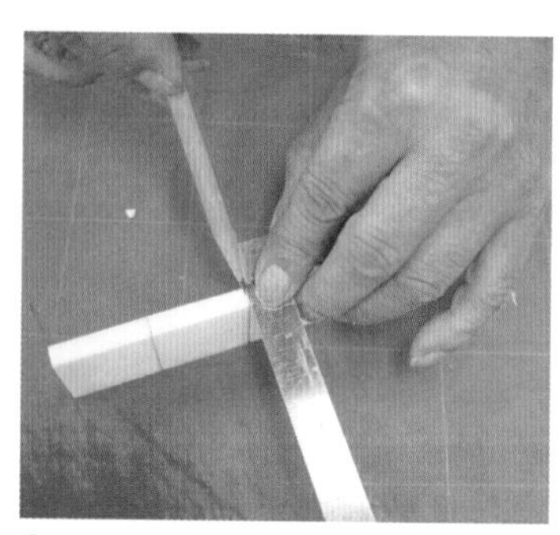

③切除坐垫与背靠。用铅笔在 0.5mm 厚的地方画上线

❸ 调整棉垫的形状

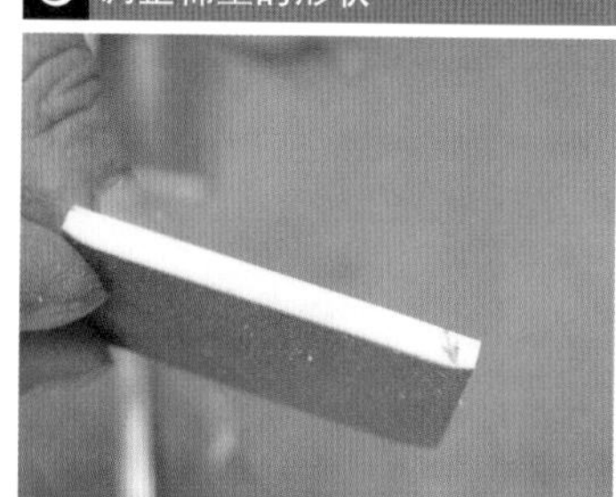

①用磨砂纸修整形状。首先做磨砂纸，把耐水砂纸 #600 由里向外切至适当的大小，贴在黏性聚苯乙烯板上，压着两条长边粘好

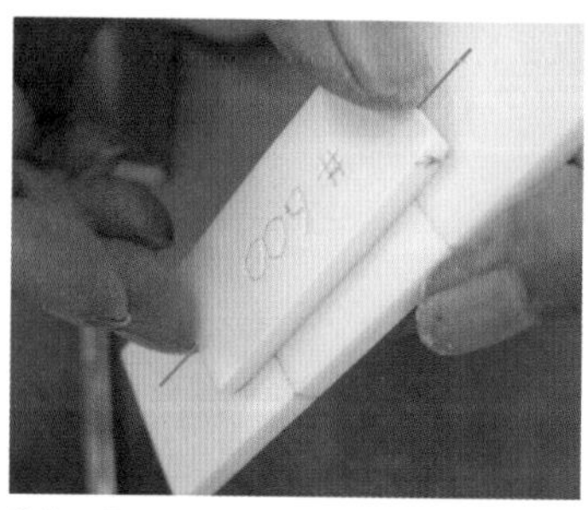

②按照箭头的方向进行摩擦，要用手指弯圆磨砂纸，不然下面的聚苯乙烯会被割扯到

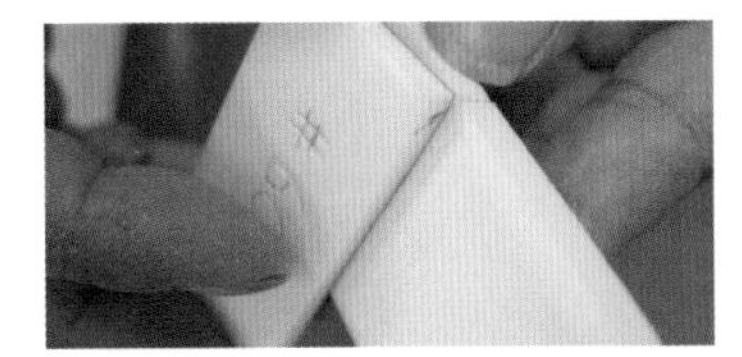

③用磨砂纸打磨未处理完的那一角，沿着用铅笔画出的线进行打磨。棉垫也要轻微弄圆

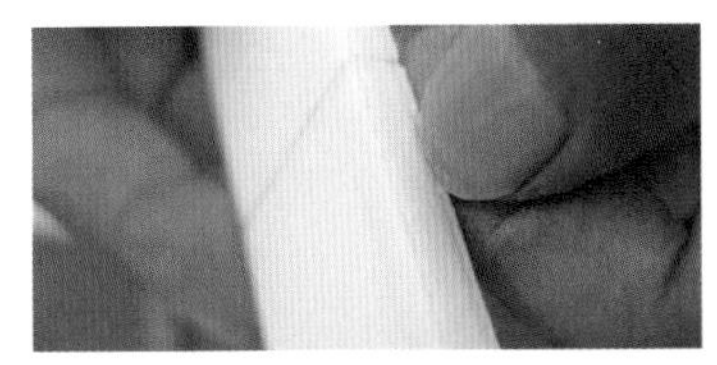

④用大拇指的指甲压出皮革的接缝，做出细沟

❹ 涂装前的准备

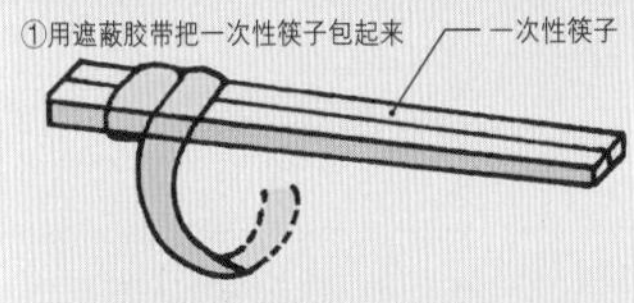

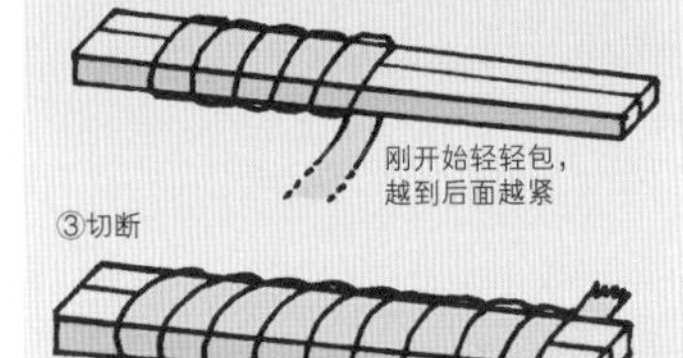

· 为了让涂装变得更容易，要用一次性筷子来制作固定用的棍子。手拿的部分不会移位。如果为了固定而使用固定胶的话，其黏性太强会不易撕开，有可能还会把底下的材料撕坏。所以遮蔽胶带是正确的选择

· 首先用遮蔽胶带把筷子先包一圈。然后用胶带反面再包一圈，注意让不干胶那面朝上。刚开始轻轻包，后两圈拉紧，最后切断胶带

❺ 棉垫部分的涂装

①把棉垫贴在之前做好的涂装棒上（之前制作的筷子），涂上 super 面漆。因为最后要以黑色收尾，所以这里要使用棕色。如果是白色沙发的话就要用 mr white 面漆 1000

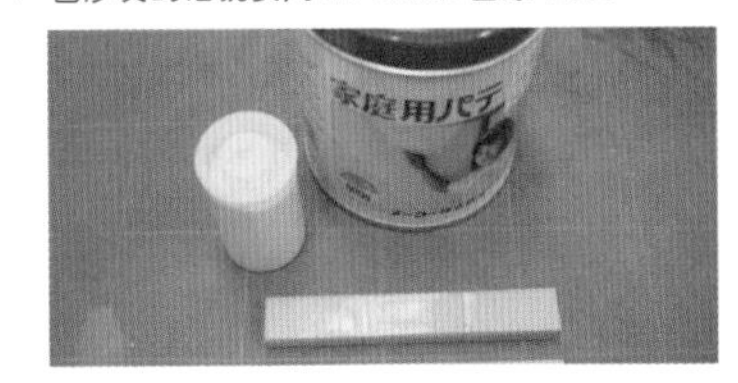

②如果出现刮伤或破洞。就用水性油灰进行填补。要注意油灰以外的填补剂不容易打磨。用步骤⑥的磨砂纸轻轻磨，把破洞填满

③皮革效果做好后、用半光泽舰底色进行光泽消除。涂好颜色待干后会自然达到消光效果

❻ 制作聚苯乙烯框架需要的准备工作

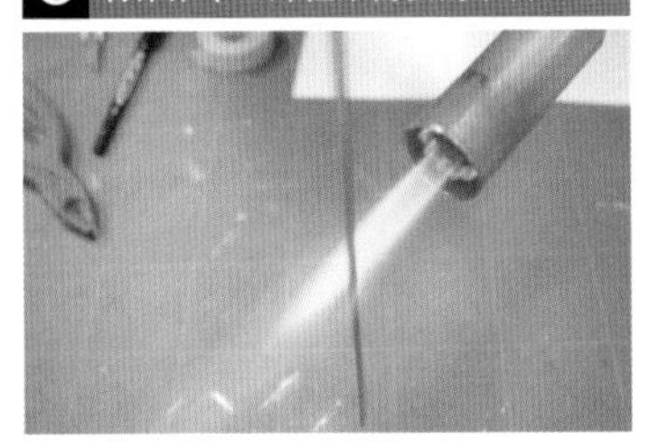

①把直径 2mm 的黄铜棒弄弯。为了更容易弯曲黄铜棒，先用燃烧器或天然气炉把黄铜棒加热到烧红为止

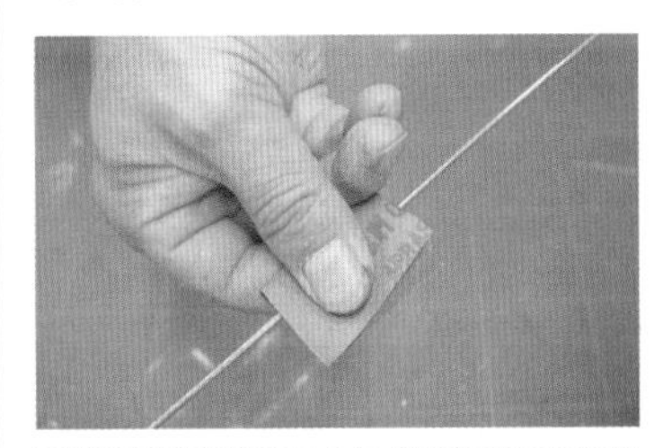

②烧弯的黄铜棒凉了之后用砂纸把氧化膜擦亮。为了让它更容易被焊接所以一定要用砂纸磨

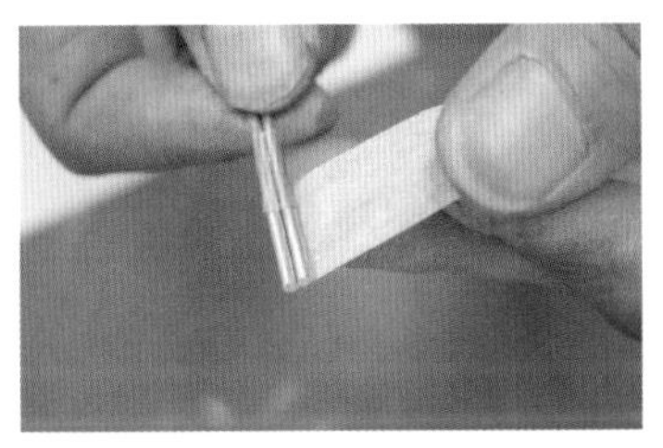

③因为需要两根黄铜棒进行弯折，所以需加工两根黄铜棒并用遮蔽胶带粘好。胶带的作用是为了不使沙发留下黄铜棒的痕迹

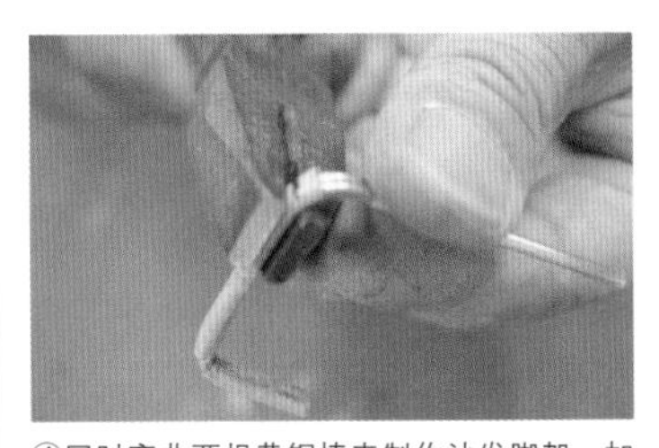

④同时弯曲两根黄铜棒来制作沙发脚架。加热一下更好弯曲

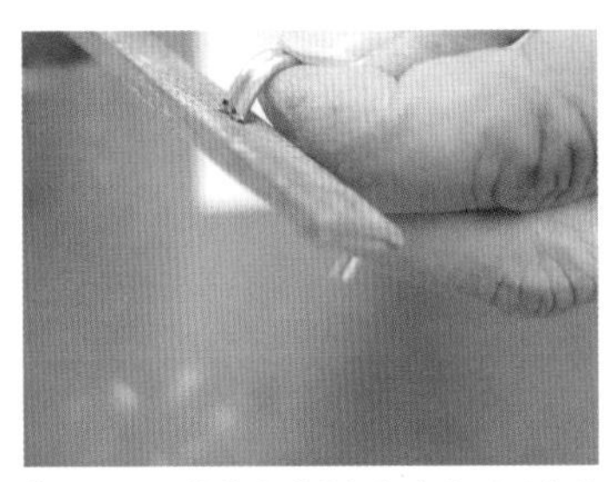

⑤切口面用铁锉或砂轮机把它磨到适合的长度

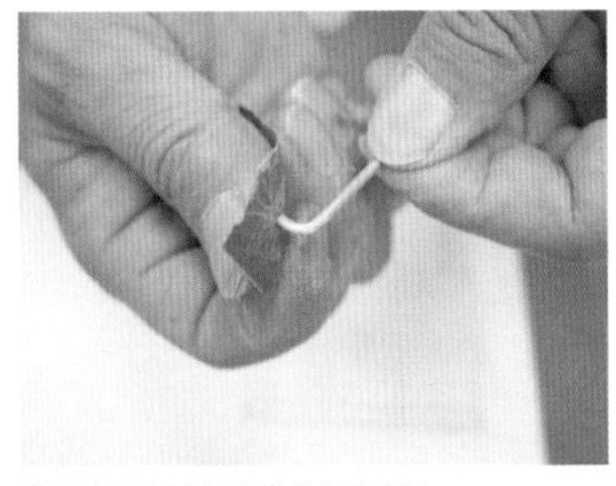

⑥用砂纸把边角多出的部分磨掉

⑦把做好的黄铜棒放到图纸上，在背部边框里用马克笔在脚架的部分做上记号

❼ 边框的连接——焊接工作

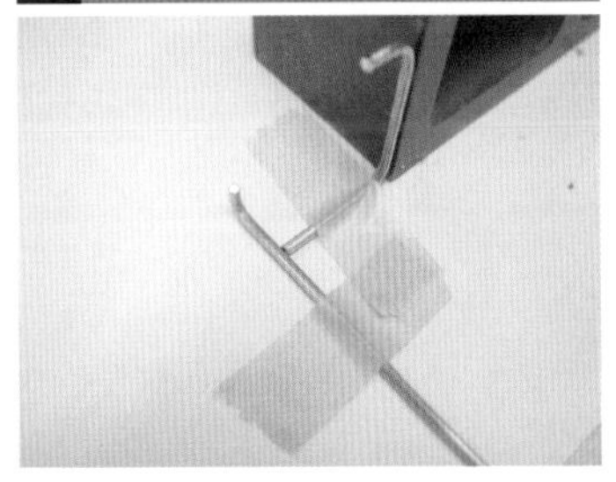

①为了更容易焊接，先把背部和脚部的边框贴在厚纸板上，使用别的道具使黄铜棒保持垂直

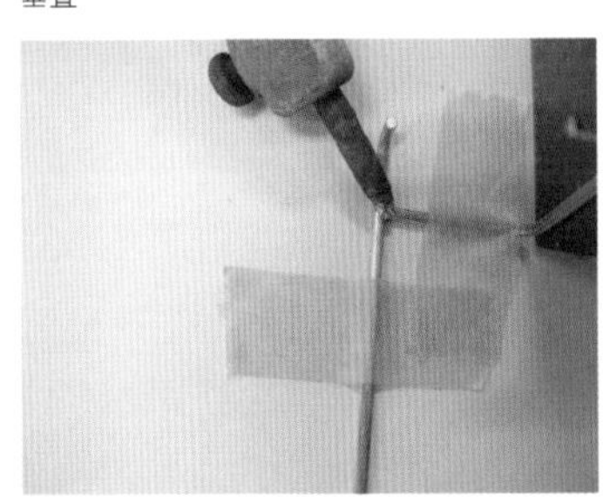

②使用助焊剂进行焊接。这里要使用不锈钢用的助焊剂和加有活性焦油的焊枪

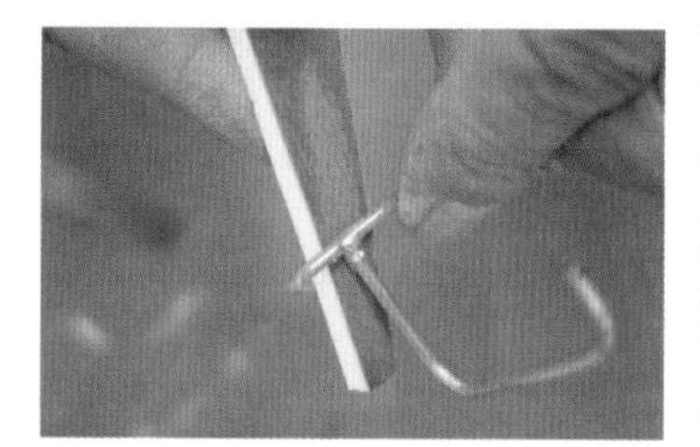

③焊接的时候尽量焊接在不展示的地方，用于展示的外侧少焊，并且用锉刀磨干净。但也不能全部都打磨，因为会有磨断的可能（如果是熔接的话则可以全部打磨）

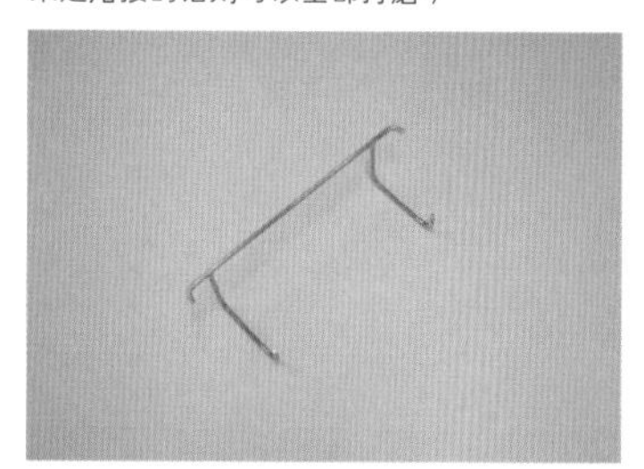

④完成边框。涂装前把助焊剂洗干净

❽ 制作沙发坐板

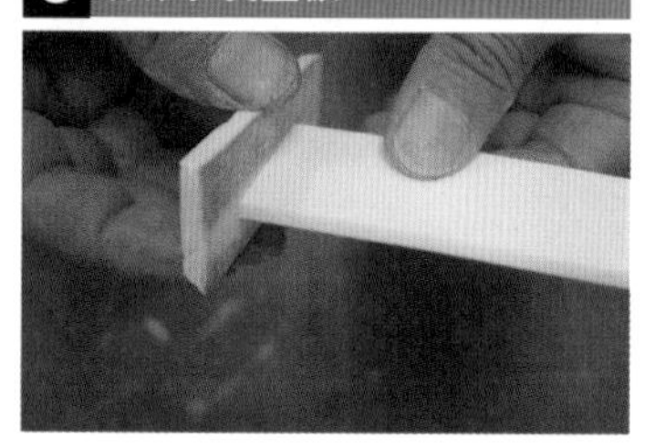

①使用 3mm 厚的聚苯乙烯板，没有的话用木板也行。用面漆把切口部涂上色，用锉刀磨平

②在接入脚架部分打洞，1 ~ 2mm 深即可

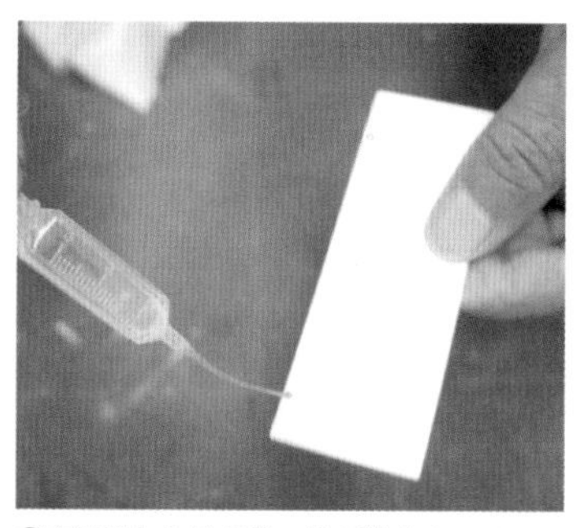

③在洞里加入快干胶。使用的是 Aron Alpha 这个牌子，用这个黏合剂最合适

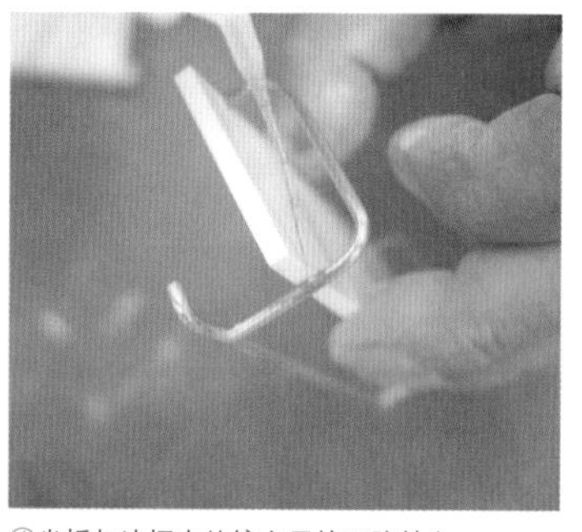

④坐板与边框内的接点用快干胶粘上

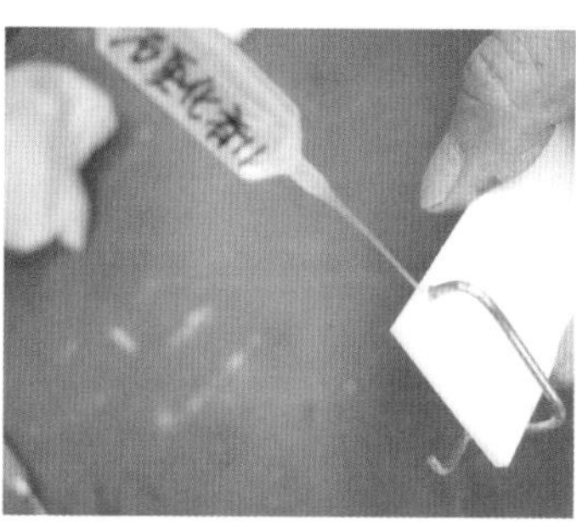

⑤用玻璃吸管吸取硬化催化剂滴一滴到黏结处。如果不加则不会牢固

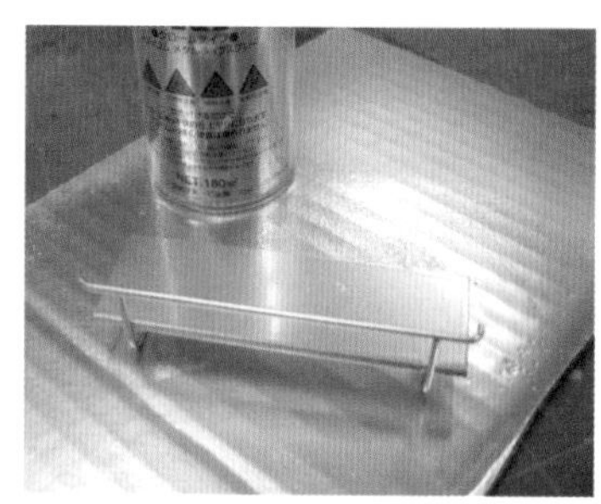

⑥喷上银色的喷漆。在这里使用的是 MEDICOM 的 METAL LIKE SPRAY

❾ 完成——加上海绵部分

・完成。用木工胶把坐垫和背靠粘在支架上

column

如何制作粉红色 Antico Stucco 肌理漆效果

仓林 进（雕刻家）

这里介绍如何做好装饰用肌理漆效果。Antico Stucco 是意大利一款经典肌理漆，特点是富有光泽感。

Antico Stucco 肌理漆的表现方法

・准备珍珠色的滑面纸，然后把厚纸片的前端剪出 7mm 左右，把它作为刮刀沾上颜料单向的上色，注意方向不要改变

・在颜料里加入一点白色，重新涂一次，使其内层颜色展现出来。如果要使用多张这样上色后的图，就把完成的图像扫描，使用带有光泽的黏着纸进行打印即可

・完成。这是放大了之后的图。待干透后用纸巾擦拭，它的光泽就会出来了

· **照片** 这是实际完成的案例图片。打了灯光后的效果

照片展示的是位于东京目黑的 CLASKA 酒店里的一间客房。这里我们要介绍的是三套面向长期居住者的客房在改装时是如何活用模型的。长期居住者的客房定位在家庭与酒店之间来设计，而且提案根据居住者的喜好订制了一面可用作收纳的墙。

TOPICS 1

探讨样板的形状和素材

使用模型的室内装修手法

图 1 使用模型的简易内装

①这是最初所提案的模型。将主梁等原有部分真实再现出来

③最终确认用的模型。壁面材料为红木薄板，与一楼大厅有空间上的连续性

②这是利用样板的壁面素材与洞的形状、配置组合而成的简易模型。树的效果是通过扫描真正树木的图片打印出来后所做出来的。总共制作了 8 种

使用 1:20 的模型进行研究

模型是以 1:20 的比例来制作的。最初的展示用模型使用被抽象化了的白模，它所强调的是创意以及观察者的想象力。设计者最好一开始不要去决定用什么素材和颜色。（图 1 ①）

案例以样板为素材，开洞制成墙壁的形状。在实际的模型里以各种角度边开洞边作研究。因为在纸上只有平面的插画，影子的打法和洞的切法都无法研究到，洞的形状以及位置的分配等很多问题都会重叠在一起（图 1 ②）。案例中洞的功能实际上以收纳工艺品摆件为主，同时还能按要求调整板的打孔规则。另外，墙面素材的研究也能同时进行。

利用抽象化了的模型，可以看到特殊的俯瞰效果。不需要太钻研细部构造，只需在各个阶段考察每一层的效果。（图 1 ③）

图 2 全尺寸模型的制作和施工

①这是激光切割加工机。用激光把洞口切面烧黑烧焦后涂上透明的涂料

③施工时的样子。表面看起来很简单，但组合起来却很复杂，因为它内在分有 8 个部分通过复杂的方式组合而成

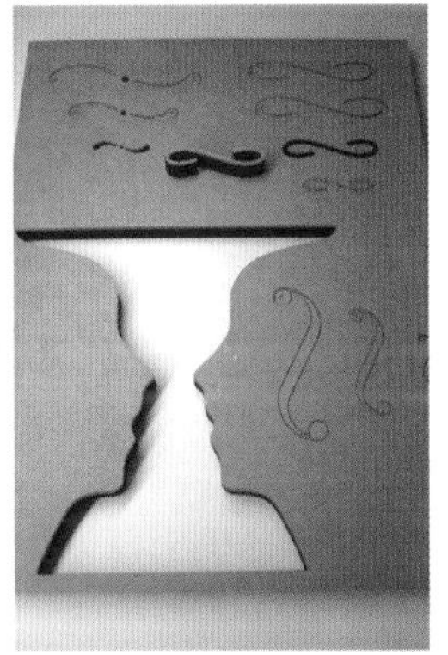

②用激光切割原尺寸模型。使用 12mm 厚的木纤维板进行精细雕刻。木纤维板切面没有木材纹理且质地紧密，因此非常适合作为薄板使用。花瓶和壁画边框的花纹也要确认，并且要强调到细节

1:1 全尺寸模型的制作

为了简单地实现样板的构思，在细节部分必须要细心。

由于是首次使用激光切割，因此还有些未知情况，在看到 Illustrator 数据样板之前对它的加工精度是半信半疑的。但是，加工工厂寄过来的样板中，就连原尺寸图纸里没能觉察到的接线粗糙地方都变得那么明显。（图 2 ①、②）就是以这个精度切割下来的。这时需要把图纸放大 2 ~ 3 倍，在软件中把接线部分及时平滑修整。同时，可以利用它高精度的特点来改善细微小孔的形状。

像这样，通过整合工期对模型细节分部制作。可以不断缩小模型和实物间的差距。（图 2 ③）

Check Point

在电脑上掌握了矫正歪曲的方法后，不管是什么图片都能活用为模型素材。

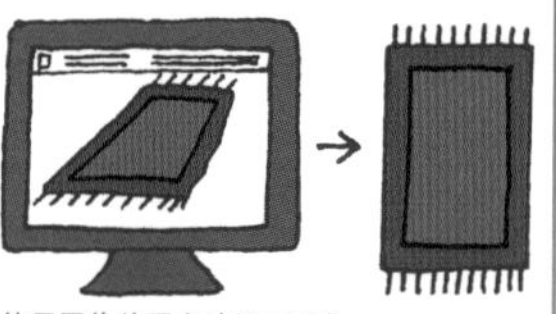

使用图像处理方法矫正歪曲

本书介绍了各式各样的质感表现法和椅子沙发之类的制作方法。如果还要做出更逼真的模型的话，就需要想方设法重现地毯、门和彩色玻璃之类的细节。

这一章节将介绍如何使用电脑对样本图和书籍里的图片进行加工，并将其活用在模型上。

TOPICS 2

更多细节深化

外传！地毯、门、彩色玻璃的制作方法

图 1 制作地毯（S=1:20）

❶ 扫描素材

・使用的软件是 Photoshop、电脑以外的机器是扫描仪、打印机。首先用扫描仪把图片保存进电脑（尽可能高的分辨率）。修整图片的亮度，调整色彩对比度，使图片更亮更鲜明

❷ 只选取地毯

・使用【多边形套索工具】把绒毯的轮廓选择框起。如果有正方形的照片，就用【剪切】切取图片并保存。在这里介绍一下如何加工变形了的照片

❸ 修整变形

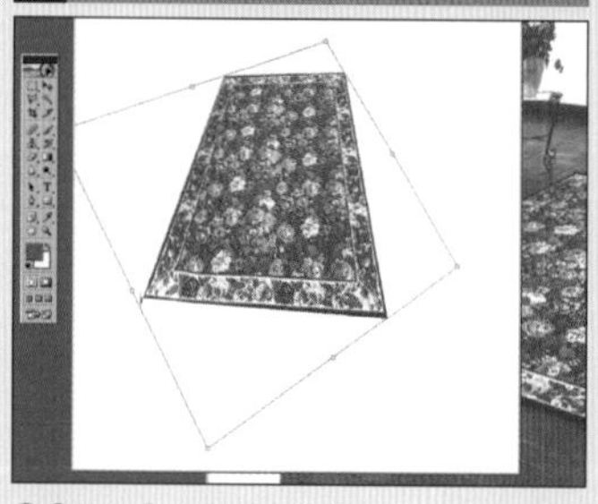

①【编辑】中的【变换】→【透视】。用点线移动被框起来的部分，进行四个角的调整

②调整到这个程度后先保存，再用【裁剪工具】把流苏部分切出。是为了能把选择范围缩小并做细微的调整

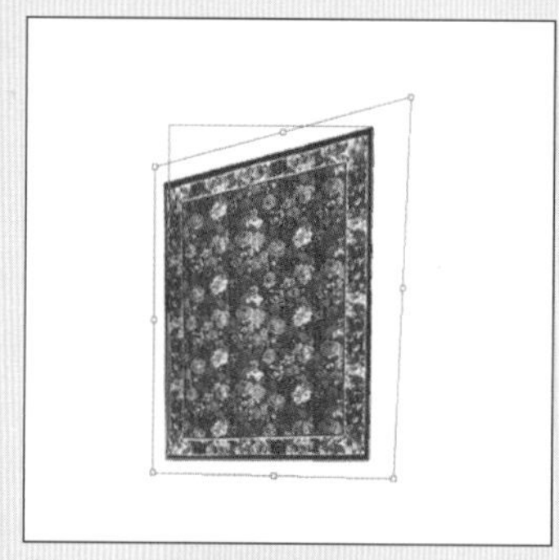

③使用【矩形工具】画出在模型里加了流苏后的四个角的大小。把绸缎的四个角合成一个点进行变形。这样就能得到正确的四个角了

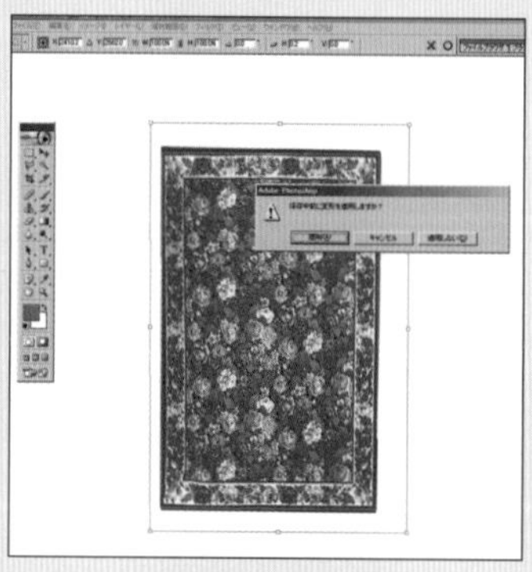

④形状调整后保存。虽然外形调整了，但是内部花纹是变形了的

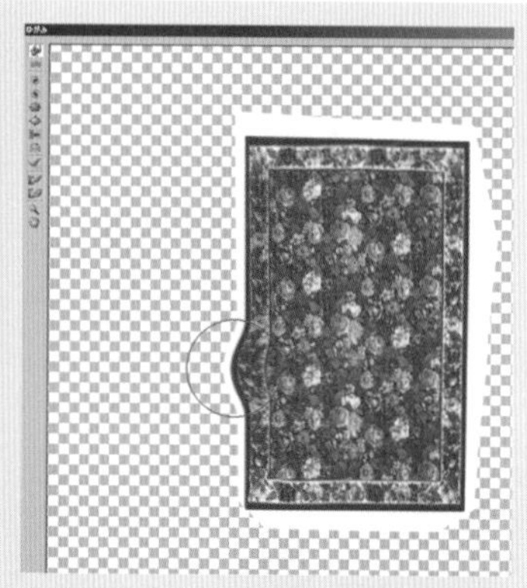

⑤使用【液化】修整内部图像的变形（photoshop7.0 以后的在【滤镜】里）。如果还没习惯的话就多练习几遍。细节部分可以调小工具里的毛刷大小进行加工

⑥完成修整。把图像印刷在压花纸或者和纸上。要更逼真地展现其效果的话，使用能转印在布上的 T 恤转印纸进行印刷

❹ 布的加工和粘贴

①准备好已印刷在转印纸上的图和画布

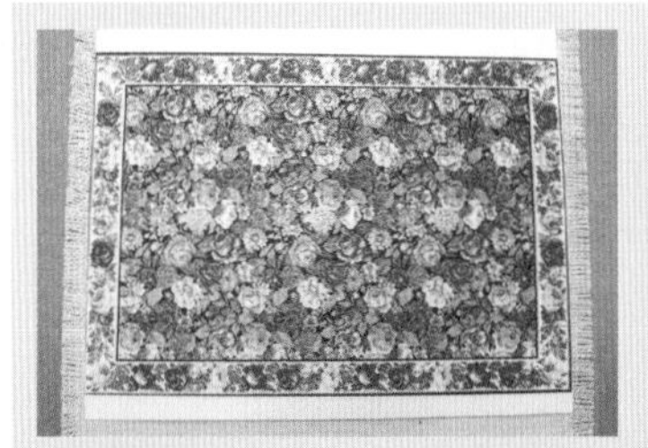

②制作跟照片中一样逼真的带有流苏的绒毯

③使用能拆开的布。准备好比印刷纸大一圈的布，把边角拆散

④把转印纸的印刷面朝下。因为文字也会变反，所以在印刷时先反转过来。注意不要盖住流苏部分

⑤用熨斗从上面边压边推开。要是能撕掉了的话就说明画已经印在布上了

⑥用美工刀按照印好的布的大小裁切。美工刀要先把刀刃换了新的再切，为了防止切不开的线扯开别的线

❺ 完成

・做出流苏边更接近真实的绒毯

图 2 制作门（S=1:30）

❶ 把样板复制进电脑

①扫描样板，用 photoshop 读取，用【旋转工具】调整水平垂直、然后调整色调、亮度和对比度等

②用【裁剪工具】剪出门的形状并用别名进行保存

❷ 按照比例改变大小

・如果是 photoshop 的话就可以改变图像分辨率到实际使用的大小。这里使用的比例是 1:30。这时要在【横竖比固定】里打钩。印刷用纸如果使用带光泽的白色可粘贴胶片纸的话就会很容易粘贴

❸ 粘贴模型

・完成。瓷砖墙的壁纸贴好后把剪下来的门贴在纸板的表面。要是带有门框的话会更逼真

图 3 制作彩色玻璃（S=1:20）

❶ 从样板或照片里复制下来

・要是有彩色玻璃的样板或照片的话先扫描下来，然后使用 photoshop 进行加工和保存，用喷墨打印机把图打印在 OHP 胶片纸上。颜色的补正和变形处理请参考绒毯加工的例子

❷ 粘贴模型

①在聚苯乙烯纸上开好采光透气孔，把 OHP 纸嵌入孔内。把彩色玻璃里不同的花样组合进去

②因为 OHP 具有透光性，所以看起来就跟真的彩色玻璃一样

研究模型中所使用的照明和演示技术

在模型中使用的模拟灯光可以帮助掌握实际空间和灯光效果。这一章节将介绍外景和内装中的灯光照明设计。

表 使用模型的优势·劣势

优势	①能快速准确把握空间布局
	②可以对灯光效果迅速作出调整
	③易于对多种手法进行比较讨论
	④容易与同事进行意见沟通
	⑤比计算机模型的影响力更大
	⑥具有真实感和临场感
劣势	①需要制作模型用的空间
	②花费人力
	③需要制作照明模型的技术
	④照明器材价格较高

对照明的讨论通常伴随着建筑模型的使用进行。之所以要使用模型是因为相比图纸能更清楚地进行观察，甚至能准确地了解建筑本身和内部的空间分布情况。我们在观察模型的时候，脑海中会浮现出“这个墙面下面需要打光，里面的墙也要一样亮”等想法，然后拿着自行开发的光纤光源，在建筑模型上边打光观察边把设计进行深化（图 1 ①）。

虽然有时候也会使用计算机模型呈现，但只限于需要明确表现空间和光源的关系，以及需要多种照明手法的时候。然而模型在融合想象力并加以表现的方面有着压倒性的优势，可以认为灯光模拟是不能脱离模型的。当然模型也不是十全十美，具体的优势和劣势请参见表中描述。

接下来就来介绍一下实际研究的方法：

首先是图 1 中在进行灯光模拟时必不可少的几种照明装置，其次是图 2 中所介绍的基本的灯光营造方法。

不同情况下的研究·演示

虽说是照明设计，但实际上也包含了标志、内装照明以及门面、外景照明等各种情形，这里就介绍一下外景和内装两个案例。

（1）外景的照明设计

148 页图 3 中，东品川的项目里将外景以 1:100 的比例制作了出来。这时候就可以和设计师一起对照着实际模型边进行灯光效果以及局部设置的探讨边推进设计。

图 1 用到的照明装置

❶ 模型用的光纤

· 用于表现内部装潢的照明模型比例为 1:50 左右，用于展现大楼外观的模型则为 1:200 ~ 1:300。实际空间所使用的照明器具中，即便是射灯也只有 150mm 的直径。因此笔者就考虑使用照明模型用的光纤光源。三菱 Eska 有一束 100 根直径 1mm 的光纤，顶部使用金属扣具固定。使用它的话就可以正确而且方便地营造出模型的照明效果。照片中为光纤和光源装置

❷ 光源装置

· 光纤用的光源装置以使用卤素灯的调制型号为主，其他也有使用卤素灯光源的高亮度产品，以及内置彩色滤片的产品等。近几年来也开发出了使用二极发光管作为光源的产品。值得一提的是用在便携式手电上的附件型产品，这些都是为海外出展而开发的优秀产品

❸ 灯光台

· 用于展现灯光顶、灯光墙和灯光底面时用的产品。也可以使用照片材料店贩卖的反转片观察台代替

❹ 各种点光源

· 用于制造清晰的阴影轮廓。也可以罩上彩色滤片用来有效改变模型内部的色温和色相

❺ 调光器

· 为了表现出真实度，需要一边观察模型一边调整光照亮度，实时对各部分的照明装置做出亮度调整。这里使用了 LUTRON 的 Credenza 以及 Graphic Eye 3000 等

❻ 其他有用的器材

· 有彩色滤片、黑色 Rasha 纸、铝箔纸、丙烯酸树脂棒、太阳眼镜等许多种道具，实际上有时候戴上太阳眼镜观测模型真实感更强

①具体的照明布置方法

在模型上布置好细光纤（直径 0.5mm 或者 1.0mm）用来表现顶灯和指示灯的效果。光源则使用了卤素灯。为了防止漏光，在聚苯乙烯板上包上了铝箔纸来制作模型（这一步非常重要），然后直接打孔插入光纤并使用环氧树脂黏合剂固定好。模型的背面密集地排布着大量光纤（图 3 ③）。

图 3 ①中所示的方块群是表现植栽用的模型，实际设计时使用荧光灯来间接照明，从而营造出浮空的效果。这种表现方法是通过在模型下部安置一个 40W 的荧光灯，在模型上开一条缝隙孔洞透光得以实现的。为了降低色温使用了“色温转换滤片”（LEE#442）。这是对荧光灯泡和光纤（使用卤素灯调制的光源）色温差的调整对策。

实际生活中的太阳光在日落前会有一段光照呈蓝色（Blue Moment）。为了在模型上表现出这个效果，需要使用较粗的光纤（直径 20mm）并用卤素灯做光源，再加上蓝色的滤片来营造。将模型摆放在桌面上，光纤平放到地面上，打开开关之后房间整体就会立刻展现出日落后的蓝色调情景（图 3 ②）。这种布景可使模型在照片上的表现效果大大提升。

②得到的效果

和实际的建筑相比虽然是非常小的比例，但通过相机来展现的话，模型就可以得到压倒性的临场感。究其原因，大概是因为它具有和计算机模型不同的空间深度感和广度感。通过改变视角来拍摄或者使用数码录像机来移动视角拍摄更能增加真实感。这些照片和影像都是可以用来演示的。像这样通过模型模拟的方式，会使照明设计的可能性得到极大的提升。

（2）内装的照明设计

148 页图 4 为银座 1 町目上某商业大楼中的婚庆酒店的模型。这个酒店通过移动坐席的方式，可以从一般营业模式转换到婚礼模式。因此这个照明设计项目也需要足够灵活。

①讨论事项——吊灯的放置

这个照明模型按照 1:50 的比例来制作。在和店主进行交流的过程中，首先通过模型确定了吊灯的位置和大小。最初店主的期望是“能够有一个大一点的吊灯”。于是就用挤塑聚苯乙烯泡沫板制作了一个吊灯大小的模型，在屋顶的中央呈一列排布。在 2 楼附近（客人坐席的位置）摆放摄像机，从监视器中观察其影像变化、确认效果。这些都是为了能够决定吊灯的最佳安装位置（图 4 ①）。

之后发现太大的吊灯会遮挡 2 楼视线，使得 1 楼舞台难以被看到。于是就制作了稍小的吊灯模型，这次稍微偏离屋顶的正中心，呈两列排布。

图 2 基本的光照营造方法

❶ 室外光（太阳光）的展现

· 两年前为了参加路易斯·巴拉甘展曾经制作过一个太阳光线从窗户洒落进来的模型。太阳光由直射光和天空造成的散射光两部分组成。太阳光的直射部分使用强力聚光点光源来模拟，天空光源则使用高色温的荧光灯以间接照明方式营造。这样就可以再现真实度极高的白昼光效果了

❷ 点光源的展现

· 这里使用了光纤照明，如果是为了表现全局照明而用射灯或者洗墙灯（在墙面上营造出均匀的撒光效果的明亮的照明方法），可以在光纤顶端加上用丙烯酸树脂棒材斜切而成的部件营造

❸ 面积光的展现

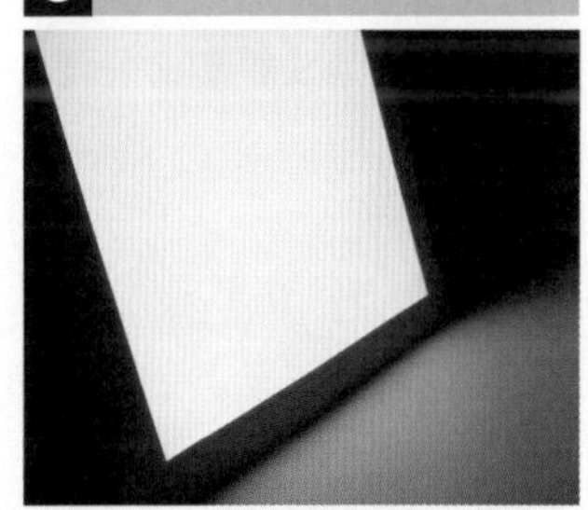

· 通常使用照片用的灯光台面，或者 EL 膜（1mm 左右厚度的电致发光膜）来作为光源摆放模型。用于建筑外观模型的时候，则可以使用丙烯酸树脂制作模型的采光部位，并在内部放置小型灯泡来营造

通过这样的排布，可以确认2楼的视线不受阻挡，压迫感也有效得到减少。

②具体的照明设置方法

这个模型和前面的模型一样，使用了细光纤（直径0.5mm和1.0mm）以及卤素灯作为光源。模型为了防止漏光使用了包裹铝箔纸的聚苯乙烯板来制作。

首先窗户和屋顶连接的折角处，每隔10mm一列放置好光纤（直径0.5mm）。然后将绘图纸裁成短条贴在光纤顶端使其散射出去。通过在光源上放置滤片的方式也可以使其拥有多种多样的表现效果（图4②）。在实际的建筑中，房间深处的舞台和坐席设计使用点光源来照射。在模型中则用直径1.0mm的光纤来向着坐席打光，这时候舞台和坐席各要准备一根光纤。可以用于对一般营业和婚礼场景所需要的不同照明方式都可以在模型探讨时使用。

在室内装潢照明模型中，光源表现也要和模型比例一致。在小尺寸模型上确认灯光效果时，就需要精细制作桌椅、花卉和窗帘等部分。通过这些来使模型的空间感再次得到提升。

图3 外景照明模型的构成

❶ 东品川项目的全景模型

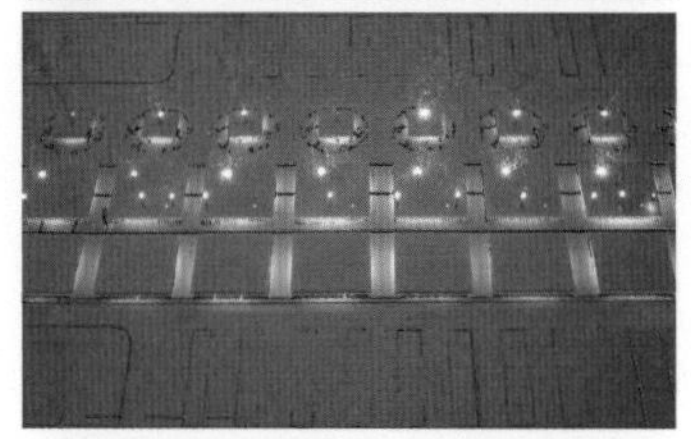

·方块群用于表现植栽，使用荧光灯制造出间接光来营造出浮空的效果

❷ 营造出蓝色调情景用的光源

·使用较粗的光纤（直径20mm）和蓝色滤片。用金属卤素灯作为光源

❸ 模型的内侧

·不由令人想起医院的集中治疗室

❹ 照明的设置方法

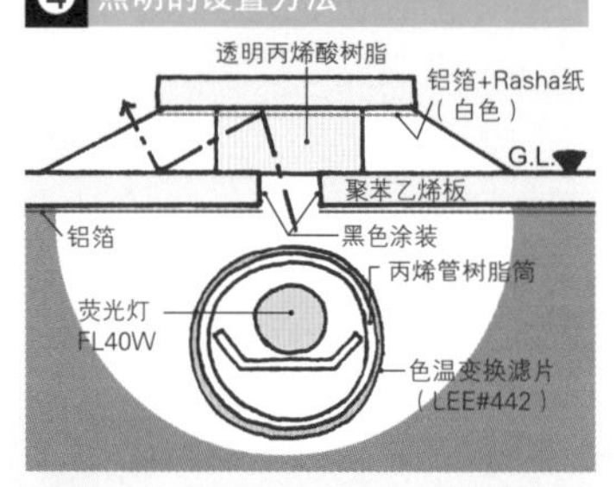

❺ 使用小型激光照射的地方

·尝试着使用手电以及小型激光随意照射，却意外获得了很好的效果

图4 内装照明模型的构成

❶ 根据视角来探讨照明器具

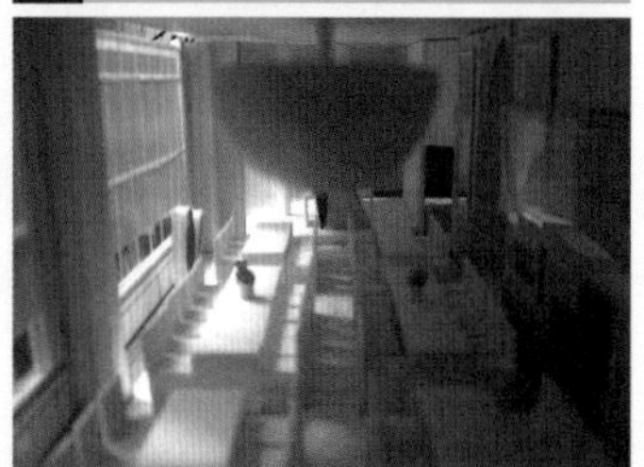

·在上面的照片中看不见新郎和新娘。使用模型探讨可以使得这样的问题变得容易起来

❷ 根据场景切换照明

·通过在光源上设置蓝色滤片来轻松切换场景

❸ 照明装置的构成

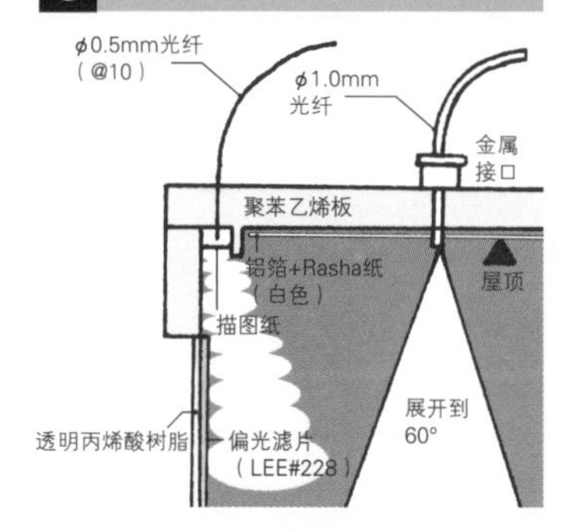

演示活用 & 摄影技术的熟练掌握②

建筑达人的快速模型摄影技术

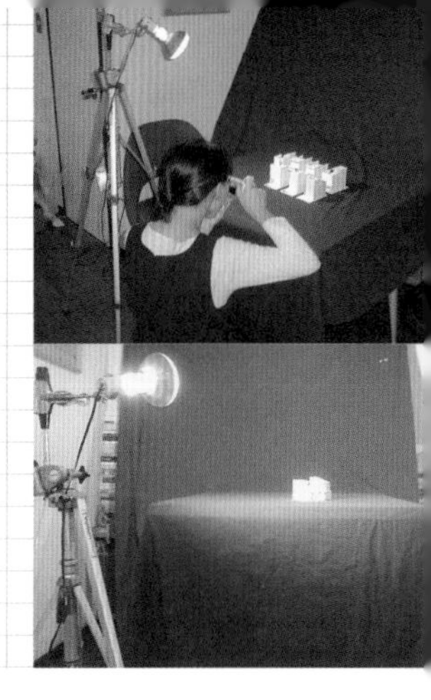

仅仅通过改变模型摄影时的光影就可以制造出令人惊叹的变化来。这一章节将会传授摄影器材的挑选方法，以及空间摆放、灯光布置等模型摄影的技法。

虽然对于小型设计事务所来说，制作模型是一个既费时间又费金钱的事情，但是委托方还是会期待演示的时候可以有一个模型摆在那里。实际执行设计快结束时的成品模型比在基本设计阶段作为会面商谈工具的研究用模型更能有效地利用，这些都是让设计能够顺利进行下去的重要工作。

而且用比较极端的方式来说，模型从完成的那一天就开始进入了逐渐“毁坏”的轨道（沾灰、破损、变色等）。总而言之，即便是研究用模型，拍下照片并添加上会面商谈时的资料，将记录保存下来是十分重要的。并且最好在拍摄模型时通过“视点”“角度”“光”的变化，使设计者的意图能更明确地表现出来。

从制作模型到摄影的流程

在建筑的基本设计阶段，会面商谈以平面上的讨论为主。然而对于小规模的建筑来说，平面上只要稍作改动，对建筑的外观和空间就会产生较大的影响。所以一个外观模型最好对应一个设计方案。

比如说在上午使用CAD对平面、立面、断面简单做一个图，然后在下午就做出研究用模型来。傍晚时进行摄影并传入电脑，然后使用CAD软件和演示用的软件输出成品。第二天再制作一个新的方案模型，没法达到这个速度的话就失去了研究用模型的意义。总而言之，根据草案的印象来制作模型再进行拍摄，这个流程非常重要。

使用数码相机摄影且无需修饰

为了实现流程高速化，不要对保存到电脑的照片做额外的加工和修整工作，能够直接使用是一个基本原则。即在研究用模型照片上不要去使用Photoshop、Illustrator等软件做修整。因此就

Check Point

■使用数码相机拍摄的要点

①一边观察液晶屏一边摄影那是最好，如果通过取景器观察来摄影的话，要注意整体框架是否有歪斜（特别是数码单反的情况下）。

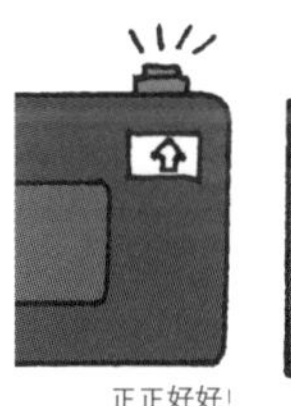

②为了能快速摄影，手持是最基本的。像照片上那样收拢手臂，将手肘压到桌上减少相机摇晃。

③拍摄像素不需要很高。粘贴到CAD图纸上等，640像素×480像素（30万像素左右）就足够了。

■整体上的要点

①制作图纸→制作模型→摄影这个流程要在一天内完成，并重复这个过程。

■制作模型时候的要点

①在连接材料的时候，相比斜面连接（加工成45°角）方法，保留纸片（留下板材厚度的纸张部分）的方法会更快。

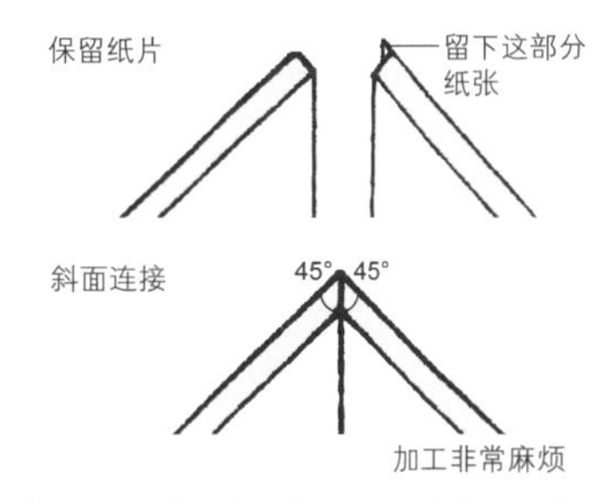

②即便是研究用模型也要时刻留意摄影需求，注意不要用脏手弄脏模型。

需要掌握照明、构图一次成功不需修整的技术。虽然看上去有点难，但只要了解自己相机的特性、掌握照明设置的技巧并能保持稳固的拍摄姿势，就可以做到每一次都能拍摄出较好的照片来。

这里以 100m² 左右的木结构住宅为例，演示从制作 1:100 研究用模型到摄影的整个流程。关于制作过程在本书中另外有详细介绍，这里只介绍重要的地方 (图 1)。

推荐具有近摄功能的数码相机

我们使用了 131 万像素的数码相机。虽然是几年前的产品但也够用。没有三脚架时也可以借助相机自身的重量来防抖。

用来拍摄的相机不需要太高的像素值，也不需要远距离摄影功能。但是如果有近摄功能（微距功能，通常会有一个郁金香花的标记）对于拍摄研究用模型是非常适合的※。只需要嵌入到 CAD 中的话，有 640 像素 ×480 像素就足够了。相比像素的提升，越小的数据在电脑上越容易处理。

图 1 制作用于摄影的白模的实况转播（S=1:100）

❶ 准备材料・道具

・材料为聚苯乙烯板（2mm 厚）、聚苯乙烯胶、喷胶、30° 刀刃美工刀、溶剂。道具为直角尺、钢直尺、美工垫板

❷ 切割出部件

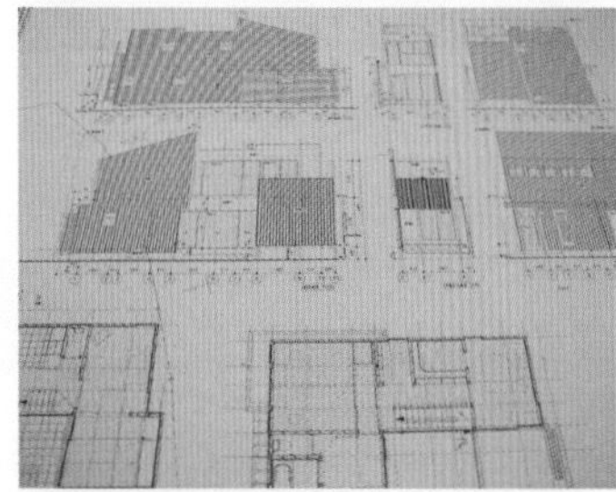

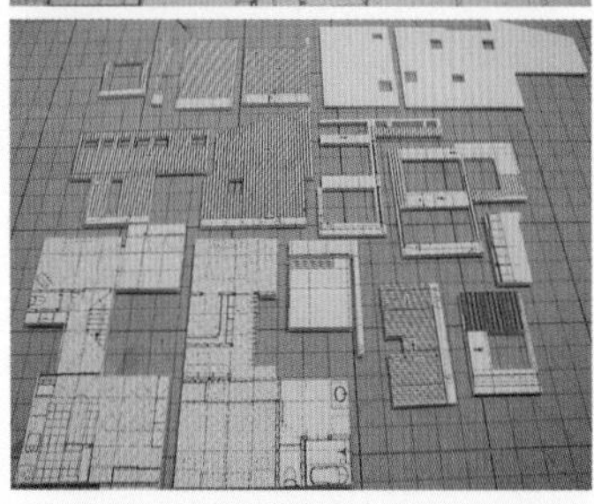

・用喷胶将 CAD 制作出来的立面图、平面图贴到聚苯乙烯板（2mm 厚）上，用 30° 刀刃美工刀切割。勤换刀片以保持切口锋利。现在的建筑外墙都留有通气层等的空间，因此墙厚也接近于 200mm，可以使用 2mm 厚的聚苯乙烯板

❸ 剥除贴上的图纸

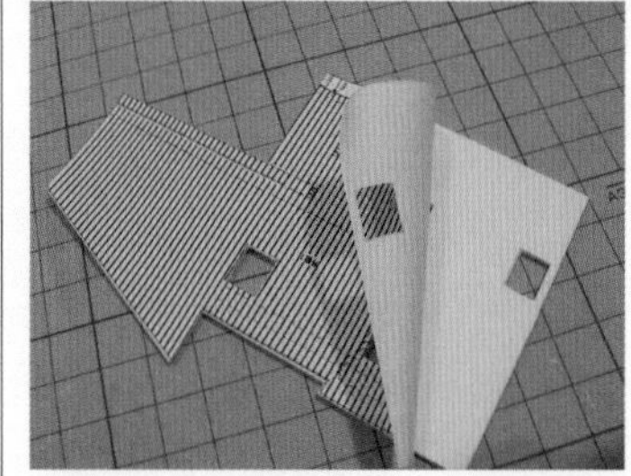

・切割出部件并剥离图纸后，喷胶会残留在聚苯乙烯板上而导致粘手。可以使用纸巾沾上挥发性的溶剂来轻轻擦去

❹ 组装

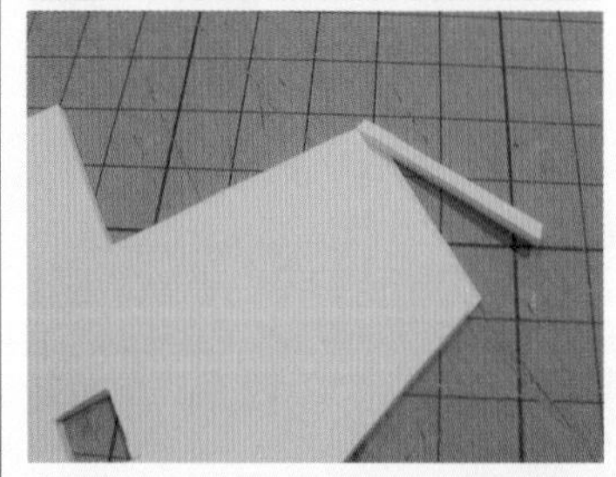

①在接下来的部件黏结工序中，需要使建筑边角部分工整，以保证在拍摄时边缘部分看上去干净整洁，因此需要将其中一个部件的聚苯乙烯板边角上保留一张纸，并剥离聚苯乙烯部分。这样就可以做出没有接缝的边角了。相比斜面连接（连接口都做 45° 裁切）花的时间更少，如果不按板材厚度剥离材料会导致建筑的大小发生变化

②黏结需要聚苯乙烯专用的聚苯乙烯胶，要注意胶水不要渗出。渗出后用手擦拭会沾上污垢弄脏模型。聚苯乙烯胶和空气接触后会硬化，对着黏结面吹风可以加快黏结速度。上图是失败的样例，下图是成功的样例

❺ 完成

・制作完成的模型最后再使用溶剂来进行清理，可以突显出白模的抽象性和美感来。内部有小的碎屑时，使用相机用的吹耳球吹走即可

※ 最近有了可以进行 1cm 放大拍摄的新产品

如果有视频信号输出接口就可以直接连接视频设备。在演示现场即便没有电脑可用，也可以将数据保存在相机内，直接进行幻灯片演示。

准备照明器材

拍摄白色聚苯乙烯板模型时，不要使用白炽灯和荧光灯等做光源。使用有色摄影用的反射灯可以使白色模型成像颜色纯正。为了能凸显出白色还需要使用遮光布作为背景，最好是使用吸光性较好的天鹅绒一样的材料，也可以使用黑色卡纸或肯特纸替代。要注意尺寸要足够大，以防在拍摄时边缘被拍摄进去。并且要注意防止暗色斑和灰尘投射出不必要的阴影。

虽然一般情况下相机最好使用三脚架固定，但为了迅速高效地从多个角度快速摄影，用手拿稳即可。使用三脚架会因为解决构图上的小问题花去额外的时间。**图 2** 针对拍摄顺序中的要点做了详细的介绍。

图 2 模型摄影的基础知识

❶ 准备摄影场地和摄影器材

・使用一般工作桌，并将遮光布从墙面垂到桌面并去除阴影部分，摄影场地就准备好了。另外还需要准备好反射灯和三脚架

❷ 光源的布局方法

（1）真实再现现场东南西北各方向的阴影效果

・固定好模型后，一边移动光源一边拍摄。将光源放至高处，表现出夏季太阳朝晚由东北向西北方向移动的效果。而表现冬季则将光源放在低处，以此来展现出时间、季节的感觉。照片上方为清晨，下方为日暮

（2）为展现各立面效果而设置的光源

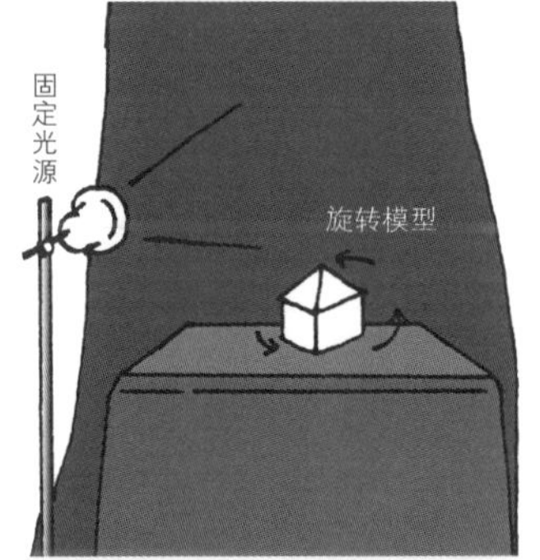

・光源固定在正面，一边将模型旋转到东南西北四个方向一边进行拍摄。这样去除了多余的阴影，可以得到轮廓清晰的照片

（3）对建筑形态抽象的美以及阴影进行拍摄

・这时候光源位置可以自由设置

❸ 构图上需要注意的地方

・数码相机，特别是在近摄的时候，从取景器和显示屏上看到的构图和实际拍到的构图可能会有不同（特别是在拍摄的时候不能看到液晶屏的单反）。为了不用导出到计算机进行裁剪和修整等加工，可以先试拍几次熟悉一下自己的相机

❹ 曝光补偿・模式的设定

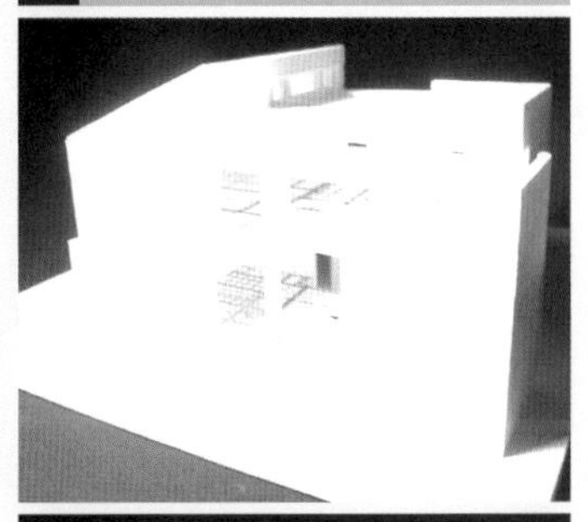

・上方为过曝样例，下方为欠曝样例。一般在自动模式下不会出现这样的情况。充分了解自己的相机的自动曝光补偿属性的话，可以使照片质量维持在较稳定的水平

❺ 活用在演示资料中

・对 1:50 模型的内部近摄，并将内部空间的说明添加到图纸上，可以使设计者的意图更明确地表现出来

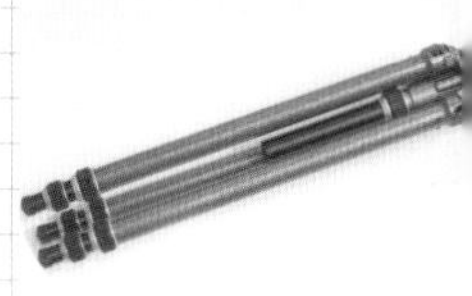

演示活用 & 摄影技术的熟练掌握③

影像拍摄的基础知识

需要说明时间变化带来的光影场景和颜色变化效果时，利用影像来演示最好不过了。这一章节将介绍录影和编辑时需要知道的基础知识。

照明设计的演示中，正确地将光影环境的效果传达给对方是非常重要的。特别是现在有许多包含光影场景切换的设计，照明设计已然成为“时间演示的设计”。通过这种手法，可以将时间变化效果以通俗易懂的方式传达给对方。这种手法在建筑的演示中也可以灵活使用。

摄影器材可以使用小型的 CCD 监控摄像机

首先要拍摄对照明设计进行确认用的模型。一般拍摄使用的是数码摄像机（DV），模型内部的拍摄则使用小型的 CCD 监控摄像机。这次使用的数码摄像机是 Sony Digital Handy-cam DCR-PC9，CCD 监控摄像机则是 Sony Color Video Camera CCD-MC100（图 1）。这些摄像机续航时间长（11 小时），而这一优点在室外拍摄的时候就尤为重要了。

拍摄中的要点

拍摄夜间的照明效果，画面很容易偏暗。这种情况下的拍摄要点是要预先对摄像机进行调节，使被拍摄物更亮。调节的时候以摄像机的屏幕显示效果为准。拍摄的时候也和研究讨论时一样，尝试各种不同情况下的光影表现※。

使用影像来进行演示的时候，先要想好一个简单的案例，然后尽量多地准备好可以用到的素材。拍摄影像的主要目的是对时间变化带来的光影场景和颜色变化效果做一个诠释。固定的摄像机所拍摄下的影像在传达整体效果时非常有必要，但是也会显得枯燥。因此要尽可能地对人在其中穿行移动的视点变化效果、定点的戏剧化效果、令人印象深刻的线条光源效果等各种各样的场景效果进行拍摄。

※ 如果使用手电、激光笔等方便的照明器具则可以拍摄到超过预想的有意思的影像

图 1 摄影·编辑·放映器材

摄影器材

DV摄像机： Sony Digital Handycam DCR-PC9
CCD监控摄像机： Sony COLOR VIDEO CAMERA CCD-MC100

编辑工具

iMovie（Apple）
Adobe AfterEffect（Adobe Systems）

放映器材

投影仪： Sony VPL-CS5
DVD播放器： Panasonic DVD-LA95
音箱： ECLIPSE TD A501WH
遮光布

具体来说，就是对于外观和内景，都要从实际观察建筑的人的视点出发进行拍摄。此外，从一些视角拍到的眺望效果也很好。模型摄影是模拟实际照明效果来让人感知设计效果的媒介，因此和建筑完成后委托方能看到的实际效果尽量接近是非常重要的。

编辑软件选用便宜的 iMovie

接下来是将影像导入电脑，使用软件进行编辑。要点是先设想一下最终完成时的影像效果，选择能满足制作需求的简单实用的软件。这里所使用的是 Apple 公司的 iMovie（图 2）。iMovie 是购买 Apple 公司的电脑时随机附带的编辑软件，可以满足大部分的操作需求。对于 iMovie 来说比较麻烦的是静态字幕插入以及静止画面的加工。可以使用 Adobe AfterEffects 来编辑。虽然基本操作并不简单，但是由于可以实现多种多样的表现效果，因此推荐使用。

编辑时的要点

编辑大量素材的时候，最重要的是要把握好成片时长。时间太长会令人厌烦。因此需要能在短时间内归纳要点。对于演示来说，比较适当的时间为 3 ~ 5 分钟。照明设计主要依靠光影来烘托空间氛围、感觉，有时候 BGM 也会改变整体的效果。最好是从多个音乐风格中，根据空间氛围来选择易于表现主题的乐曲。大胆选用酒吧音效或者庄严的古典乐，说不定能收获意外的效果。

图 2 影像编辑软件的操作方法

（1）iMovie的基本操作

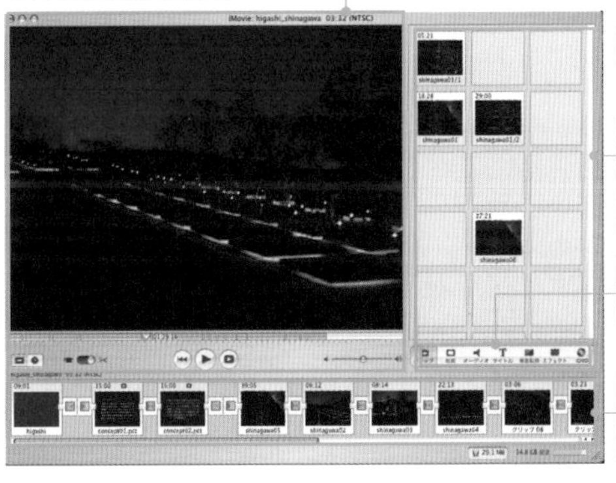

（2）AfterEffect的基本操作

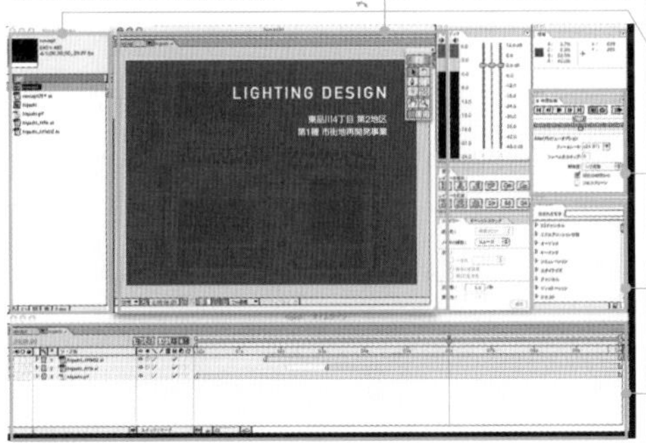

放映设备也要事前准备好

影像通过小屏幕展现跟使用投影仪和高品质的音箱展现出来的效果是有很大区别的。外出演示的情况下，要提前了解会场信息并带上所需的东西（图 1）。使用投影仪的话需要备上遮光布。另外，有些地方会有备投影仪而没有音响设备，备好易于携带的音箱就比较保险了。

TOPICS 1

在模型上展现出真实的素材质感

模型细节的精细制作和后期图像处理间的平衡

对模型进行拍摄，并用电脑进行加工作为演示及研究用的资料时，模型制作和后期图像处理两方面都要考虑。这里就来介绍一下如何平衡并发挥两者的长处。

这里的案例是一个用于摆放宾馆设施的展厅。商品放在被称为“旋转体”的柱状的展台上，其后方是装有镜面的缝隙状墙面。旋转体的切面和墙面缝隙在同一个水平线上，通过切面发光的方式来体现出展台的功能。

地面和屋顶都被涂装有具有反射效果的光泽涂料。

图 1 模型细节部分的具体制作情况

①使用超轻的树脂黏土（PADICO 公司的 Artista Soft）来制作旋转体的研究用模型

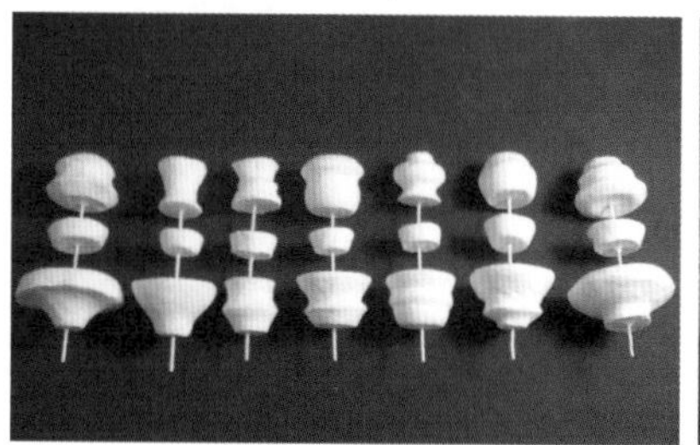

②使用砂纸打磨修整，再切割成三个部分。粗略制作就可以

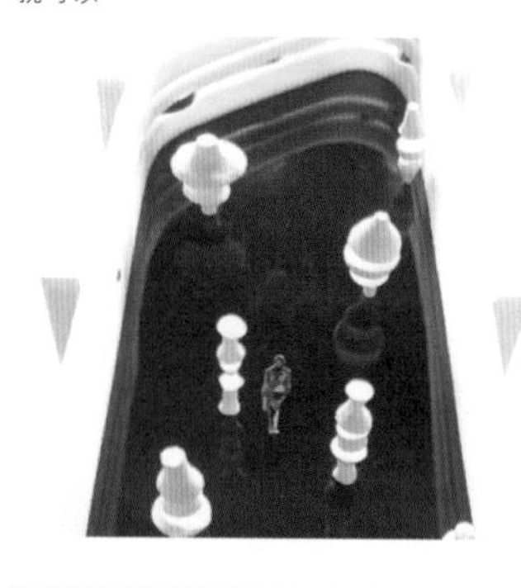

③按整体设计摆放旋转体。地面的反射效果表现得比较精细，但是其他比如墙面的海绵等，基本上都是粗略制作出来的

图 2 后期通过图像处理来做修饰

①修饰以前的模型照片。放上人物模型增加照片真实感

②使用 Photoshop 修饰以后。去除不必要的支柱，在切面上增加光源。就这样处理一下效果也能改变不少

③和实际效果的比较。通过对屋顶涂装的反射效果可以看到旋转体

模型的细节要做到什么程度

旋转体拥有一些复杂的形状，从制作的易用性来说，选用了较轻的树脂黏土（PADICO 公司的 Artista Soft）来制作外形（图 1 ①）。这种黏土干燥之后会变得比较轻，使用一根支柱就可以支撑起旋转体的中间段，营造出浮空的效果。这种材料在干燥之后也非常易于进行切割及打磨加工（图 1 ②）。

地面、屋顶的反射使用黑色的光泽纸张，可以表现出涂装过的地板的反射效果。墙面展架的玻璃使用较薄的镜面胶片来营造复杂的反射效果。

从制作的便利性，以及摄影时需要从背面透过光的照明效果来考虑，选用了茶绿色的海绵来作为墙面的素材。制作时要以加工性为优先考虑，同时再现出模型材料所拥有的素材质感。接下来考虑如何满足拍摄的后期加工需求（图 1 ③）。

·照片 对更多细节进行精细加工。和家居设计师藤森泰司的事务所合作制作了1:5的旋转体部分模型。通过倾斜的切口来改变其外观，并确认了点亮后的效果

后期图像如何处理

使用数码相机来对完成后的模型进行拍摄，然后使用 Photoshop 来增加旋转体切面的光源、去除支柱等，进行小范围的修饰（图 2）。通过表现素材本身具有的真实效果，可以使设计想法得到更好的展现。

在下一个阶段，为了表现出更多旋转体的细节来，和家居设计师合作，对旋转体的切口细节部分进行了研究讨论（照片）。

TOPICS 2

向专业人士学习模型表现技巧

使用投影机的模型展示效果

提升销售额的模型表现技法

近年来，由于公寓的销售过热，销售中心以优化公寓展览室和公寓博物馆模型等方式在宣传上努力创新，包括模型的大型化、可动化、模型与照明的联动、模型与剧场的联动等。

以前公寓只要建造好就能卖出去，于是模型也以1:200 ~ 1:100的小规模模型为主，放在角落里用做静态展示而已。然而自从塔式公寓以及住户超过600户的大型公寓的施工开始后，公寓的模型比例就由1:75到1:50，最后加大为1:25，并使用了照明效果、模型的可动化等动态展示方式，最近还出现了与剧场做联动的游乐场式的模型展厅。

这里就来介绍一下模型与剧场的联动等新型展示方法。

模型与影像的结合

(1) 模型 + 照明 + 影像的组合

在丰洲建好的这个超过600户的塔式公寓的景观模型中，运用了三面投影，并在中央屏幕做视频说明。中央的屏幕向两边打开，模型从后面向前推进2m左右。凭借上方打下的聚光灯和模型内部的照明来对模型各个部分进行展示。但是由于聚光灯和内部灯光的照明太过粗略，以至于不能对细节部分做说明。

(2) 在模型上直接做投影

接下来新砂的项目中，在整个基板中央1:25的模型上用LED做成内部照明和街道照明，用一台投影机在正面屏幕播放说明视频，另外一台投影机则在模型上打出相应投影（照片2、图）。

在电脑上选择好要用投影机投影的模型中的某个部分后，再用聚光灯打到那些点上就能做各个部分的说明了。影像、色彩可以自由地表现出来，因此只需要制作白模，外墙的质感变化等可以后期通过简单操作表现出来。

但是要注意的是，模型与投影机的投影角度要比通常投影的角度倾斜一些，虽然从观众的角度能很清楚地看到投影在模型上的图像，但是图像打在梯形台上时是歪的。这时就有必要使用图像处理软件对图像做修整。

使用投影机的实际应用场合，可以通过投影表现出树木上的新绿、夏天的浓绿、红叶、甚至连逼真的樱花飘落的动画都能轻易表现出来（照片3）。把模型本身作为投影屏幕来灵活运用还能投影出相当复杂的图像，比如房屋照明的变化，以及公寓里，孩子们在儿童房间玩耍的样子，都能在模型里白色的墙上投影出来。在白模上制作几个外墙展示区块就能投影了。这个技法也可以以模型和计算机模型相结合的方式进行用在初级的想法讨论的阶段。

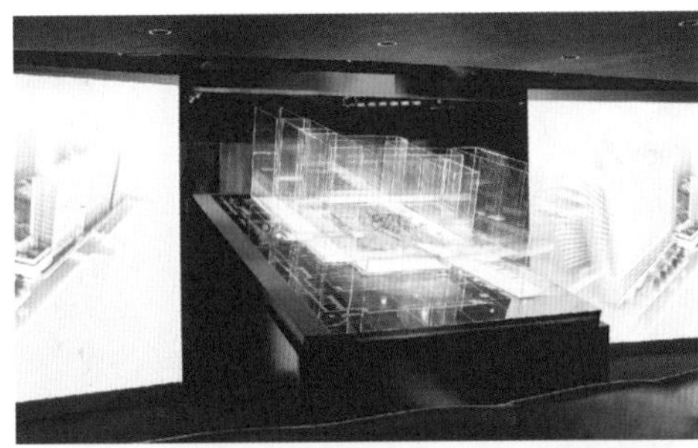

・照片1 屏幕与聚光灯的效果。因为中庭作为主要表现模型，建筑模型要用透明丙烯板做成，让地面发光，用紫外线灯从上方打下来

・照片2 从投影机照射下来的聚光灯。模型面重新进行网格分割，投影的位置决定好的话，光线就直接打在所选定的地方

图 两台投影机的活用案例

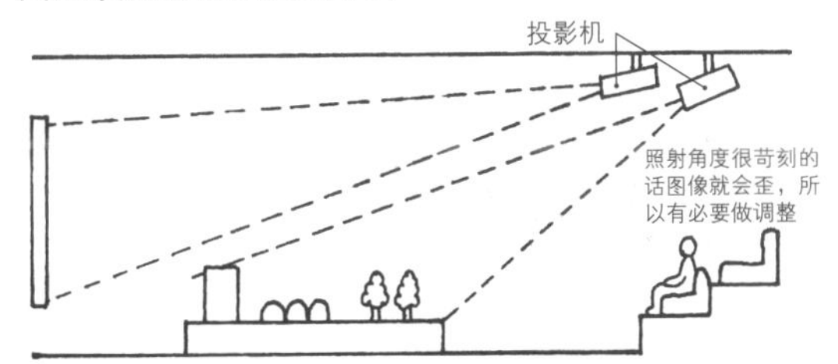

・照片3 使用投影机的表现手法。上图是未投影状态。下图经过投影机打的光，使树木的颜色发生变化。同样也可以把图像打在建筑物上

TOPICS 3

用平面来表现三维效果

使用立体照片来演示

在演示的时候通过给模型打光来再现实际生活场景，是很难实现的。同样的，仅仅将事先在事务所拍摄的平面照片拿给委托方看也非常缺乏临场感。因此推荐使用立体照片来演示（图）。这样就可以用平面方式来表现出立体效果，而且相比模型在体积上也有优势，很适合给委托方演示使用。

立体照片的基础知识

拍摄内装模型等距离较近的情况时，可以使用一台相机在左右方向小幅移动来拍摄。如果在拍摄对象也移动的情况下，可以使用两台相机同时拍摄（照片 1）。

当然，现在也可以使用装有广角镜头的单反相机（数码相机也可以）。广角镜头会使得近景放大远景缩小，缩小光圈可以增加被摄物景深，使得从近景到远景都能合焦，非常适合用于立体照片的拍摄。

拍摄时需要使用三脚架和快门线。这是为了保证在左右平行移动相机的时候不会发生上下方向的偏移，减少缩小光圈时快门速度减慢带来的影响。

相机平行移动的距离要随着被摄物距离变化而不同。需要拍摄远景的话，移动 1m 都不会有影响。但是内装模型这样需要近距离拍摄的时候，移动 5mm~10mm 是比较合适的。可以在三脚架上安装近摄用的滑块。在室外拍摄要使用日光胶卷，室内用白炽灯下用的胶卷，为了使画面尽量精细，要使用感光度较低的型号。

实际案例——内装模型的立体摄影

在拍摄时，照明的布置是必需的，窗外景色、餐具、植栽等小物件对于空间的表现来说也是必不可缺的（照片 2）。

（1）拍摄白天的场景

从外侧打光的话内部会过暗，因此要将相机设定为光圈优先模式。亮部和暗部的对比太强的话会造成图像出现断层或过曝，因此要用反光板、辅助光等做补偿。

（2）拍摄日暮的场景

日暮时的场景基本上没有室外光而只有室内光，因此需要使用 10~120 秒的长时间曝光，拍摄也会非常困难。但令人欣慰的是可以将玻璃上反射的景色也拍出来。外景可以预先在对现场景色进行拍摄，然后打印出来作为外侧背景。对近景、中景和远景的关系时刻留意着来拍摄照片是十分重要的（照片 3）。

拍摄完成后要交给冲印店，切割装框。可以通过右边那张的拍摄对象部分比左边那张多一点来快速分辨。将左右两张的边框连接起来会易于保存管理（照片 4）。

· **照片 1** 两台相机联结起来，虽然快门是同时按下的，但是储存卡两边是独立的，因此处理会比较麻烦

· **照片 2** 拍摄的现场。白炽灯光点光源用以营造室外光效果。室内的小物件也要摆放上去

· **照片 3** 日暮场景的拍摄。上下两张照片有些微妙的不同。上面是左眼照片，左边部分较多被摄入；而下面则相反

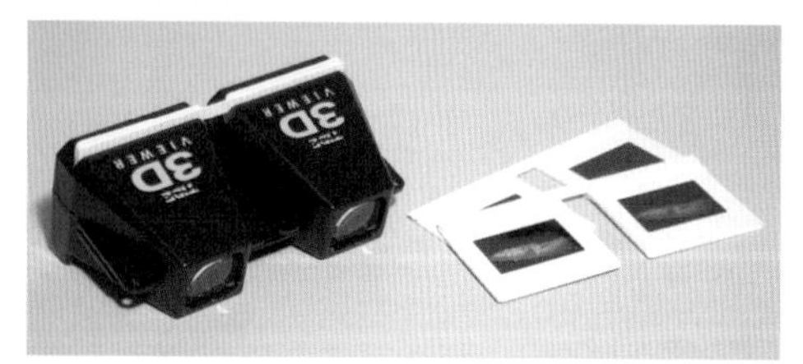

· **照片 4** Tide Design 的 3D 照片观察器。插入装框后的左右胶片即可用来观察了

图 立体照片的原理

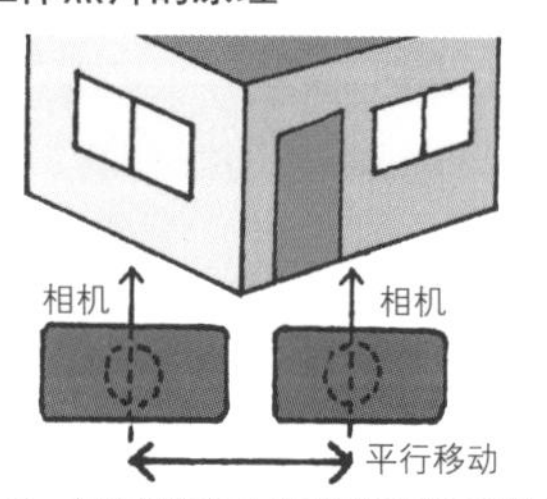

像人眼一样分别拍摄左右两边眼睛看到的图像，然后再同时观看就可以看到立体的效果

TOPICS

模型制作方法的方方面面

从目的出发来制作模型的方法

以传统的思维方式探索模型的制作，会有很多方法。当然，模型要尽可能地迎合使用者的目的作各种尝试。

由于我们不是大规模的事务所，所以没有太多系统的制作方法给大家作为参考，这里就来介绍一些研究用模型（探索建筑进程的模型）以及成品模型（竞赛或者演示等追求结果的模型）的制作要求和表现手法（图）。

图 模型制作方法的方方面面

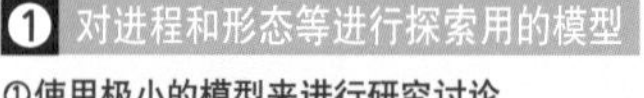

① 对进程和形态等进行探索用的模型

①使用极小的模型来进行研究讨论

即便是概念已经非常清晰的时候，其表现方法也可能是多样的。这时候可以针对这些表现方法来制作数个小型的研究用模型。作为判断体积和形态、空间利用良好与否的依据。同时使用这种研究用模型也可以很方便地对屋顶形状和采光部分的位置以及数量等作出判断

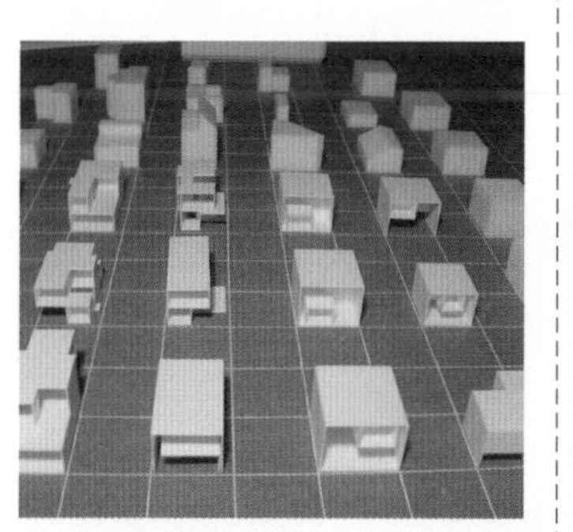

・照片上是按 1:1 000 的比例制作出来的建筑模型。一味使用 1:50 和 1:100 比例来制作的话，会陷入形式主义中。当然使用这个比例可以控制成本。板材的厚度为 0.5mm

②活用柔软的素材

去掉结构要素虽然也是一种设计手法，但是利用网或者丝袜这类柔软的素材来包围住结构要素来表现往往可以取得有趣的效果。适用于抽象思考的形态表现以及自然曲面的表现

・照片上为韩国的Anbiru竞赛上出展的作品，表现主题为成片构建的海底城市。这里使用了丝袜来表现体积效果

③制作研究结构用的模型

使用常见的材料和方法并施以少量的操作，有时候就可以得到新型的建筑形态来。在实物上没法进行的实验在模型上就可以轻松进行。如果对易加工性比较重视的话，材料也可以使用柔软的物品

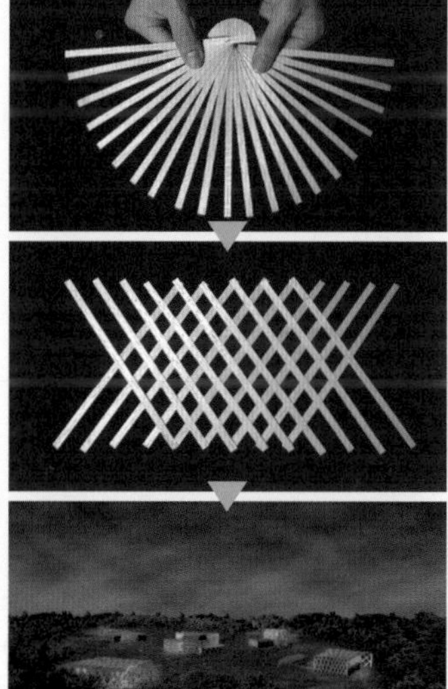

・照片上为活用 PC 板材交叉接合后做成的撑梁和柱的概念模型。使用了聚苯乙烯板材。PC 板材间预想使用榫卯来连接，因此在模型上也做了榫卯结构

② 成品形态的模型

①新员工制作的立体图

・将设计意图传达给委托方和竞赛审查员是非常重要的。使用文字、插图和照片等平面信息虽然也可以做到，但是使用立体物品可以更好传达具体的思维成果。然而对于自己思考的东西十分熟悉并不代表传达给对方就很容易。将说明概念用的模型交给刚入行的员工制作，在让员工去理解概念的同时与他们分享各自的感受，也可以减少之后向委托方传达概念的难度

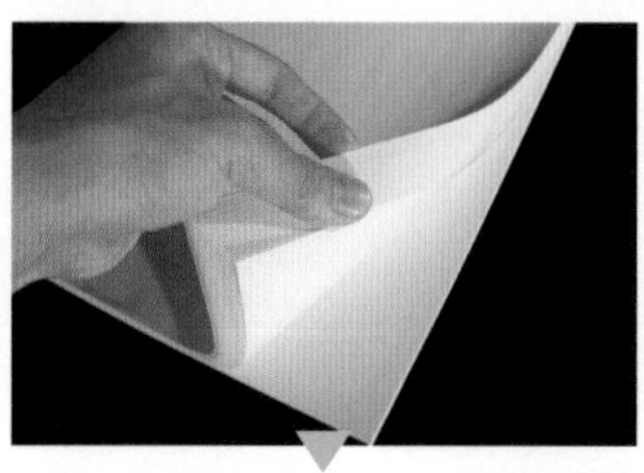

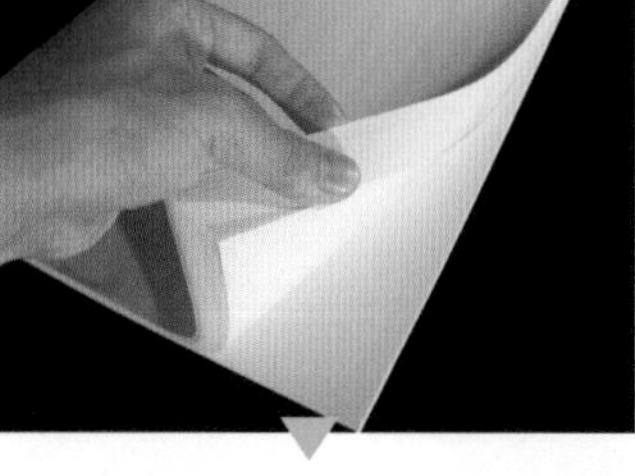

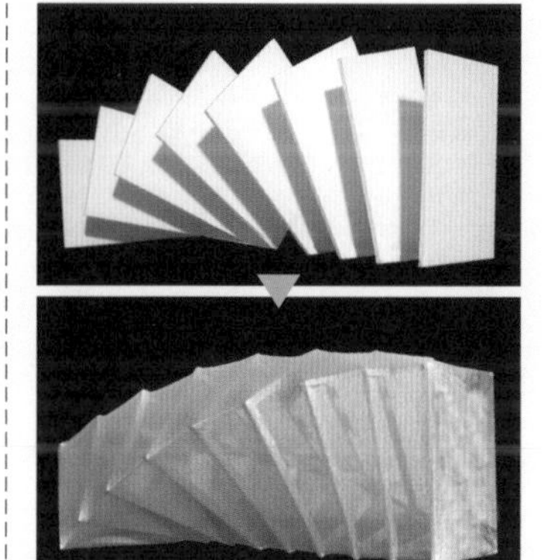

・这是用来表现形态转移过程的概念模型，制作中参考了相册的形态。材料使用了聚苯乙烯板和丝袜。花费了 10 天左右来制作

②未完成的模型使用数码方式来完成

虽然每个人喜好并不一样，但是从一开始就计划用数码方式来处理的话，对工作效率的提升是有帮助的。最终使用纸质媒介来表现效果更好。对未完成的模型进行拍摄，然后计算机模型合成来表现想要的效果。在设计竞赛这种有多个审查过程的第一次审查，以及最近流行的理念竞赛中，使用这种手法会非常有效果

・上面是使用模型没法表现的部分接合完成的例子，使用计算机模型来赋予材质使得表现方式更具体

用语索引

以字母顺序排列

执笔者名单

[基础知识篇]
阿部贵日乎（白色之家·住宅建筑模型制作技术）70、71页、78～83页
和泉富夫（和泉写真工房）88～94页
瀬野和広（瀬野和弘+设计工作室）70页、72～77页
种子道人（M-in项目工作室）54页、66页、69页、71页、84～87页
横冢和则（R-equal）38～43页、48～53页、55～65页、67、68页

[实践篇]
井出敏一(TIDE Design) 155、156页
大岛健二（OCM一级建筑师事务所）149～151页
加藤将己（将建筑设计事务所）118、119页
秃真哉（TORAFU建筑设计事务所）143页、154页
川合康央（文教大学）122～124页
仓林进（Esquisse工作室）102～107页、128～137页、140～142页、144、145页
黑岛成洋（黑岛Architects）98、99页
樱井义夫（英特尔媒体设计工作室）96、97页
铃野浩一（TORAFU建筑设计事务所）143页、154页
瀬野和広（瀬野和弘+设计工作室）117页
田边雄之（YAA / Yuji And Architects）114～116页、121页
中西道也（Landscape Artist）120页
桥本直明（桥本直明建筑设计室）127页
平泽孝启（平泽孝启建筑研究所）157页
柳尺润（Contemporaries）126页
横冢和则（R-equal）108～113页、126页、138、139页
渡边诚（NOA）100、101页
LIGHTDESIGN INC 146～148页、152、153页

[模型作品提供]
安藤忠雄建筑研究所、五十岚淳建筑设计、伊东丰雄建筑设计事务所、OHNO Japan、Ondesign Partners、菊地宏建筑设计事务所、隈研吾建筑都市设计事务所、佐藤淳构造设计事务所、妹岛和世＋西泽立卫 / SANAA、长谷川豪建筑设计事务所、藤村龙至建筑设计事务所、藤本壮介建筑设计事务所

图书在版编目（CIP）数据

易学易用建筑模型制作手册 / 日本建筑知识编辑部编；金静，朱铁伦译. -- 2版. -- 上海：上海科学技术出版社，2020.10(2022.1重印)
（建筑设计系列）
ISBN 978-7-5478-5069-5

Ⅰ. ①易… Ⅱ. ①日… ②金… ③朱… Ⅲ. ①模型(建筑)—制作—手册 Ⅳ. ①TU205-62

中国版本图书馆CIP数据核字(2020)第164310号

易学易用建筑模型制作手册
[日]建筑知识编辑部 编 金 静、朱铁伦 译
责任编辑 潘慧中 楼玲玲

上海世纪出版（集团）有限公司
上 海 科 学 技 术 出 版 社 出版、发行
（上海市闵行区号景路159弄A座9F-10F 邮政编码 201101 www.sstp.cn）
上海中华商务联合印刷有限公司印刷
开本 787×1092 印张 10
字数：350 千字
2015 年 3 月第 1 版
2020 年 10 月第 2 版 2022 年 1 月第 5 次印刷
ISBN 978-7-5478-5069-5/TU·297
定价：68.00 元
